中等职业学校以工作过程为导向课程改革实验项目
动画设计与制作专业核心课程系列教材

视频特效

张　磊　敖建卫　主　编

机械工业出版社

本书是北京市教育委员会实施的“北京市中等职业学校以工作过程为导向课程改革实验项目”的动画设计与制作专业系列教材之一，依据“北京市中等职业学校以工作过程为导向课程改革实验项目”动画设计与制作专业教学指导方案和“视频特效”核心课程标准编写而成。

本书主要内容包括制作二维动画中的视频特效、制作三维动画中的视频特效、制作栏目包装视频特效3个学习单元，详细讲述了使用专业设备与软件完成初步视频剪辑的知识和技巧；后期特效合成软件的操作；制作2D、3D视频合成；应用内置滤镜和插件制作特效；设计制作粒子特效和色彩校正；对最终视频效果进行自检和修整的知识与技能。

为便于教学，本书配套有电子教案，每个任务都有配套的源文件、成品动画，同时配有助学软件等教学资源，选择本书作为教材的教师可来电（010-88379194）索取，或登录www.cmpedu.com网站，注册、免费下载。

本书可作为中等职业学校动画设计与制作或影视制作专业的教材，也可作为动漫、广告、游戏、影视等的培训教材，还可以作为影视后期爱好者的自学用书。

图书在版编目（CIP）数据

视频特效/张磊，敖建卫主编. —北京：机械工业出版社，2014.11（2022.1重印）

中等职业学校以工作过程为导向课程改革实验项目

动画设计与制作专业核心课程系列教材

ISBN 978-7-111-47873-7

Ⅰ. ①视… Ⅱ. ①张… ②敖… Ⅲ. ①图象处理软件—中等专业学校—教材

Ⅳ. ①TP391.41

中国版本图书馆CIP数据核字（2014）第204912号

机械工业出版社（北京市百万庄大街22号 邮政编码100037）

策划编辑：梁 伟 责任编辑：秦 成

版式设计：赵颖喆 责任校对：潘 蕊

封面设计：路恩中 责任印制：常天培

固安县铭成印刷有限公司印刷

2022年1月第1版第4次印刷

184mm×260mm · 16印张 · 250千字

标准书号：ISBN 978-7-111-47873-7

定价：69.00元

电话服务 网络服务

客服电话：010-88361066 机 工 官 网：www.cmpbook.com

010-88379833 机 工 官 博：weibo.com/cmp1952

010-68326294 金 书 网：www.golden-book.com

 机工教育服务网：www.cmpedu.com

北京市中等职业学校工作过程导向课程教材编写委员会

动画设计与制作专业教材编写委员会

编写说明

为更好地满足首都经济社会发展对中等职业人才需求，增强职业教育对经济和社会发展的服务能力，北京市教育委员会在广泛调研的基础上，深入贯彻落实《国务院关于大力发展职业教育的决定》及《北京市人民政府关于大力发展职业教育的决定》文件精神，于2008年启动了“北京市中等职业学校以工作过程为导向的课程改革实验项目”，旨在探索以工作过程为导向的课程开发模式，构建理论实践一体化、与职业资格标准相融合，具有首都特色、职教特点的中等职业教育课程体系和课程实施、评价及管理的有效途径和方法，不断提高技能型人才培养质量，为北京率先基本实现教育现代化提供优质服务。

历时五年，在北京市教育委员会的领导下，各专业课程改革团队学习、借鉴先进课程理念，校企合作共同建构了对接岗位需求和职业标准，以学生为主体、以综合职业能力培养为核心、理论实践一体化的课程体系，开发了汽车运用与维修等17个专业教学指导方案及其232门专业核心课程标准，并在32所中职学校、41个试点专业进行了改革实践，在课程设计、资源建设、课程实施、学业评价、教学管理等多方面取得了丰富成果。

为了进一步深化和推动课程改革，推广改革成果，北京市教育委员会委托北京教育科学研究院全面负责17个专业核心课程教材的编写及出版工作。北京教育科学研究院组建了教材编写委员会和专家指导组，在专家和出版社编辑的指导下有计划、按步骤、保质量完成教材编写工作。

本套教材在编写过程中，得到了北京市教育委员会领导的大力支持，得到了所有参与课程改革实验项目学校领导和教师的积极参与，得到了企业专家和课程专家的全力帮助，得到了出版社领导和编辑的大力配合，在此一并表示感谢。

希望本套教材能为各中等职业学校推进课程改革提供有益的服务与支撑，也恳请广大教师、专家批评指正，以利进一步完善。

北京教育科学研究院

2013年7月

前言

“视频特效”是“北京市中等职业学校以工作过程为导向课程改革实验项目”的动画设计与制作专业的一门核心课，具有较强的技术性、艺术性和创新性，是美术基础“运动规律”“CG设计”及“三维创作”的后续课程，也是后期动画制作过程中提高整体视觉效果提高的关键环节。

本书以培养视频特效岗位人才为目标，立足于影视动画中视频特效制作与艺术创新能力的培养，在原有知识结构的基础上，按照企业工作流程和方法，以及该专业人员必备的视频特效知识和技能进行提炼、整理、细分，引入企业和学校动画项目作为教学载体，内容组织严格，符合“视频特效”课程教学标准对知识与职业能力的要求。

本书内容的选择体现“以学生为本，以就业为导向”的原则。根据企业工作过程，精心选取适宜学生学习的任务，从初步的视频剪辑到基础视觉特效加工，到3D视觉特效，再到栏目包装高级特效设计，内容由浅入深，循序渐进，突出实际操作过程，渗透特效制作的实战经验与操作技巧。本书特色表现在：

1．项目真实　工作任务均来自企业实际项目或学校动画项目，精心挑选每个单元的典型项目载体，按镜头分成若干任务。在兼顾学生已有的知识与技能基础之上，针对重点特效镜头分析讲解，符合学生的认知规律，能有效地帮助学生实现自主探究和提高实操技能，最终形成适应视频特效工作岗位的关键能力。书中丰富的拓展任务可作为学生熟练技术技能、拓展工作思路的补充资源。

2．结构清晰　每个学习单元都有明确的学习目标，在每个任务中又精心设计了“任务领取”“任务分析”“任务实施”“知识链接”“拓展任务”等内容。在“单元回顾”中创新地使用思维导图方式将一个学习单元的内容系统化并适当外延，便于学生理清思路、加深印象。

3．指导及时　书中针对任务实施环节设计了“操作技巧”“经验分享”“知识点拨”等指导性内容，类似于企业专家的讲解，随着工作的进行，实时交互指引，及时准确，为学生呈现更多、更富有实践经验的隐性知识与操作捷径。

4．资源丰富　本书提供丰富的学习材料，配套资源包含任务及拓展任务所需的素材、源文件，便于教师备课，方便学生自学。

本书内容包括岗前准备、制作二维动画中的视频特效、制作三维动画中的视频特效、制作栏目包装视频特效。各学习单元的内容及学习时间建议如下：

岗前准备（2课时）：了解视频特效制作在影视动漫制作中所处的位置，视频特效制作包含的主要内容和应用领域，动漫公司视频特效工作介绍及行业中常用的视频特效制作软件，形成对视频特效的初步概念。

学习单元1（24课时）：本单元有7个任务。以二维动画《李寄斩蛇》为项目载体，目的是了解视频特效的工作流程、常用视频特效软件After Effects的操作流程和界面及常见的为二维动画添加特效的方法分析与思路。

学习单元2（30课时）：本单元有6个任务。以三维动画《灵境游仙》为项目载体。目的是熟练软件操作、掌握常见的高级特效的使用方法、插件安装方法，掌握为三维动画添加特效的方法与思路。

学习单元3（24课时）：本单元有4个任务。以校园电视台栏目《我的动漫我做主》为项目载体。目的是了解栏目包装设计的理念和相关知识；掌握抠像、校色、追踪、摄像机运动等高级特殊视觉效果的制作方法。

本书由张磊、敖建卫主编，严芳任副主编，参加编写的还有赵丽岩等。

由于编者经验水平有限，书中难免有疏漏和不足之处，恳请广大读者批评指正。

编　者

CONTENTS 目录

目录 CONTENTS

岗前准备

- 视频特效制作在动漫影视制作中所处的位置
- 视频特效制作的内容
- 视频特效的应用领域
- 动漫公司视频特效工作介绍
- 动漫行业中常用的视频特效制作软件介绍

GANGQIAN ZHUNBEI

1. 视频特效制作在动漫影视制作中所处的位置

视频特效作为二维动画、三维动画或影视作品后期制作工序中不可或缺的环节，对影片最终的合成输出发挥着至关重要的作用。当一部动画或影视作品制作的前期和中期工作告一段落时，后期制作中的视频特效工作将拉开帷幕，这也是提高影片整体视觉效果的关键环节，如图0-1所示。视频特效必须以制作或拍摄好的影像、静帧图片等作为工作材料，然后按照导演或分镜脚本的要求，使用计算机后期制作软件来制作用普通方法及技术无法实现的特殊视觉效果。

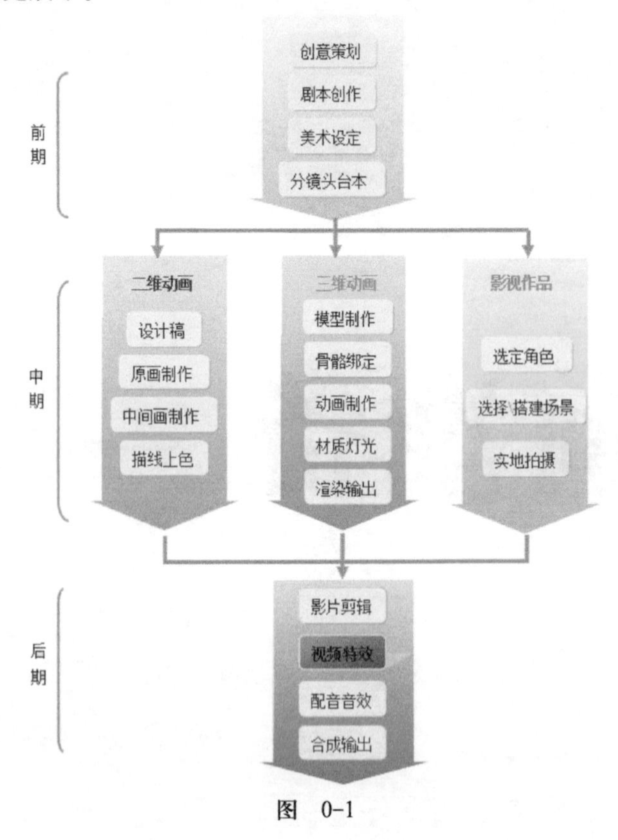

图 0-1

2. 视频特效制作的内容

视频特效涵盖的内容很多，它既可以模拟爆炸破裂、宇宙星空、云雾雨雪等自然现象，又可以制作各种光效、变形、抠像、文字动画等效果，极大地丰富了二维动画、三维动画或影视作品的视觉表现效果。例如，为二维动画添加镜头光斑的效果，如图0-2所示；为三维动画添加云雾速度线效果，如图0-3所示；为影视作品调色抠像的效果，如图0-4所示；为新闻栏目制作键控合成效果，如图0-5所示。

图 0-2

图 0-3

图 0-4

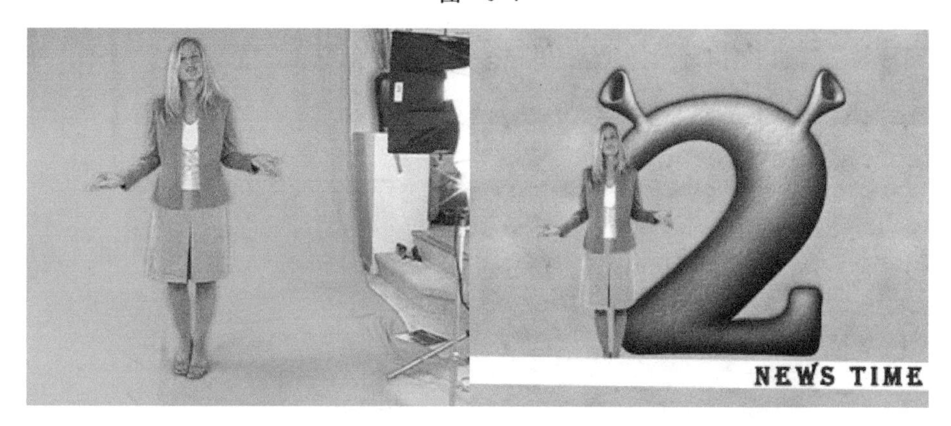

图 0-5

本书将主要介绍在计算机中实现特殊视觉效果的方法和为特殊拍摄技术进行后期加工的视频特效岗位技能。

3. 视频特效的应用领域

如今视频特效被应用在很多领域，包括动画、电子游戏、电视节目、广告传媒等。

(1) CG动画和游戏业的生产

视频特效技术将二维动画和三维动画引领到了一种前所未有的视觉境界。如今大部分动画都靠视听特效吸引观众，无处不在的视觉特效给观众带来的是奇幻、震撼的享受。电影《侏罗纪公园》中的特效，如图0-6所示；二维动画《风之谷》中的特效，如图0-7所示。

图 0-6

图 0-7

视频特效还服务于另一个巨头产业—— 游戏。运用粒子动画特效产生的火焰、爆炸之类的繁杂技术特效，给这个超前的创意产业插上了翅膀。使用视频特效制作的赛车类竞技游戏，如图0-8所示。

图 0-8

(2) 电视栏目包装

如今的电视节目制作基本都会使用计算机特效，随着视频特效应用的增多，节目的专业化和品牌建设化水准逐步提高。栏目包装主要指制作节目片头、片尾、字幕、转场、宣传片、形象片等。使用视频特效技术制作的卡酷频道宣传片栏目包装，如图0-9所示。

图 0-9

（3）广告制作

视频特效能够引起广泛关注，得益于影视广告特技的大量运用。在特效软件的保证下，广告可以实现天马行空般的想象和创意，只有想不到，没有做不到。使用视频特效技术制作的高清大屏液晶电视广告，如图0-10所示。

图 0-10

4. 动漫公司视频特效工作介绍

（1）视频特效岗位的要求

视频特效制作处于影片制作的后期，有较强的技术性、艺术性和创新性，因此，它的岗位要求也与其他岗位不同。既要求有一定的文化、艺术修养与操作能力，又要有良好的团队协作能力，因此，动漫公司中普遍认同的视频特效岗位的要求即职业素养，如图0-11所示。

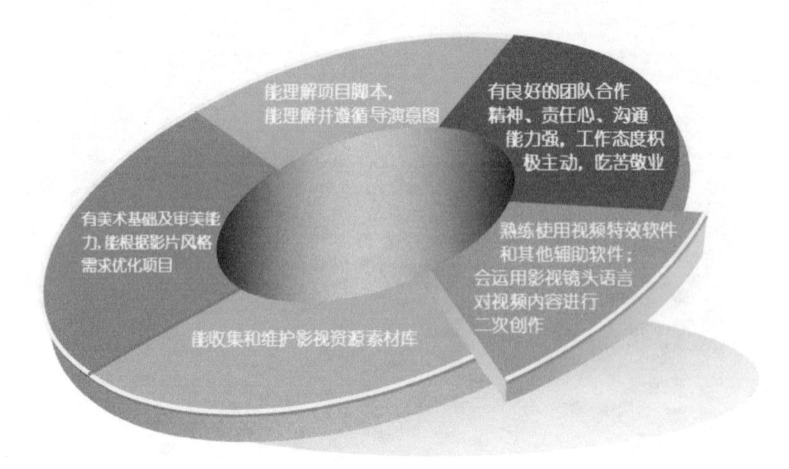

图 0-11

（2）视频特效制作的基本流程

视频特效工作包括和前序、后序部门及导演的沟通，但工作中的重点是对工作素材的特效处理。由于导演的要求或素材的质量等方面有所不同，工作步骤可能不尽相同。一般的视频特效制作的基本流程，如图0-12所示。

图 0-12

5．动漫行业中常用的视频特效制作软件介绍

（1）NUKE

NUKE是一款数码节点式合成软件，被广范运用于影视、动画的特效制作，其标志如图0-13所示。NUKE具有先进的，将最终视觉效果与电影、电视的其余部分无缝结合的能力，无论所需应用的视觉效果的风格或复杂程度是什么。

节点式的视频特效软件编辑单镜头效果方便，适合做逻辑性很强的镜头（如电影单镜头）。

图 0-13

（2）Adobe After Effects

After Effects（简称AE）是一款图形视频处理软件，它主要用于影视后期制作，也是现在

使用最为广泛的后期合成软件，标志如图0-14所示。After Effects有着紧密集成和高度灵活的2D和3D合成功能、强大的路径功能，以及同其他Adobe软件的结合、高质量的视频、多层剪辑、高效的关键帧编辑、高效的渲染等功能，适用于电视制作、动画制作、广告创意等。

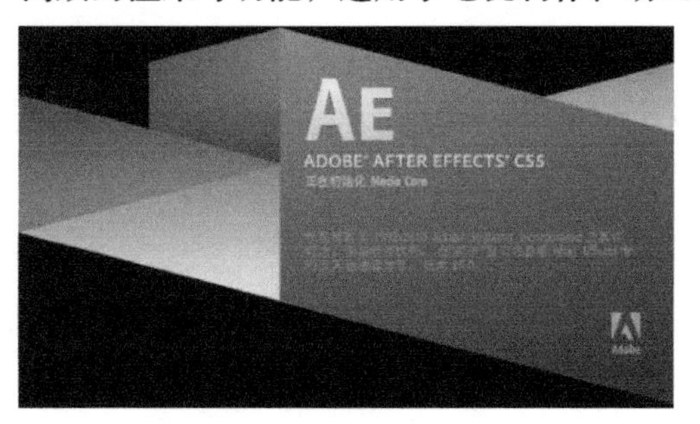

图 0-14

（3）Fusion

Fusion能支持Adobe After Effects的plugin和世界上最著名的5D和抠像ULTIMATTE插件，它是基于流程线和动画曲线的合成软件之一，标志如图0-15所示。非常适合操作Maya、Softimage3D软件的动画师使用。Fusion在电影、高清晰电视、广播电视制作中得到了广泛的应用，它是个人计算机操作平台上第一个64位的合成软件，支持64位色彩深度的颜色校正。Fusion是合成软件里速度最快、效率最高的软件之一。

图 0-15

（4）Particle Illusion

Particle Illusion（简称pIllusion）是一个主要以Windows操作系统为平台独立运作的计算机动画软件，标志如图0-16所示。其主力范畴是以粒子系统的技术创作诸如火、爆炸、烟雾及烟花等动画效果，且支持多阶层及其相关的功能，可让用户整合其效果至3D环境或影片中。Particle Illusion现已大量地应用在影视制作、动画、计算机游戏特效上。

图 0-16

知识小结

“岗前准备”主要介绍了视频特效在动画影视制作流程中的环节和应用领域，明确了视频特效岗位要求和主要工作流程，如图0-17所示。

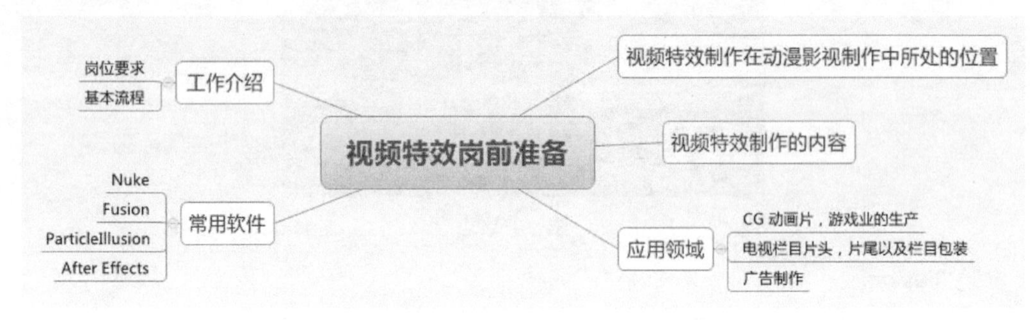

图 0-17

在下面的学习单元中，将根据影片类型，如二维特效、三维特效、栏目包装等，逐一以工作任务的形式呈现各种常用视频特效的制作方法。在掌握相应的知识与技能后，还可以通过“拓展任务”模块，检验所学，开阔思路。

学习单元 1

UNIT 1

制作二维动画中的视频特效

本单元将通过“制作镜头组接”“制作推、拉、摇、移特效镜头”“制作模糊虚化镜头”“制作绘图特效镜头”“制作遮罩特效镜头”“制作梦幻背景特效镜头”以及“制作简单字幕特效镜头”这几个任务，学习在After Effects CS6软件环境中的基本工作流程及操作技术和模拟镜头效果，初步掌握创建的项目方法与常用特效编辑工具的使用方法，并且通过“拓展任务”来提高分析能力和制作能力。

ZHIZUO ERWEI DONGHUA ZHONG DE SHIPIN TEXIAO

当今动画制作过程中大量使用视频特效技术。视频特效技术从空间的视觉效果上看，又可分为二维动画和三维动画。二维动画中的特效一般不需要呈现立体空间效果和炫目华丽的场景，特效多以模拟镜头拍摄的动作和效果为主。

本单元将通过“制作镜头组接”“制作推、拉、摇、移特效镜头”“制作模糊虚化镜头”“制作绘图特效镜头”“制作遮罩特效镜头”“制作梦幻背景特效镜头”以及“制作简单字幕特效镜头”这几个任务，学习在After Effects CS6软件环境中的基本工作流程及操作技术和模拟镜头效果，初步掌握创建的项目方法与常用特效编辑工具的使用方法，并且通过“拓展任务”来提高分析能力和制作能力。

单元学习目标

1）能独立完成简单特效的基本制作流程。

2）能掌握常见的推、拉、摇、移等镜头特效制作的基本方法。

3）能够理解和分析特效任务单，利用软件来实现常用的“模糊虚化”和“绘图”等效果，能根据需求制作“遮罩效果”。

4）能够制作简单的背景动画效果和文字动画效果。

单元情境

二维动画《李寄斩蛇》的故事出自《搜神记》。其故事内容为山脚下有一条大蛇，为害一方，村里每年都要送童子祭祀。一个名叫李寄的女孩主动应征，运用智慧和勇气将大蛇杀死。前期在Flash软件中进行了无纸动画制作，完成所有镜头以及部分场景。为方便起见，部分镜头还要在特效软件中进一步加工处理或修改。本学习单元将分7个任务来为片中镜头实现相应的特效制作。

任务1 制作镜头组接

任务领取

从总监处领取的任务单见表1-1。

表1-1 《李寄斩蛇》镜头组接任务单

任务名称	《李寄斩蛇》镜头组接
分镜脚本	
《李寄斩蛇》第65～69镜头内容如下： 一个回合之后，李寄重新振作，发狠力冲向大蛇，两者打作一团。最后李寄快刀斩蛇首级，自己却被蛇尾打飞出去。按照故事情节和分镜顺序将镜头进行组接，如图1-1所示。 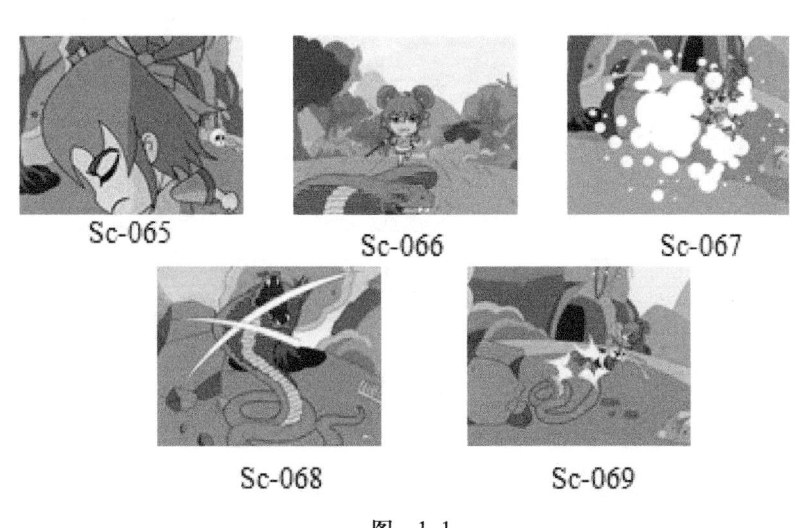 图 1-1	
任务要求	
1．格式要求 1）影片的格式：制式PAL D1/DV；画面的尺寸：宽720px、高576px 2）时长：30秒 3）输出格式：AVI 4）命名要求：李寄斩蛇-镜头组接 2．效果要求 1）按照分镜头脚本进行组接 2）镜头衔接流畅，无丢帧和坏帧	

任务分析

在前期，每个镜头都是被单独制作的，因此，在后期需要将各个镜头“串”起来，统一制作特效或仅仅是便于导演查看节奏或流畅性。本任务将要完成前4个镜头的组接，组接的依据就是剧本中故事发展的脉络和分镜直观的描述。镜头组接的制作流程，如图1-2所示。

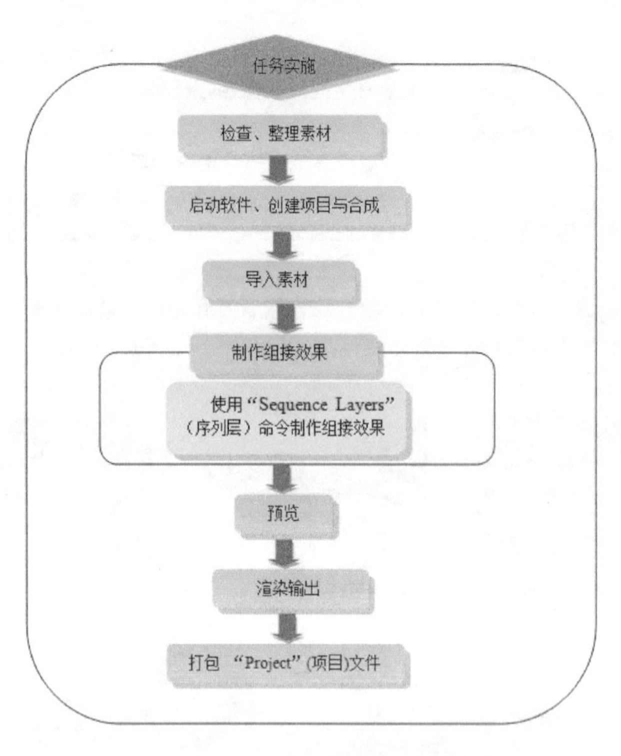

图 1-2

任务实施

说明：本任务及拓展任务所用的素材、源文件在教材配套光盘"学习单元1/任务1"文件夹中。

1. 检查、整理素材

组接前的准备任务要整理素材，保证绘制好的各个镜头内容完整、序号正确。

经验分享：最好将每个镜头播放一下，检查是否存在丢帧或坏帧现象。详细解释参看"知识链接"部分。

2. 启动软件、创建项目与合成

1）双击桌面图标，如图1-3所示。启动After Effects CS6，出现欢迎界面，如图1-4所示。在图1-4中，左上标"1"的区域为最近使用过的项目，右边标"3"的区域为每日技巧提示及搜索提示，左下标"2"的区域内容包括打开项目、新建合成、帮助与支持、浏览模板。单击"Close"（关闭）按钮，进入软件界面。

图 1-3

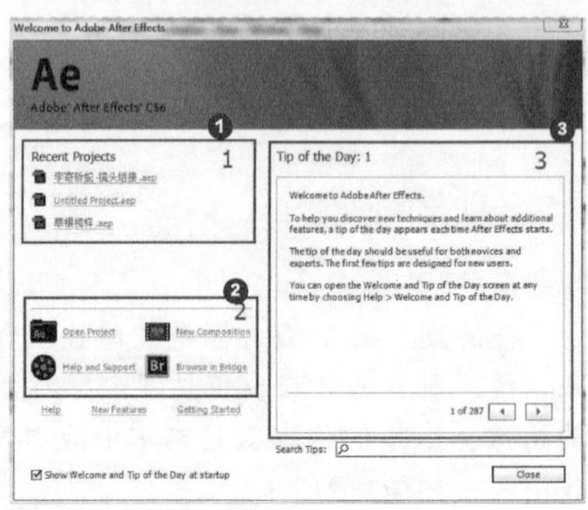

图 1-4

2）启动后，软件会自动创建一个项目文件Untitled Project.aep。若需要手动创建，则可以执行“File”（文件）→“New”（新建）→“New Project”（新建项目）命令，如图1-5所示。还可以通过执行“File”（文件）→“Project Settings”（项目设置）命令修改项目参数。

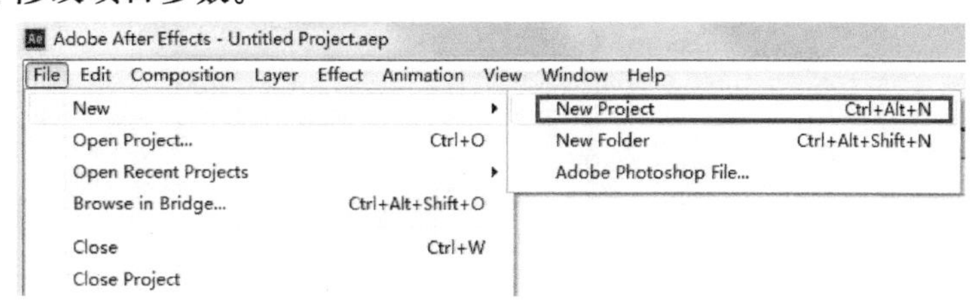

图 1-5

知识点拨：After Effects CS6中所有操作都在项目中进行，也就是说项目是包含一切的容器，每一个项目都是一个*.aep文件。

3）新建合成。执行“Composition”（合成）→“New Composition”（新建合成）命令或按<Ctrl+N>组合键来创建合成，弹出“Composition Settings”（合成设置）对话框，如图1-6所示。“Composition Name”（合成命名）为“李寄斩蛇-镜头组接”，“Preset”（制式）按任务单要求设置为“PAL D1/DV”，“Width”（宽度）为“720”px，“Height”（高度）为“576”px，“Frame Rate”（帧速率）为“25”，“Duration”（持续时间）设置为“00:00:30:00”。

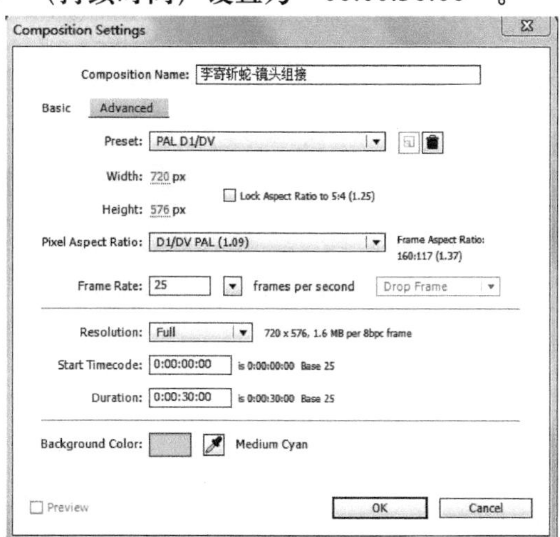

图 1-6

知识点拨：

1）“Composition”（合成）是对素材进行编辑合成的单位。After Effects CS6中的一个项目由一个或多个合成组成，而且每个合成都可以作为素材应用于其他合成中。

2）“Frame Rate”（帧速率）也称为“Frames Per Second”（帧/秒），是指每秒刷新的图片的帧数。PAL制式电视的播放设备使用的是每秒25幅画面，也就是25帧/s，只有使用正确的播放帧速率才能流畅地播放动画。过多的帧速率会导致浪费，过少的帧速率会使画面播放不流畅，从而产生抖动。

3）时间码“00:00:00:00”对应的单位是“时:分:秒:帧”。

4）电视制式。世界上主要的电视广播制式有PAL、NTSC、SECAM三种，中国大部分地区使用PAL制式，日本、韩国及东南亚地区与美国等欧美国家使用NTSC制式，俄罗斯则使用SECAM制式。中国国内市场上买到的正式进口的DV产品都是PAL制式。

4） 设置完毕单击“OK”按钮，将出现如图1-7所示的操作界面。

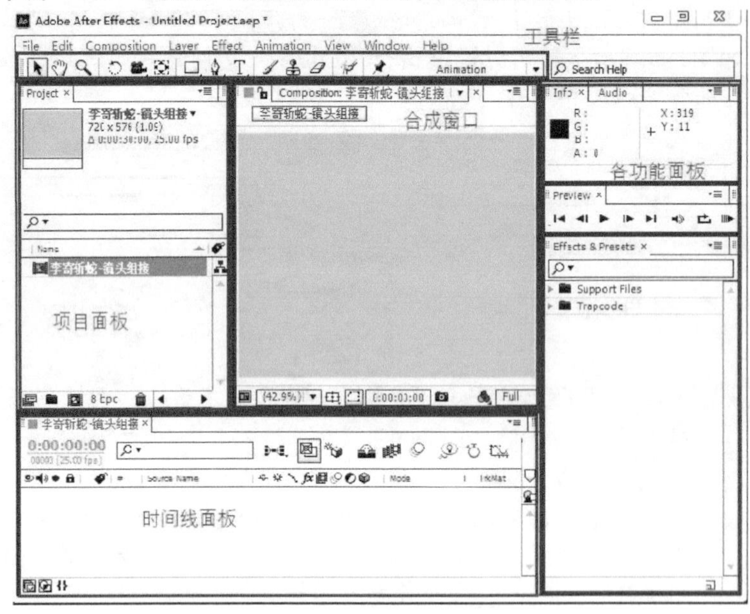

图 1-7

经验提示：初学者很容易弄乱工作界面，执行“Windows”（窗口）→“Workspace”（工作界面）中的命令可以帮助恢复工作界面。

5） 保存工程文件。执行“File”（文件）→“Save”（保存）命令或按<Ctrl+S>组合键，保存项目到指定文件夹中，给项目命名为“李寄斩蛇-镜头组接”，默认扩展名为.aep，如图1-8所示。

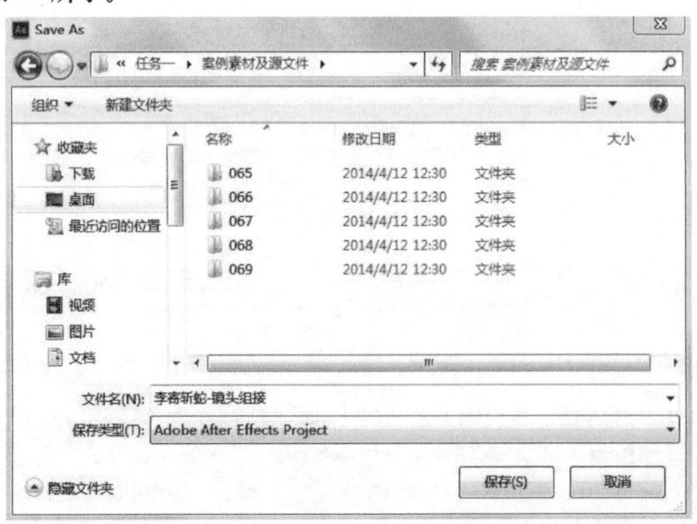

图 1-8

经验分享：

1）实际工作过程中可能会遇到一些突发问题，如断电、死机等，在制作过程中多使用<Ctrl+S>组合键，养成随时保存项目的良好习惯。

2）项目文件命名要清晰明了，一般命名格式为“项目名+时间”。在制作时要保存好每一阶段的源文件，便于修改，防止误操作。

3. 导入素材

1) 执行“File”（文件）→“Import”（导入）→“File”（文件）命令，在弹出的“Import File”（导入文件）对话框中，找“素材/065”文件夹，选中图片sc065-0001，同时选中“JPEG Sequence”（JPEG序列）复选框，导入序列帧，如图1-9所示。

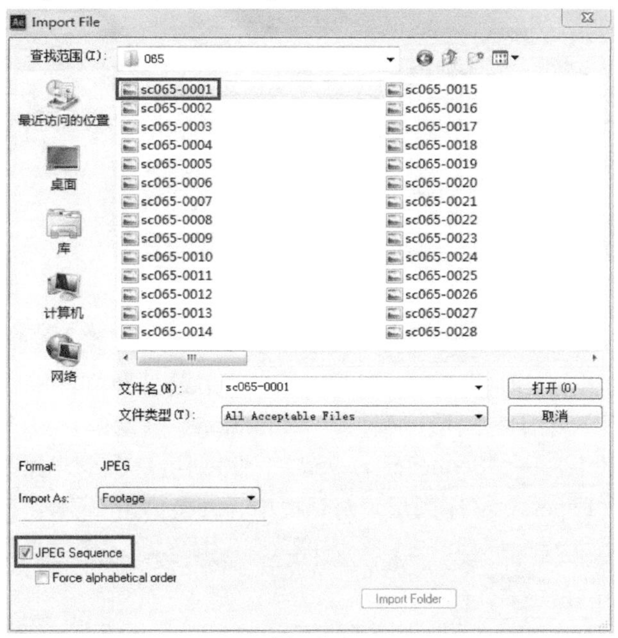

图 1-9

知识点拨：序列帧是把活动视频用逐帧的图像文件来表示，常用格式有*.jpg、*.tga、*.png等。

操作技巧：导入素材的常用方法有三种。

方法1：执行“File”（文件）→“Import”（导入）→“File”（文件）命令。

方法2：使用<Ctrl+I>组合键。

方法3：在项目面板的空白区域双击。

2) 导入的文件将会出现在“Project”（项目）面板中。依照sc065序列帧的导入方法，再导入sc066序列、sc067序列、sc068序列、sc069序列，如图1-10所示。

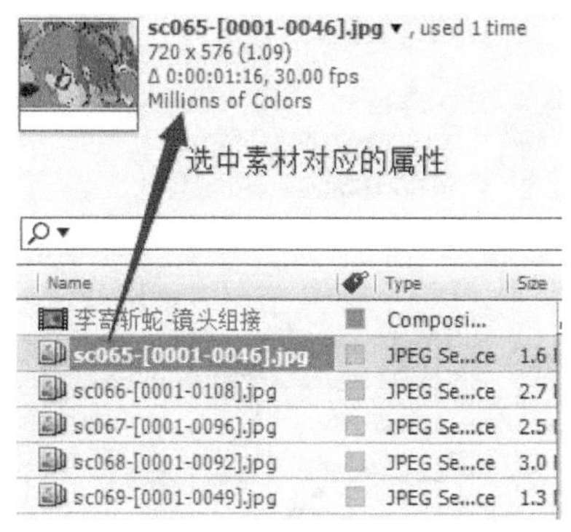

图 1-10

知识点拨：After Effects CS6项目中的素材格式可以包括视频、音频、静帧图像、静帧图像序列、分层的Photoshop文件、Illustrator、After Effects CS6中创建的合成、Adobe Premiere Pro工程文件以及Flash输出的.swf文件等。

学习单元1

4．制作组接效果

1） 按分镜头脚本中镜头顺序把所有单镜头素材依次拖到“Timeline”（时间线）面板上。单击图层名称，然后按<Enter>键，输入新名称，输入完成后按<Enter>键确认，如图1-11所示。

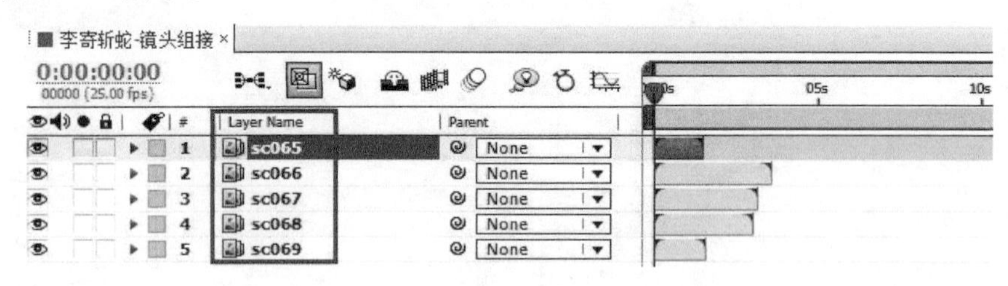

图　1-11

经验分享：图层命名清晰，可以方便此后的操作。随意命名会导致后续操作的混乱。

2） 在“Timeline”（时间线）面板单击第1个图层，同时按<Shift>键，并单击最后1个图层，就能选中所有图层，执行“Animation”（动画）→“Keyframe Assistant”（关键帧助手）→“Sequence Layers”（序列层）命令，如图1-12所示，在弹出的“Sequence Layers”（序列层）对话框中，直接单击“OK”按钮，如图1-13所示。

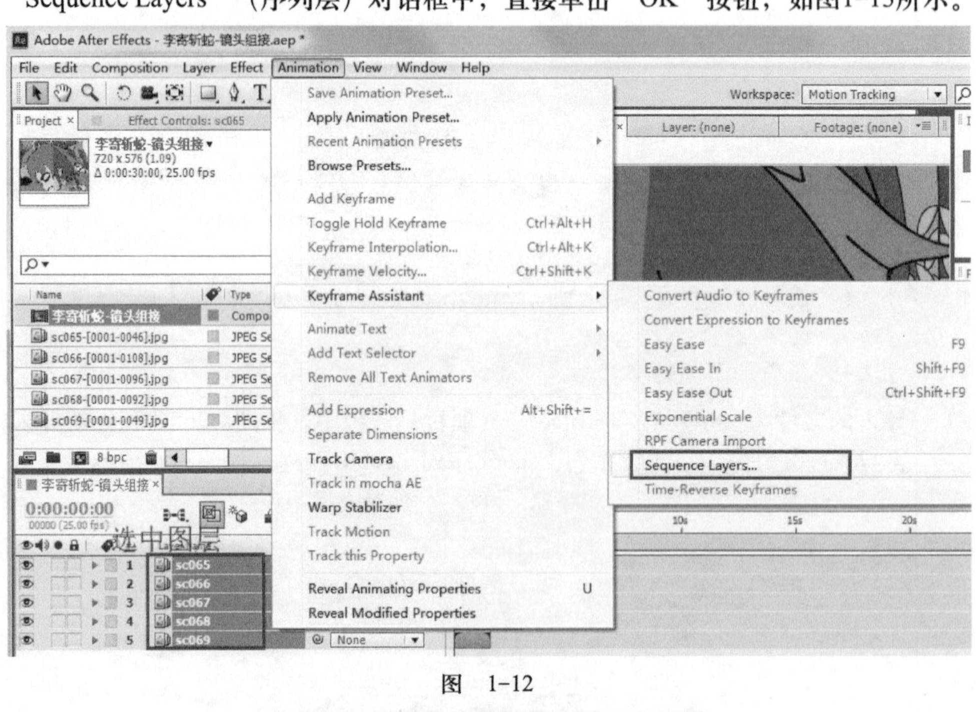

图　1-12

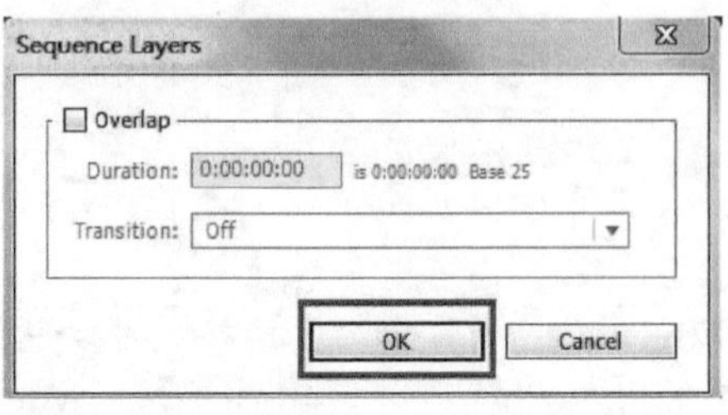

图　1-13

3）执行该命令后，“Timeline”（时间线）面板成阶梯状排列，表示已经实现组接效果，如图1-14所示。

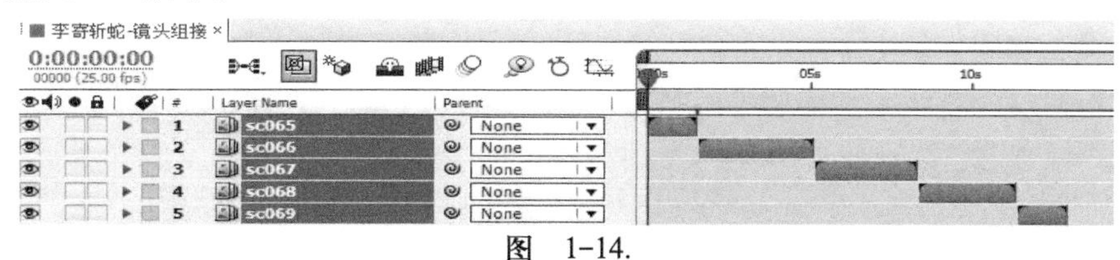

图 1-14.

经验分享：通过拖动“Timeline”（时间线）面板右侧的浅蓝色条形，也可以达到移动视频的作用，但使用“Keyframe Assistant”（关键帧助手）可以保证上、下图层的视频无重叠，中间无空帧。

5. 预览

1）执行“Composition”（合成）→“Preview”（预览）→“RAM Preview”（内存预览）命令，在监视器窗口处进行预览。也可在“Preview”（预览）面板中单击“播放”按钮，如图1-15所示。

操作技巧：“RAM Preview”（内存预览）的快捷键是<0>键或<Space>键。

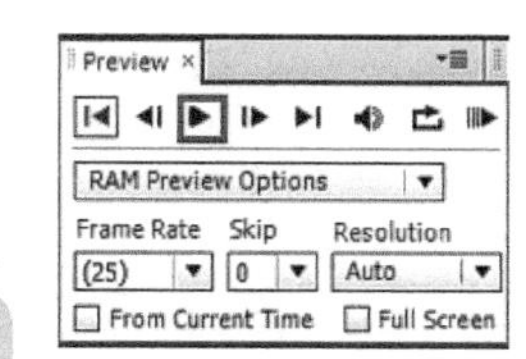

图 1-15

2）调整工作区域大小。在预览的时候，会发现后面有一大段空白，这是因为最初设置合成的持续时间是30s，而实际动画并没有这么长时间，所以需要重新调整渲染区域大小。单击“Timeline”（时间线）面板区域左下角的“Expand or Collapse the In/Out/Duration/Stretch panes”（入点/出点/持续时间/伸缩）按钮，如图1-16中标示1所示，展开图层相关参数，观察到场景中最后一个素材的“Out”（结束）栏对应的时间为“0:00:13:00”。单击“Timeline”（时间线）面板左上角的时间栏，如图1-16中标识2所示，修改当前时间为“0:00:13:00”，按<Enter>键，红色时间指针快速定位到指定时间处。然后按<N>键，工作区结束点定位到时间指针所在位置，如图1-16中标识3所识，此时完成工作区域大小的调整。再次预览则无多余帧。

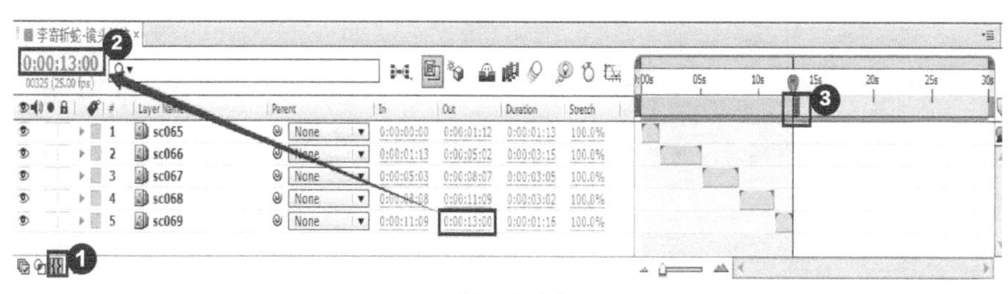

图 1-16

操作技巧：

1）将工作区开始点定位到时间指针所在位置的快捷键是<B>键。

2）将工作区结束点定位到时间指针所在位置的快捷键是<N>键。

经验分享：

1）通过设置当前时间，可以将时间指针快速精确定位。

2）通过<B>键或<N>键的使用，可以将工作区的“开始/结束”滑块快速定位到时间线所在位置，避免拖动工作区“开始/结束”滑块所带来的偏差。

6. 渲染输出

1） 执行“Composition”（合成）→“Add to Render Queue”（添加到渲染队列）命令，如图1-17所示。

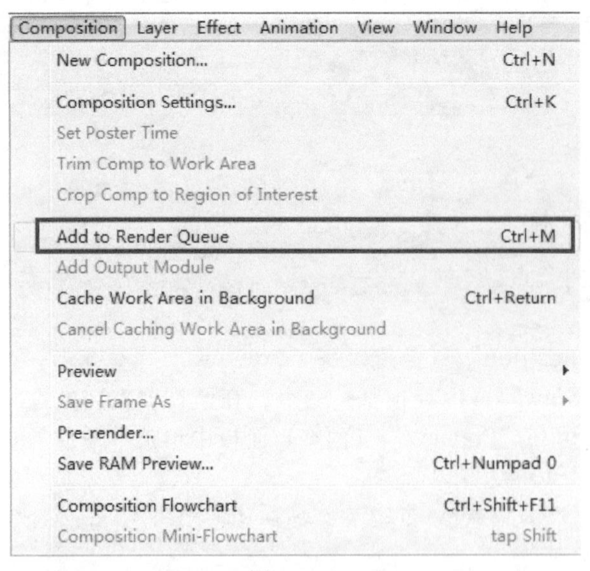

图 1-17

操作技巧：制作影片的组合键为<Ctrl+M>。

2） 在“Render Queue”（渲染队列）面板中，单击“Render Settings”（渲染设置）处，在弹出的“Render Setting”（渲染设置）对话框中将渲染输出区域设置为“Work Area Only”（仅工作区），单击“OK”按钮确定，如图1-18所示。

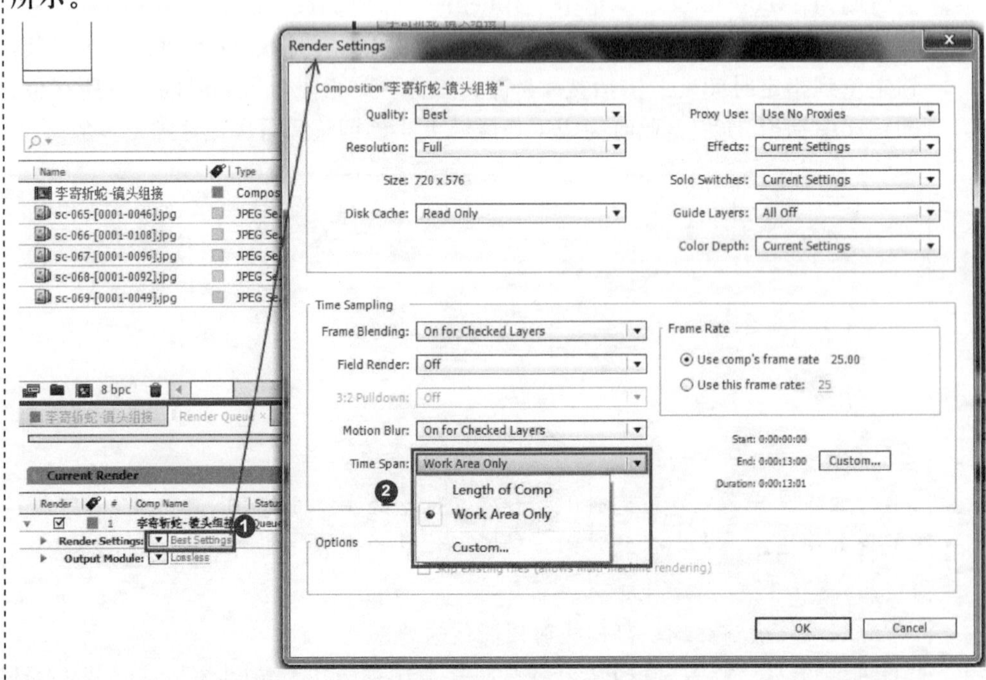

图 1-18

3) 在“Render Queue”（渲染队列）面板中，单击“Output Module”（输出模式）处，在弹出的“Output Module Setting”（输出模式设置）对话框中设置输出格式为“AVI”格式，如图1-19所示。

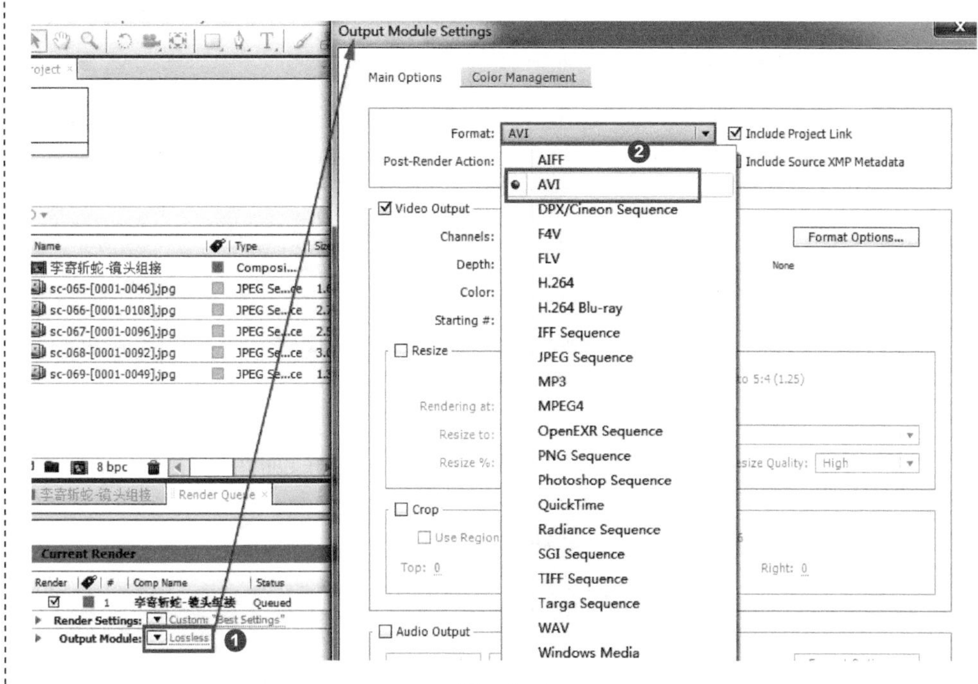

图 1-19

经验分享：在输出影片时，如果是用来观看短片节奏和故事结构的完整性，则对视频质量的要求不高，可以选择MP4或FLV等格式，如果是最终输出，则选择无压缩的AVI格式。

4) 在“Render Queue”（渲染队列）面板中，单击“Output To”（输出）后方的“李寄斩蛇-镜头，组接.avi”，在弹出对话框中设置渲染输出文件的存放路径，如图1-20所示。

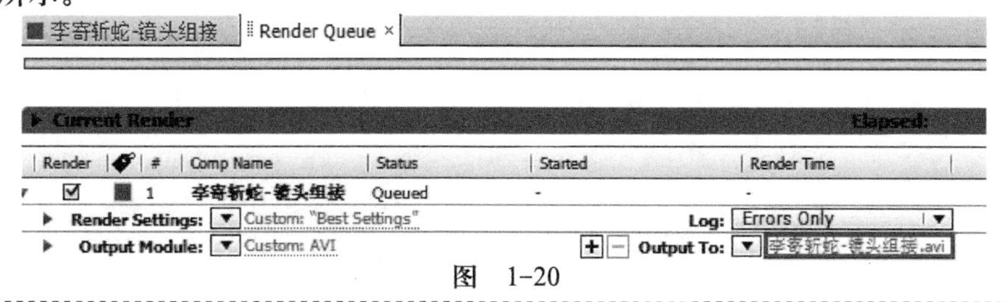

图 1-20

5) 在“Render Queue”（渲染队列）面板中，单击“Render”（渲染）按钮，启动渲染，如图1-21所示。

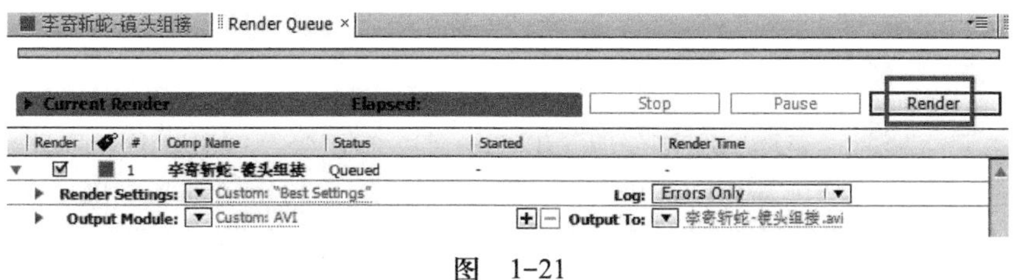

图 1-21

6） 当渲染完成后，会有一个声音提示，并且“Status”（状态）处会显示“Done”（完成），如图1-22所示。

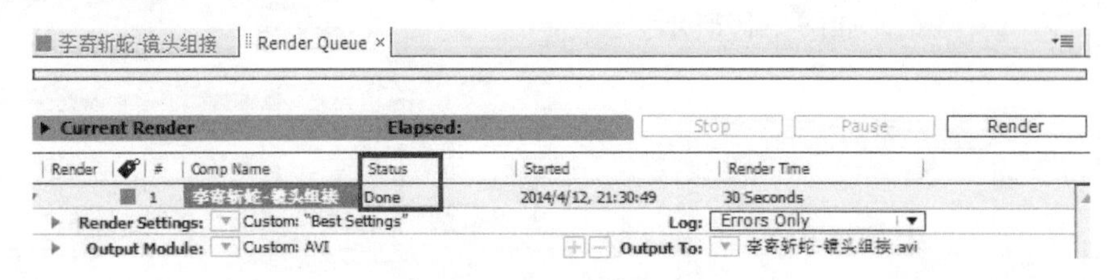

图 1-22

7. 打包Project文件

1） 按<Ctrl+S>组合键，保存Project。

2） 执行“File”（文件）→“Collect Files…”（打包文件）命令。在弹出的“Collect Files”（打包文件）对话框中的“Collect Source Files:”（打包源文件）列表中选择“All”（全部）选项，如图1-23中标识1所示，然后单击“Collect…”按钮，如图1-23中标识2所示，在弹出的对话框中指定保存文件包的名称及路径。最终生成的打包文件如图1-24所示。

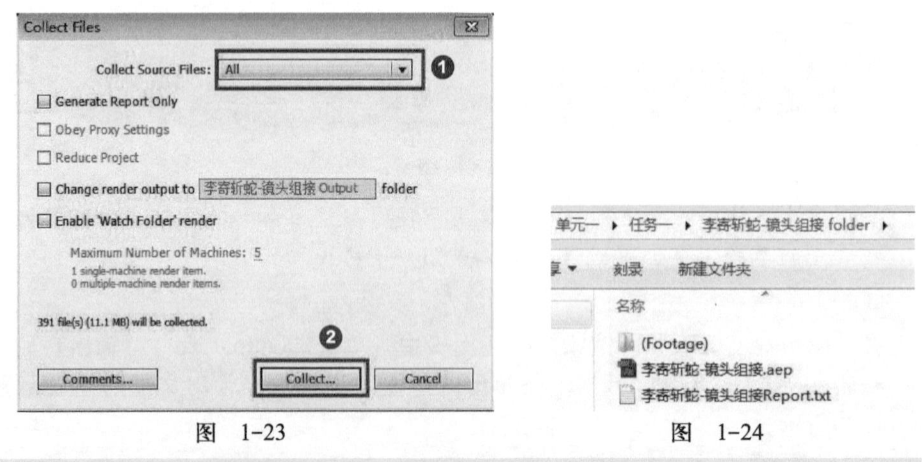

图 1-23　　　　图 1-24

知识点拨：打包好的文件夹中有3个对象，包括一个“Footage”文件夹、一个*.aep文件和一个用来记录打包信息的.txt文件。如果要在其他机器上编辑合成，移动打包的文件夹，则打开文件夹中的*.aep文件即可。

经验分享：做项目时经常把工程文件保存好了，却忽视了素材的整体保存。用了“打包文件”保存后，就无需为工程文件素材的丢失而烦恼了。

知识链接

1. 丢帧、坏帧现象

如果导入过程中出现如图1-25所示的对话框，则表示当前素材存在丢帧现象。

在影视或三维动画制作的渲染阶段，经常会出现视频或序列帧中的一个或几个帧画面上出现马赛克条纹或区域，如图1-26所示，甚至有的画面全黑，这就是坏帧。

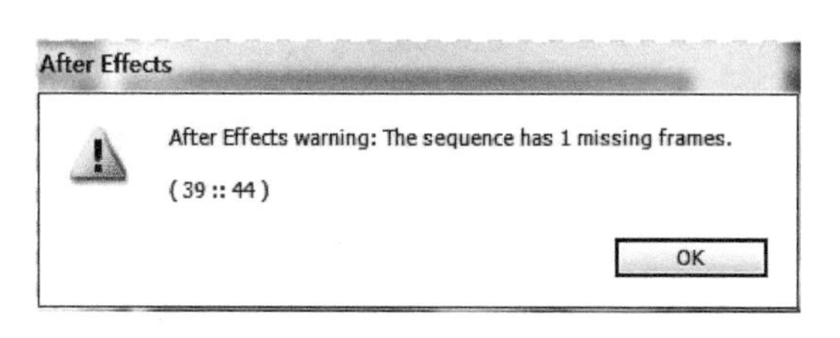

图 1-25

图 1-26

2. 项目文件中素材丢失

执行“File”（文件）→“Open Project…”（打开项目）命令，在弹出窗口中找到要打开的项目文件。如果打开项目文件后出现如图1-27所示的画面，则说明素材丢失。只要在项目面板中对相应素材双击，即可重新加载素材文件。

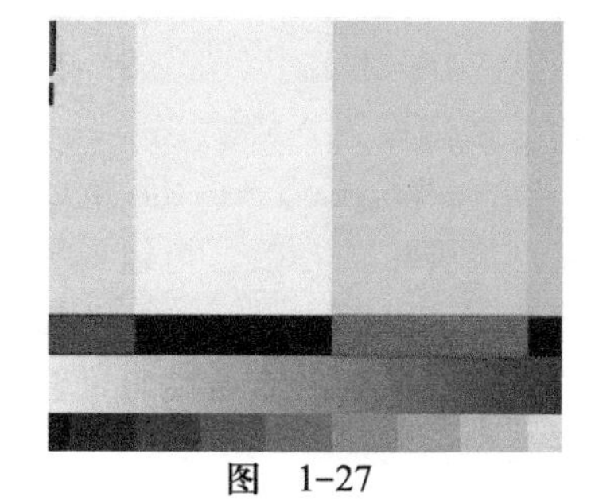

图 1-27

3. 镜头组接

（1）镜头组接的意义与作用

镜头组接即在剪辑过程中，将渲染完成的单镜头素材根据导演的分镜头脚本按照镜号顺序依次组接在一起，使之产生连贯的影片。在组接以前看不到整个故事的活动画面，组接时剪辑人员要经常征求导演的意见，导演还会仔细观摩组接出来的样片，分析片子存在的缺陷，并进行修整或调整，甚至有些镜头需要删除或重新制作。

（2）After Effects CS6中镜头组接前图层的选择操作

1）从上到下顺序选择：通过鼠标框选或全选时默认是按从上到下顺序选择。

2）非顺序选择：即按照选择的先后顺序排列。可先选中需要位于最前面的图层，按<Ctrl>键，再按排列顺序依次选择图层，即可完成非顺序选择。例如，先选中第2个图层，然后按<Ctrl>键依次选第4、5、1、3图层。

3）组接操作：执行“Animation”（动画）→“Keyframe Assistant”（关键帧助手）→“Sequence Layers”（序列层）命令。按非顺序选择后，再组接的效果，如图1-28所示。

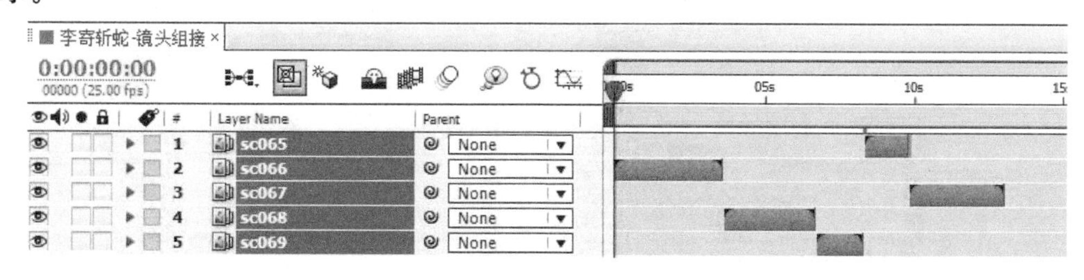

图 1-28

4. 在“Timeline”（时间线）面板中对素材的操作

1）查看素材：如图1-29中标识1所示区域所示，为缩放标尺，其功能与图1-29中标识2所示的“Timeline”（时间线）面板下方的缩放条效果一样，用于缩放“Timeline”（时间线）面板，便于观察各图层的出点和入点。

李寄斩蛇-镜头组接 ×
0:00:10:21
00271 (25.00 fps)
Layer Name
Parent
1 sc-065 None
2 sc-066 None
3 sc-067 None
4 sc-068 None
5 sc-069 None
0:00s
05s

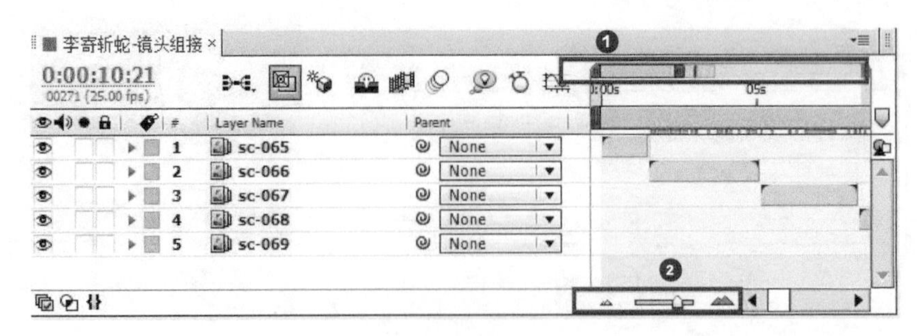

图 1-29

2）设置素材入点、出点。入点即素材有效区域的开始点，出点即素材有效区域的结束点。在“Timeline”（时间线）面板中可以手动拖动素材的入点、出点。

精确设置入点、出点及持续时间：单击“Timeline”（时间线）面板区域左下角的“Expand or Collapse the In/Out/Duration/Stretch panes”（入点/出点/持续时间/伸缩）按钮，展开相关参数，可以看到“In”（入点）、“Out”（出点）、“Duration”（持续时间）、“Stretch”（伸缩）几列，可通过修改数值对其精确设置，如图1-30所示。在参数值下按住鼠标左右拖动也可修改数值。通过“Stretch”（伸缩）参数设置可实现素材的快进或慢放效果。

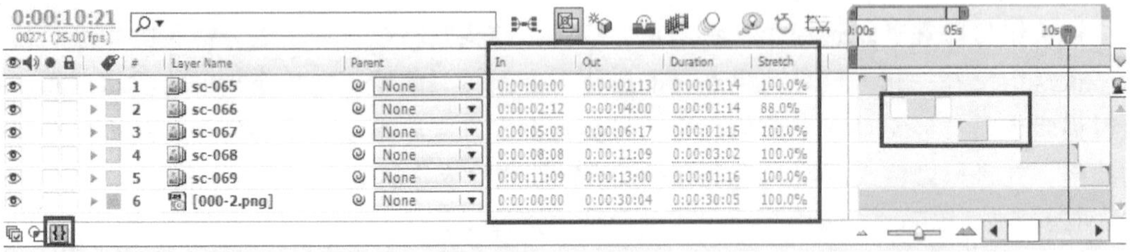

0:00:10:21
00271 (25.00 fps)
Layer Name
Parent
In
Out
Duration
Stretch
1 sc-065 None 0:00:00:00 0:00:01:13 0:00:01:14 100.0%
2 sc-066 None 0:00:02:12 0:00:04:00 0:00:01:14 88.0%
3 sc-067 None 0:00:05:03 0:00:06:17 0:00:01:15 100.0%
4 sc-068 None 0:00:08:08 0:00:11:09 0:00:03:02 100.0%
5 sc-069 None 0:00:11:09 0:00:13:00 0:00:01:16 100.0%
6 [000-2.png] None 0:00:00:00 0:00:30:04 0:00:30:05 100.0%
0:00s
05s
10s

图 1-30

3）进入“图层编辑”面板进行修剪素材。双击图层进入其“图层编辑”面板，单击“入点”和“出点”按钮设置对应素材的入点、出点。此时图层中素材的有效范围会发生变化，如图1-31所示。

osition: 李寄斩蛇-镜头组接
Layer: sc-065
Info
R:
G:
B:
A: 0
X: -72
Y: 557
Preview
Paint
Effects & Presets
Opacity: 0 %
Flow: 0 %
0:00f
10f
20f
01:00f
10f
100 %
0:00:00:04
0:00:00:20
(16.7%)
0:00:00:14
李寄斩蛇-镜头组接 ×
0:00:00:08
00008 (25.00 fps)
Layer Name
Parent
1 sc-065 None
2 sc-066 None
3 sc-067 None
4 sc-068 None
5 sc-069 None
02s

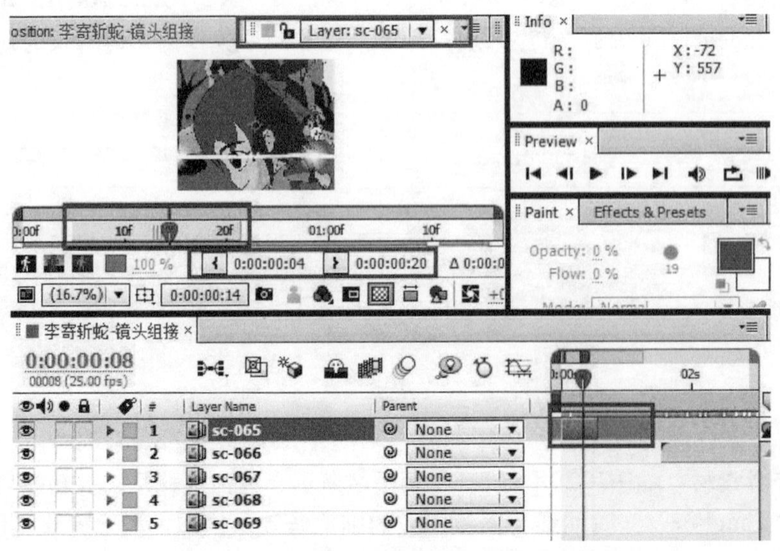

图 1-31

4）快捷键修剪：将入点设置在时间指针所在位置的组合键是<ALT+[>；将出点设置在时间指针所在位置的组合键是<ALT+]>。

拓展任务

制作电子相册《春天》，具体要求见表1-2。

表1-2　电子相册《春天》任务单

<table>
<tr><td>任务名称</td><td>制作电子相册《春天》</td></tr>
<tr><td colspan="2">分镜脚本</td></tr>
<tr><td colspan="2">将摄影师拍摄的春花照片，配以艺术画框并制作成逐一切换的视频。春花照片加框后的效果，如图1-32所示。

图　1-32</td></tr>
<tr><td colspan="2">任务要求</td></tr>
<tr><td colspan="2">1. 格式要求
1）影片的格式：制式PAL D1/DV；画面的尺寸：宽720px、高576px
2）时长：12秒
3）输出格式：AVI
4）命名要求：电子相册《春天》
2. 效果要求
1）图片切换流畅。
2）图片间有统一的切换效果。</td></tr>
</table>

【制作小提示】

1）导入psd文件中的画框图层（中间透明）。

2）调整每张图片的时长。导入图片到“Timeline”（时间线）面板中，所有图片时间都与合成时间相同。选中图片所在图层，单击鼠标右键，在弹出的快捷菜单中选择“Time”（时间）→“Time Stretch”（时间伸缩）命令，在打开的“Time Stretch”（时间伸缩）对话框中的“New Duration”（新持继时间）属性内，即可修改每张图片的时长，如图1-33所示。

3）为序列层添加转场效果。在“Sequence Layers”（序列层）对话框内，通过选中“Overlap”（重叠）复选框，设置上、下两个图层重叠的时间和切换效果，如图1-34所示，实现层与层重叠的转场效果。

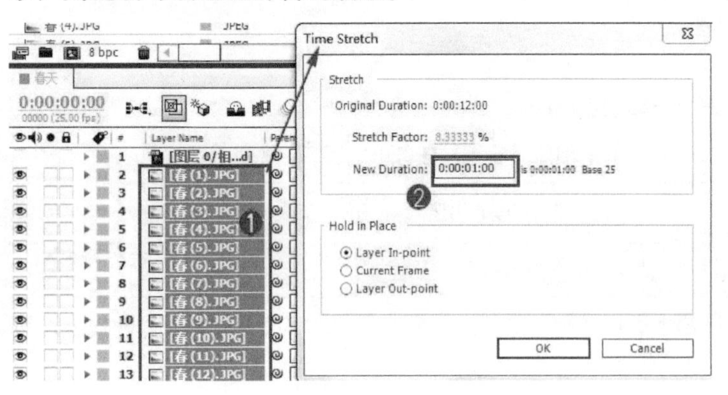

图 1-33

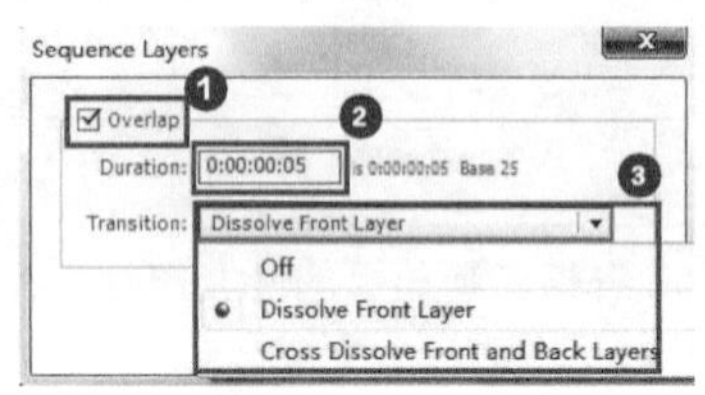

图 1-34

拓展任务评价

评价标准	能做到	未能做到
格式符合任务要求		
镜框和图片的摆放规整、契合		
图片切换流畅		
图片间有统一的转场效果，且风格与图片内容一致		

任务2　制作推、拉、摇、移特效镜头

任务领取

从总监处领取的任务单见表1-3。

表1-3 《李寄斩蛇》SC-000摇镜头效果任务单

任务名称	制作《李寄斩蛇》SC-000摇镜头效果
分镜脚本	
SC-000镜头是《李寄斩蛇》动画的片头，通过镜头平移展示了山村外景，交代了环境，同时展示动画标题，如图1-35所示。 图 1-35	

(续)

任务要求
1．格式要求 1）影片的格式：制式PAL D1/DV；画面的尺寸：宽720px、高576px 2）镜头的时间长度 ：10秒 3）输出格式：AVI 4）命名要求：SC-000摇镜头效果 2．效果要求 1）镜头的摇效果，不要出现黑边，运动要平稳。 2）镜头的运动符合视觉习惯

任务分析

在二维动画中，常通过将绘制的大场景左右平移的方法来模拟平摇摄像机的手法，本任务中将主要通过场景的横向位移实现摇镜头。另外标题的飞入通过设置位移和缩放的关键帧动画来实现。摇镜头效果制作流程如图1-36所示。

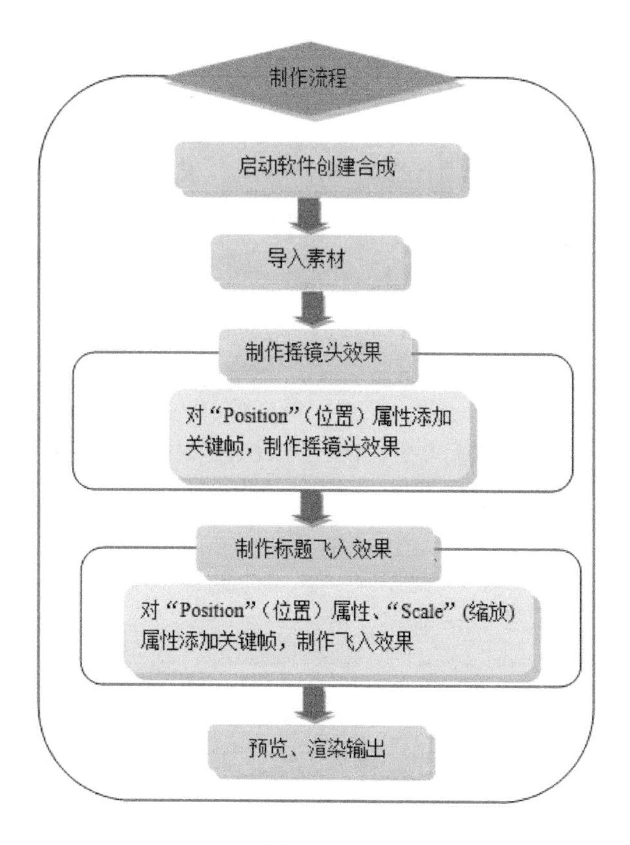

图 1-36

任务实施

说明：本任务及拓展任务所用的素材、源文件在配套光盘“学习单元1/任务2”文件夹中。

1. 启动软件创建合成

1）启动软件，自动创建*.aep的项目文件。

2）按<Ctrl+N>组合键创建新合成，命名为“摇镜头效果”，格式为PAL D1/DV，画面尺寸为宽720px、高576px，持续时间长度为10s。

3）保存项目文件，命名为“SC-000摇镜头效果.aep”。

操作技巧：如果在制作过程中发现合成设置有问题，则可以按<Ctrl+K>组合键来重新设置合成。

2. 导入素材

1）在“Project”（项目）面板空白处双击，弹出“Import File”（导入文件）对话框，选择“sc-000”文件夹下的“000.jpg”“000-2.png”“0003.png”“李寄斩蛇.png”等素材并进行导入。

2）导入素材后，“Project”（项目）面板显示如图1-37所示。

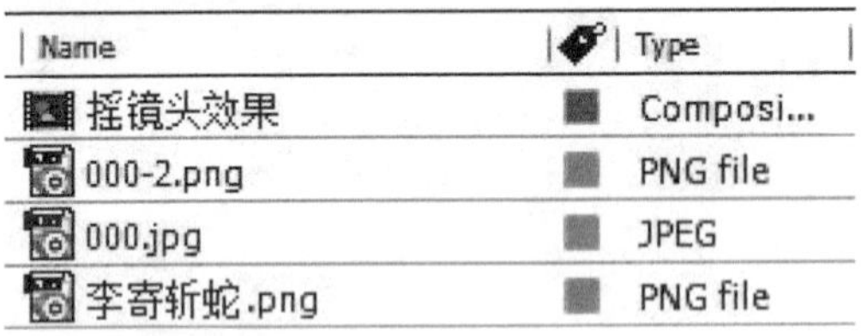

Name	Type
摇镜头效果	Composi...
000-2.png	PNG file
000.jpg	JPEG
李寄斩蛇.png	PNG file

图 1-37

3. 制作摇镜头效果

1）将“000.jpg”素材拖拽到“Timeline”（时间线）面板中，产生一个图层，重命名为“远景”。

2）调整素材的位置。选中“远景”图层，单击“Project”（项目）面板中的“缩放比例”按钮，选择“25%”或更小比例，然后选择工具栏中的“选择”按钮，拖拽图片到如图1-38所示的位置。

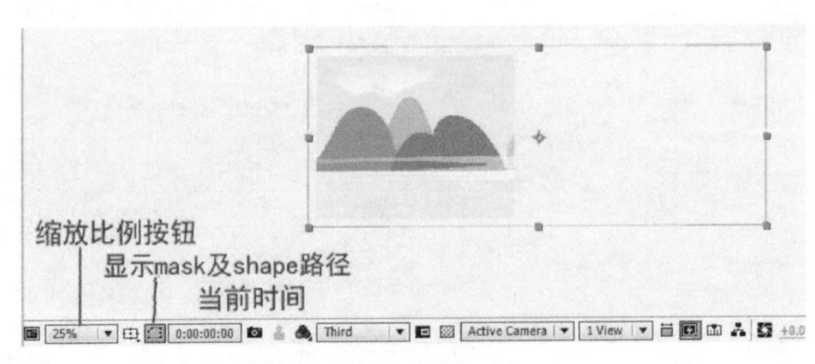

图 1-38

3） 为“远景”图层设置关键帧。选中“远景”图层，将时间指针移到起始帧处，按<P>键展开“Position”（位置）属性，单击该属性左侧的“码表”按钮，在第0s时添加关键帧，单击“Timeline”（时间线）面板中左下角的“Expand or Collapse the Layer Switchs pane”（展开或折叠层交换面板）按钮，可看到当前“Position”（位置）属性数值为（807，287），如图1-39所示。

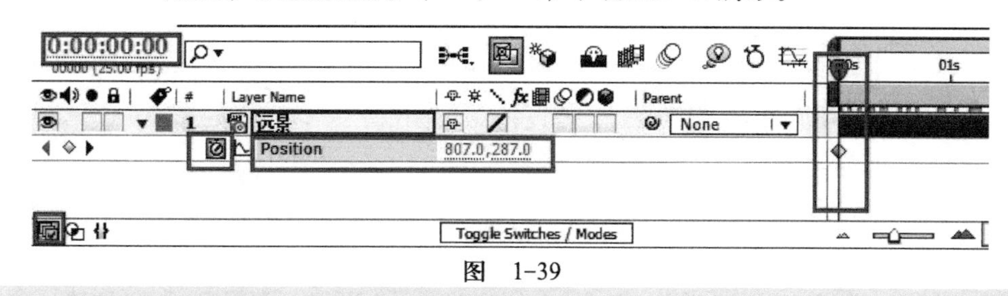

图 1-39

知识点拨：二维空间中“Position”（位置）属性中左面数值表示X轴方向，右面数值表示Y轴方向。

4） 将时间指针定位到第7秒时，单击“码表”按钮左侧的菱形按钮，添加关键帧，如图1-40所示。

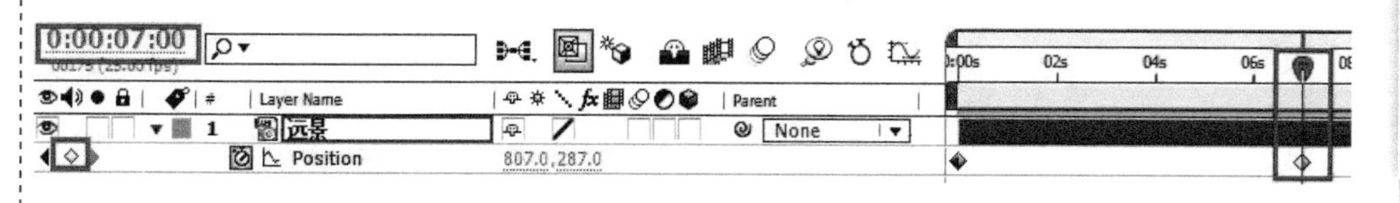

图 1-40

经验分享：摇镜头后还有标题飞入动画，因此，要有一段静止画面即落幅，最后一个关键帧不能设置到时间线终点。

5） 设置“Position”（位置）属性数值为（-75，287），“Composition”（合成）面板中的效果如图1-41所示。按<Space>键预览摇镜头效果。

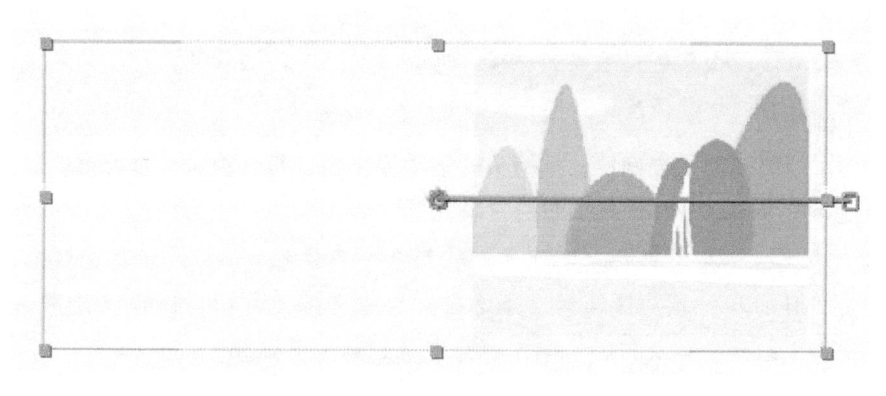

图 1-41

6） 将“000-2.jpg”素材拖拽到“Timeline”（时间）面板中，放置在“远景”图层上方，将该图层重命名为“近景”。

7) 制作“近景”的摇镜头效果。单击“远景”图层下“Position”（位置）属性，此时所有关键帧呈黄色，表示被选中，按<Ctrl+C>组合键进行复制。然后选中“近景”图层，按<P>快捷键展开“Position”（位置）属性，将时间线定位到起始帧处，按<Ctrl+V>组合键实现关键帧的复制，如图1-42所示。按<Space>键，可预览近景、远景一起从左到右的摇镜头效果。

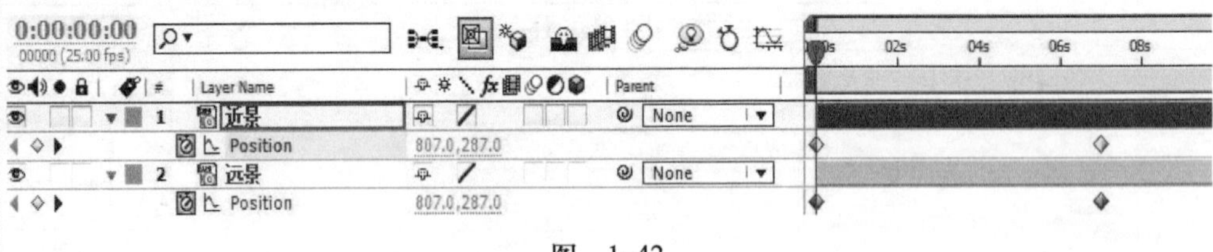

图 1-42

8) 选中“近景”图层，将时间指针定位到起始帧，设置“Position”（位置）属性数值为（940，287），如图1-43所示。在第7秒时设置“Position”（位置）属性数值为（-136，287），如图1-44所示。

图 1-43

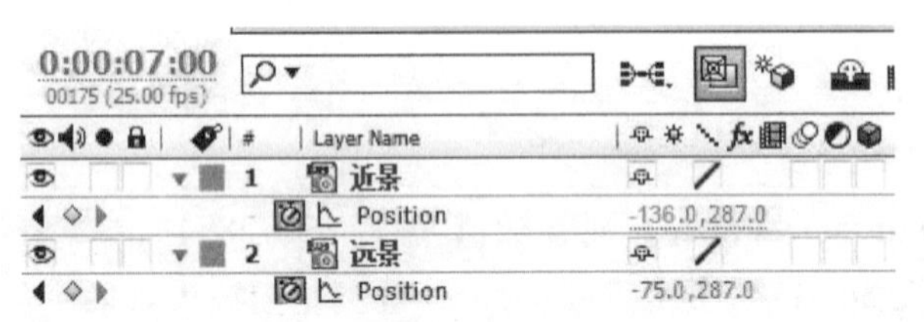

图 1-44

经验分享：由于近大远小的原理，近景移动一定比远景多，所以两层关键帧的位置虽然一样，但数值差距却不一致。

9) 为了提高制作的准确性，摇镜头的运动要平稳，符合视觉欣赏习惯。其参数需要经过多次调节，最终达到理想的效果。

操作技巧：在“码表”按钮左侧有两个三角按钮◀和▶，可通过单击这两个按钮实现时间指针在关键帧间快速定位。快速定位关键帧，还可以使用快捷键：<J>键为定位到前一关键帧，<K>键为定位到后一关键帧。

4. 制作飞入效果

1) 将“Project”（项目）面板中的“李寄斩蛇.png”素材拖拽到“Timeline”（时间线）面板的最上面一层，并将该图层重命名为“文字”。

2） 制作文字飞入效果。选中“文字”图层，按<P>键展开“Position”（位置）属性，再按<Shift+S>组合键展开“Scale”（缩放）属性。在第6秒时，设置“Position”（位置）属性的数值为（-64，54），设置“Scale”（缩放）属性的数值为（21，21%），如图1-45所示。

在第7s时，设置“Position”（位置）属性的数值为（492，104），如图1-46所示。

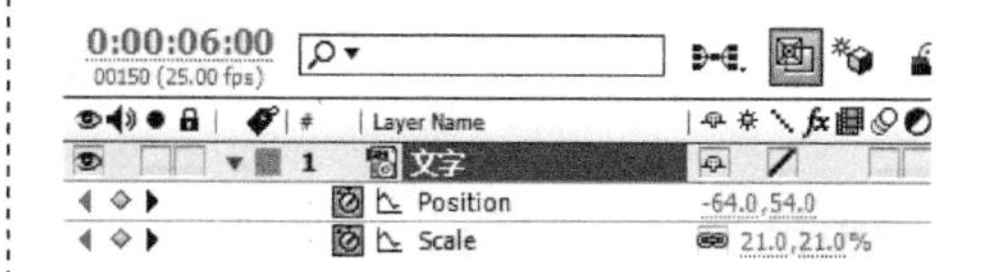

图 1-45

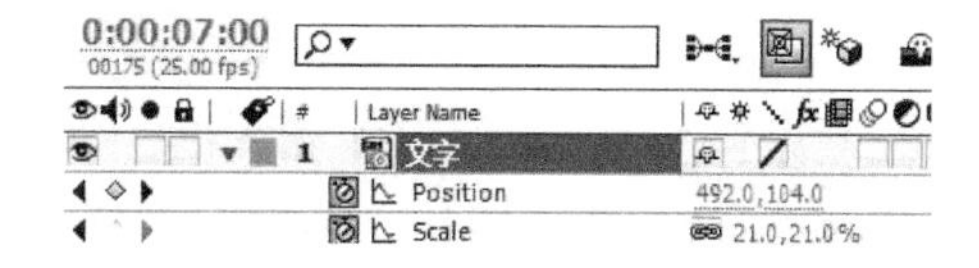

图 1-46

在第8s时，设置“Position”（位置）属性的数值为（183，183），如图1-47所示。

在第9s时，设置“Position”（位置）属性的数值为（340，262），设置“Scale”（缩放）属性的数值为（118，118%），如图1-48所示，此时“Composition”（合成）面板中的效果如图1-49所示。

按<Space>键，可预览“文字”图层中文字大小和位置的变化。

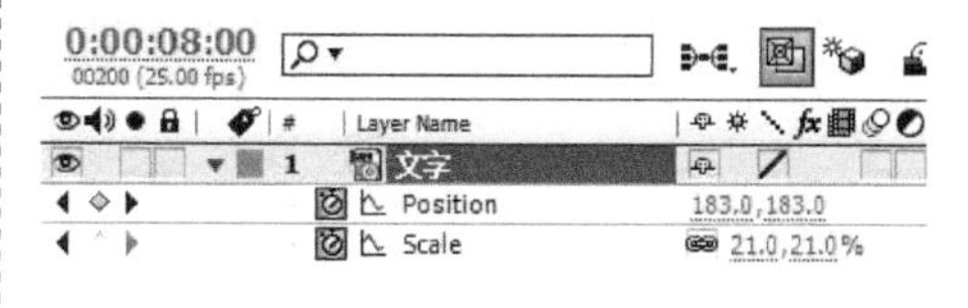

图 1-47

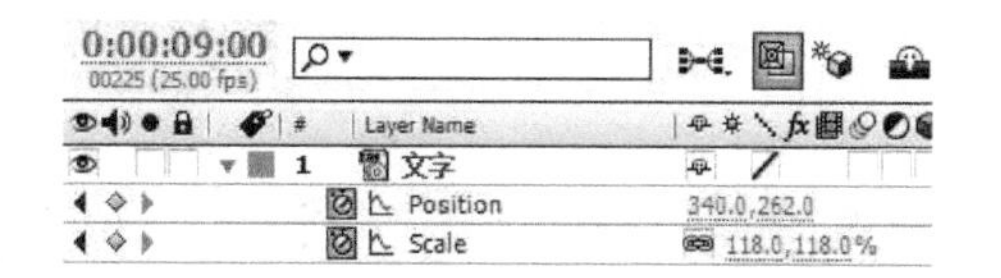

图 1-48

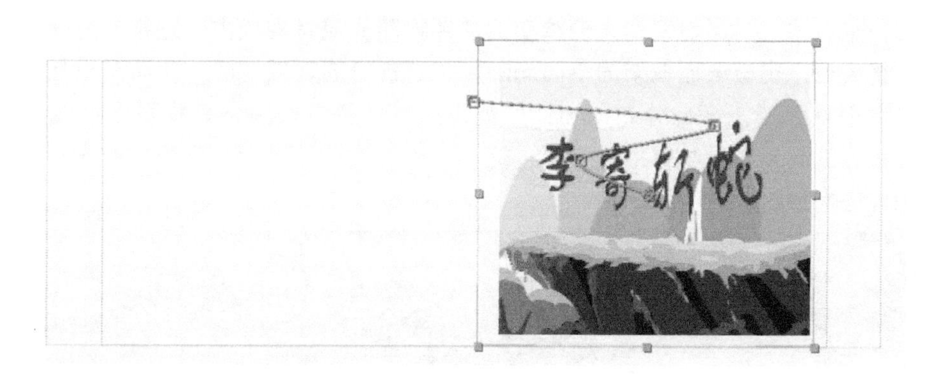

图 1-49

操作技巧：在属性数值下，按住鼠标并左右拖动可调整数值大小。

3） 反复查看动画效果，及时修改属性数值，最终达到平稳的动画效果。

5. 预览、渲染输出

1） 预览

2） 渲染输出，保存效果。

3） 保存好工程文件，命名要符合项目要求，做好文件的打包、备份，防止意外丢失。

知识链接

1. 推、拉、摇、移镜头

推、拉、摇、移原本是摄像术语。下面简单介绍它们的概念、意义以及在软件中实现的方法。

1）推镜头是景别从大景别向小景别变化的拍摄手法，摄像机镜头与画面逐渐靠近，画面内的景物逐渐放大，使观众的视线从整体看到某一局部。从左至右的推镜头效果，如图1-50所示。

2）拉镜头是景别从小景别向大景别变化的拍摄手法，摄像机镜头与画面逐渐远离，画面内的景物逐渐缩小，使观众的视线从局部看到整体。

镜头的推拉效果在特效软件中一般通过场景缩放属性来设置关键帧动画，实现大小景别之间的变化。有时也需要位置属性配合来实现从局部到整体或从整体到局部的变化。

图 1-50

3）摇镜头是指拍摄时以摄像机中心为轴心，左、右或上、下方向摇动摄像机来拍摄景物的拍摄手法。其画面犹如人们转动头部环顾四周或将视线由一点移向另一点的视觉效果。摇镜头可以突破画面框架的空间局限，扩展画面的表现空间，使画面更加开阔，周围景物尽收眼底。对于横向分布的物体，如山峦、大桥等横线条景物用水平摇；对于如楼群、高塔等纵向分布的物体用垂直摇，能够完整而连续地展示其全貌，形成高大、壮观、宏伟的气势，如图1-51所示。

图 1-51

4）移镜头是指拍摄时摄像机沿着一定方向作直线运动或弧线运动拍摄的拍摄手法。左、右移动叫横移，上、下移动叫升降，以被摄对象为圆心，摄像机作圆周运动或弧形运动称旋移。移动拍摄时画面背景不断变化，产生移动感，能充分展示人、物、景之间的关系。镜头横移效果如图1-52所示。

镜头的摇移效果在特效软件中一般通过场景位置属性来设置关键帧动画，实现镜头左、右摇动或移动的变化。

图 1-52

2. 图层及相关操作

（1）After Effects CS6的图层

在After Effects CS6中，图层与Photoshop中的图层相似，自下而上层层叠加，最终形成完整的图像，而且特效、动画、遮罩等都是添加到图层上的。

（2）图层的属性

选中图层，单击其名称左侧的三角按钮，即展开其“Transform”（变换）属性，再单击“Transform”前的三角按钮，即展开各个分项，包括“Anchor Point”（锚点）、“Position”（位置）、“Scale”（缩放）、“Rotation”（旋转）、“Opacity”（不透明度）属性，如图1-53所示。其中“Scale”（缩放）属性前面的链条标记用来锁定或解锁宽高比。“Rotation”（旋转）属性数值为“圈数×角度”。

2 图层1	
Transform	Reset
Anchor Point	320.0, 240.0
Position	360.0, 288.0
Scale	100.0, 100.0%
Rotation	0x +0.0°
Opacity	100%

图 1-53

展开单一属性的快捷键如下：<P>键展开位置属性，<S>键展开缩放属性，<R>键展开旋转属性，<T>键展开透明度属性，<A>键展开锚点属性。

（3）图层的种类

除了拖入素材到“Timeline”（时间线）面板生成图层外，在After Effects CS6“Timeline”（时间线）面板中单击鼠标右键，在弹出的快捷菜单中，选择“New”（新建）命令，可以新建8种类型的图层，如图1-54所示。这8种图层分别是“Text”（文字图层）、“Solid”（固态图层）、“Camera Layer”（摄像机图层）、“Null Object”（虚拟对象图层）、“Light”（灯光图层）、“Shape Layer”（形状图层）、“Adjustment Layer”（调节图层）、“Adobe Photoshop File”（Adobe Photoshop文件图层）。

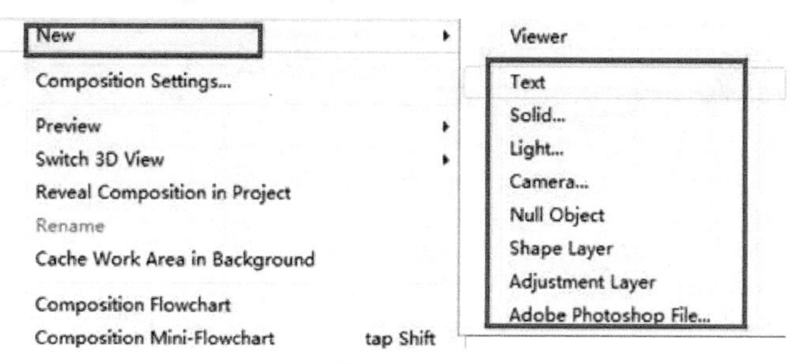

图 1-54

（4）图层的操作

1）选定图层。对图层操作首先要选定目标图层。After Effects CS6支持用户对图层进行单个或多个的选择，被选定的层呈深色。选择时，按<Shift>键可以选定多个图层。

2）修改图层的名称。首先在“Timeline”（时间线）面板选中图层。

方法1：在“Timeline”（时间线）面板中，单击图层名称，然后按<Enter>键，输入名字，然后按<Enter>键确认。

方法2：单击图层名称，单击鼠标右键，执行快捷菜单中的“Rename”（重命名）命令，输入名字，然后按<Enter>键确认。

3）删除图层。在“Timeline”（时间线）面板选择要删除的图层，按<Delete>键即可。

4）复制图层。在“Timeline”（时间线）面板选择要复制的图层，按<Ctrl+D>组合键即可。

5）仅仅显示某一图层。单击“Timeline”（时间线）面板左侧如图1-55方框处所示的“点”按钮即可，或者单击此按钮左侧的眼睛标志，关闭其他图层的显示。

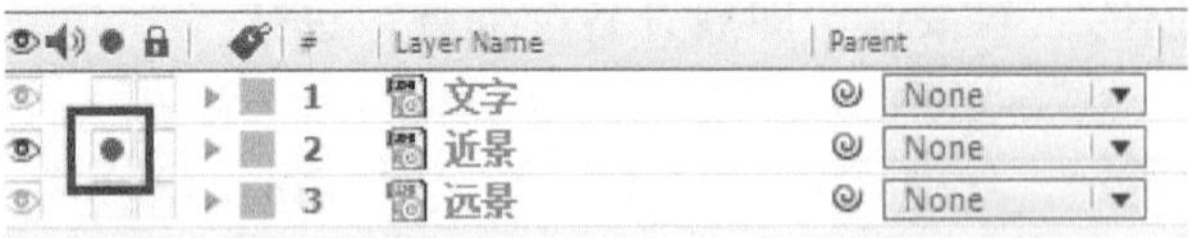

图 1-55

6）分裂图层。按<Shift+Ctrl+D>组合键，可以将“Timeline”（时间线）面板上选中的素材在当前时间指针处截为两部分，如图1-56所示。

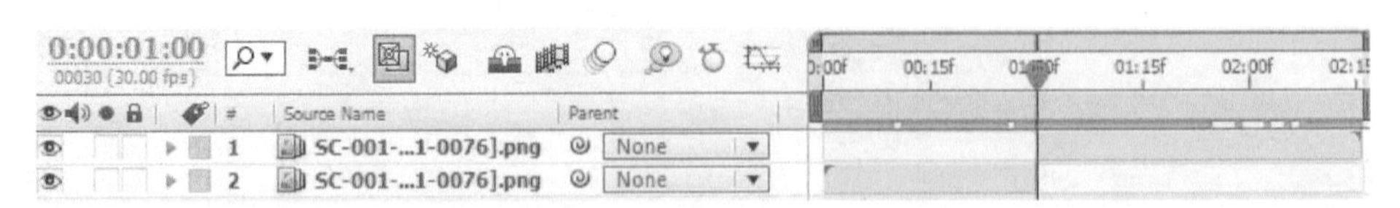

图 1-56

3. 关键帧操作

（1）设置关键帧

打开属性面板，将时间指针移至所需位置，单击“码表”按钮，如图1-57中标示1所示，就设置了第一个关键帧，如图1-57中标识2的区域所示，将参数设置为所需的数值。再将时间滑块移至另外一个位置，直接改变此参数的数值或单击参数前的“添加关键帧”按钮，如图1-57中标识3所示，即可再设置一个关键帧。

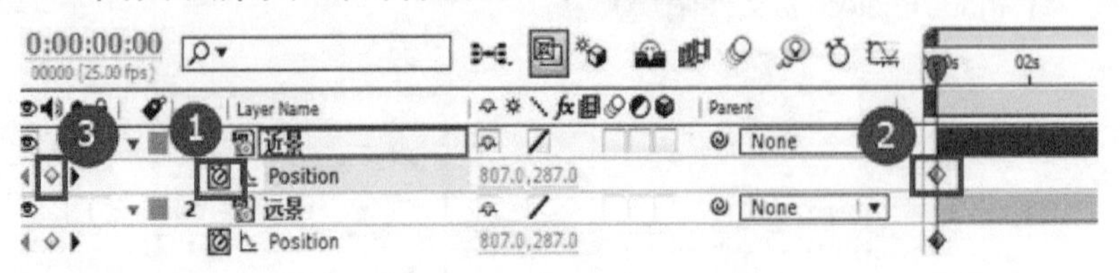

图 1-57

（2）编辑关键帧

1）选择关键帧。

方法1：单击选择。在“Timeline”（时间线）面板中，直接单击“关键帧”按钮，关键帧将显示为黄色，表示已经选定关键帧，如图1-58所示。

方法2：拖动选择。在“Timeline”（时间线）面板中，在关键帧位置空白处，单击拖动一个矩形选择框，在矩形框以内的关键帧将被选中，如图1-59所示。

方法3：单击属性的名称，即可选择该属性的所有关键帧。

方法4：选择关键帧时，按<Shift>键，可以选择多个关键帧。

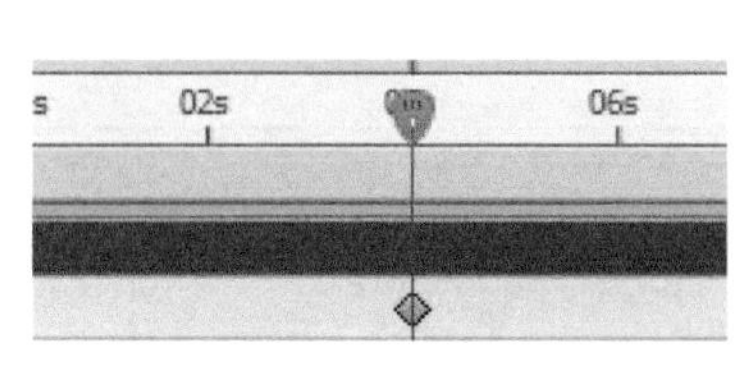

图 1-58

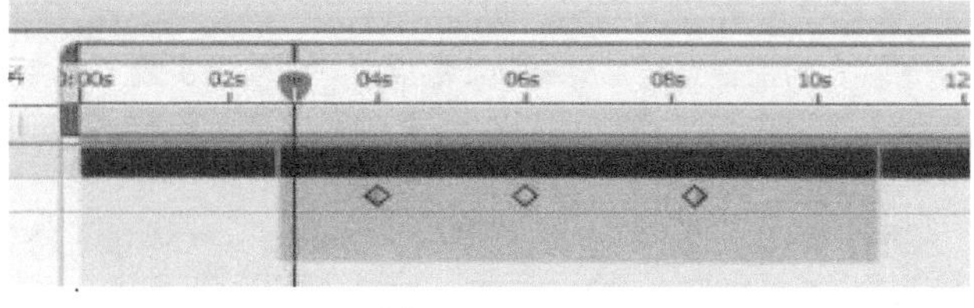

图 1-59

2）移动关键帧。移动关键帧或调整间距可以有效地调整动画的节奏和速度。

移动关键帧：选择关键帧后，按住鼠标拖动即可移动位置。

拉长或缩短关键帧间距：选择多个关键帧后，同时按住鼠标和<Alt>键，向左右拖动可以缩短或拉长关键帧间距。

3）删除关键帧。

方法1：使用键盘删除。选择不需要的关键帧，按<Delete>键，即可将选择的关键帧删除。

方法2：使用菜单删除。选择不需要的关键帧，执行“Edit”（编辑）→“Clear”（清除）命令，即可将选择的关键帧删除。

拓展任务

制作《水滴》SC-001推镜头效果，具体要求见表1-4。

表1-4 《水滴》SC-001推镜头效果任务单

任务名称	《水滴》SC-001推镜头效果
分镜脚本	
SC-001镜头展示了推进的效果，首先展示全景，继而摄像机推进，水龙头作为画面主体越来越大、越突出，让观众看清了龙头没关紧，仍在滴水的状态，也为后一个镜头——小水滴欢快地在龙头里跳动作铺垫。《水滴》SC-001镜头效果如图1-60所示。  图 1-60	

（续）

任务要求
1．格式要求 1）影片的格式：制式PAL D1/DV；画面的尺寸：宽720px、高576px 2）镜头的时间长度：6秒 3）输出格式：AVI 4）命名要求：《水滴》SC-001推镜头 2．效果要求 随着镜头的推进，水龙头和背景都放大，但水龙头放大更多一些

【制作小提示】

制作推镜头效果时，图层的“Scale”（缩放）属性一般控制推拉效果；“Position”（位置）属性控制X轴和Y轴的位置变化，以保证要表现的主体内容不因缩放而跑出画面。

拓展任务评价

评价标准	能做到	未做到
格式符合任务要求		
镜头推进效果平稳、符合视觉习惯		
背景和主体在位移或缩放过程中没有露出边界，跑出画面等穿帮		

任务3　制作模糊虚化镜头

任务领取

从总监处领取的任务单见表1-5。

表1-5 《李寄斩蛇》SC-001模糊虚化镜头效果任务单

任务名称	《李寄斩蛇》SC-001模糊虚化镜头效果
分镜脚本	
SC-001镜头描述的是巫婆做法祭蛇神的情节。供桌前巫婆装神弄鬼跳着招神舞，县令和村民们被她玄幻的做法迷惑。巫婆做法时虚化的状态效果，如图1-61所示。   图　1-61	

（续）

任务要求
1．格式要求 1）影片的格式：制式PAL D1/DV；画面的尺寸：宽720px、高576px 2）时长：2秒12帧 3）输出格式：AVI 4）命名要求：《李寄斩蛇》SC-001模糊虚化镜头效果 2．效果要求 1）将巫婆置于场景中的适当位置 2）为巫婆动画添加模糊虚化效果

任务分析

模糊虚化常用来表现角色头晕眼花时的主观视觉效果，或运动对象快速动作给观众带来的视觉效果，具体表现就是对象周围出现多个模糊不清的重影。本任务中镜头素材所需人物动作已经渲染完成，将动作序列帧导入后，复制图层并分别添加透明度、位移、模糊等效果，即可生成类似效果。模糊虚化镜头的制作流程，如图1-62所示。

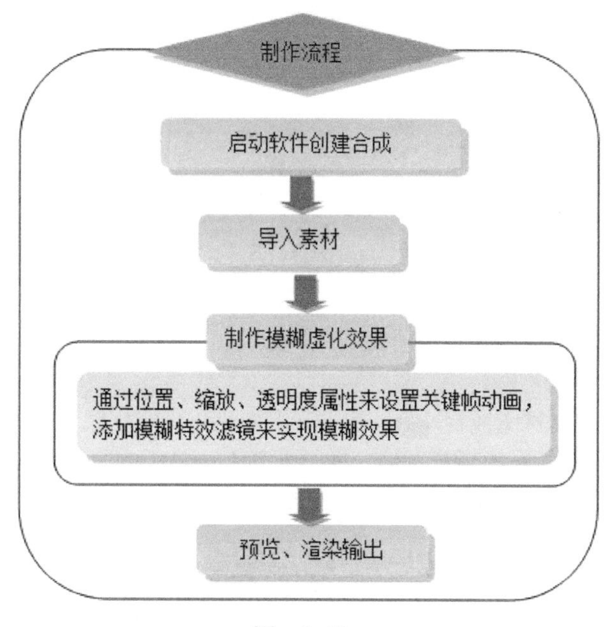

图 1-62

任务实施

说明：本任务及拓展任务所用的素材、源文件在配套光盘“学习单元1/任务3”文件夹中。

1. 启动软件创建合成

1）启动软件，自动创建项目，按<Ctrl+N>组合键创建新合成，命名为“SC-001模糊虚化”格式为PAL D1/DV，画面尺寸为宽720px、高576px，持续时间长度为2秒12帧。

2）保存项目文件，命名为“《李寄斩蛇》SC-001模糊虚化镜头效果.aep”

2. 导入素材

1）在“Import File”（导入文件）对话框，选择“sc-001”文件夹中的第一个文件，选择“PNG Sequence”（PNG序列）复选框，导入“PNG Sequence”（PNG序列），如图1-63所示。

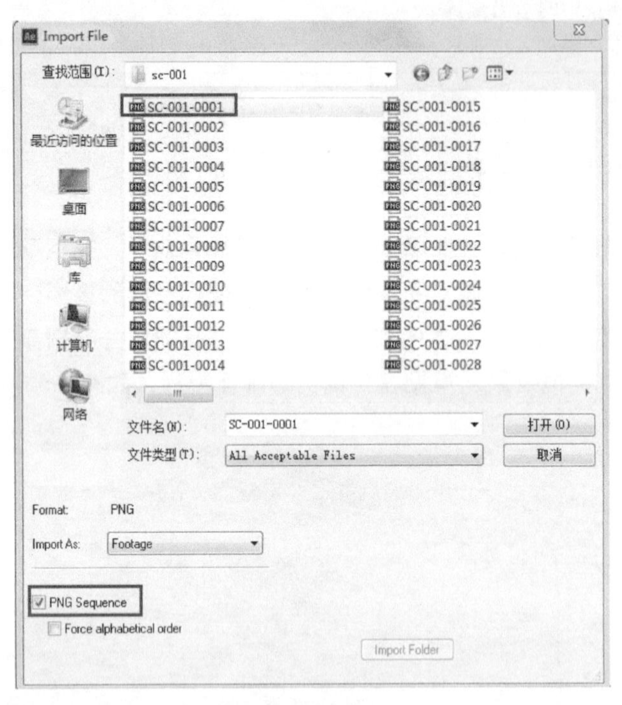

图 1-63

2）再导入“SC-001场景.jpg”文件。

3. 制作模糊虚化效果

1）将导入的序列帧素材拖拽到“Timeline”（时间线）面板上，命名图层为“女巫”，将“sc-001场景”文件拖拽到其下层。调整女巫在场景中的位置及大小，如图1-64所示。

图 1-64

2）选中“女巫”图层，按<Ctrl+D>组合键，复制出一个新的图层。将新图层命名为“女巫虚化”，如图1-65所示。

#	Layer Name	Mode	T	TrkMat
1	女巫虚化	Normal		
2	女巫	Normal		None
3	[sc-001场景.jpg]	Normal		None

图 1-65

3）为“女巫虚化”图层设置大小、位移、透明度变化的动画。
选中“女巫虚化”图层，按<P>键展开“Position”（位置）属性，再按<Shift+S>组合键和<Shift+T>组合键展开“Scale”（缩放）和“Opacity”（不透明度）属性。
对位置、缩放、透明度设置关键帧。在第12帧时设置“Position”（位置）值为（320，160），设置“Scale”（缩放）值为60%，设置“Opacity”（不透明度）为10%，如图1-66所示。
在第1秒20帧时设置“Position”（位置）值为（318，152），设置“Scale”（缩放）值为64%，设置“Opacity”（不透明度）为67%，如图1-67所示。

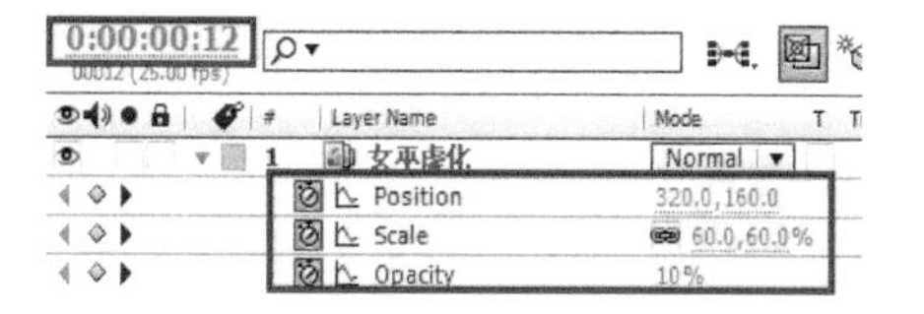

图 1-66

0:00:01:20
Layer Name
Mode
1 女巫虚化
Normal
Position 318.0,152.0
Scale 64.0,64.0%
Opacity 67%

图 1-67

4）选中“女巫虚化”图层，执行“Effect”（效果）→“Color Correction”（色彩校正）→“Brightness & Contrast”（亮度和对比度）命令。此时可看到“Effect Controls”（效果控制）面板处出现“Brightness & Contrast”（亮度和对比度）特效。设置“Contrast”（对比度）数值为14，如图1-68所示。

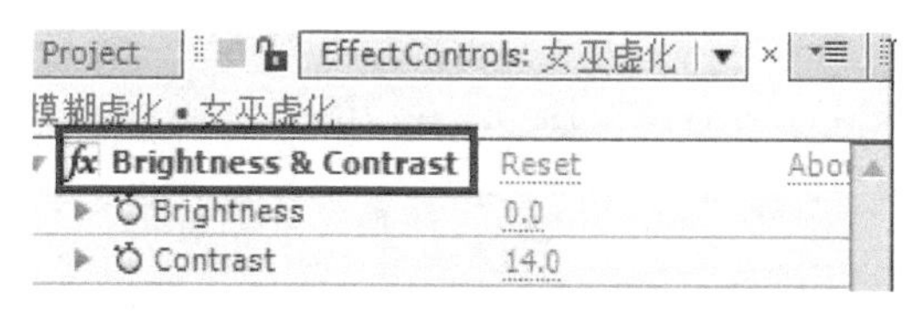

图 1-68

5）再执行“Effect”（效果）→“Blur & Sharpen”（模糊和锐化）→“Compound Blur”（混合模糊）命令，为“女巫虚化”图层添加模糊效果。此时可看到“Effect Controls”（效果控制）面板显示，如图1-69所示。

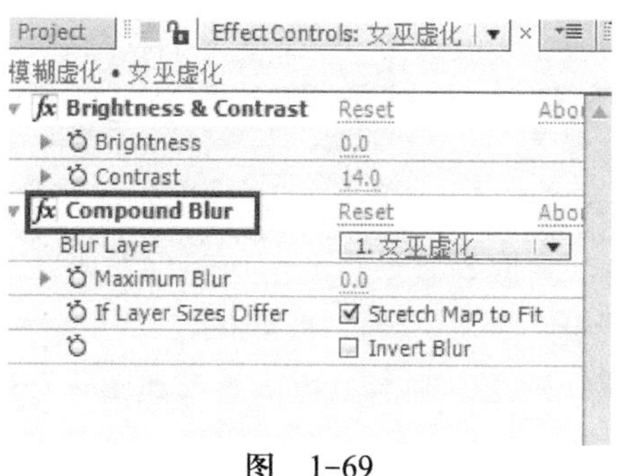

图 1-69

6） 在第0秒0帧时，在“Effect Controls”（效果控制）面板单击“Brightness & Contrast”（亮度和对比度）中“Brightness”（亮度）前的“码表”按钮，设置数值为0，单击“Compound Blur”（混合模糊）特效中“Maximum Blur”（最大模糊值）前面的“码表”按钮，设置数值为0，如图1-70所示。

图 1-70

7） 在“Timeline”（时间线）面板中，选中“女巫虚化”图层，按<U>键，显示所有设置了关键帧的属性，如图1-71所示。

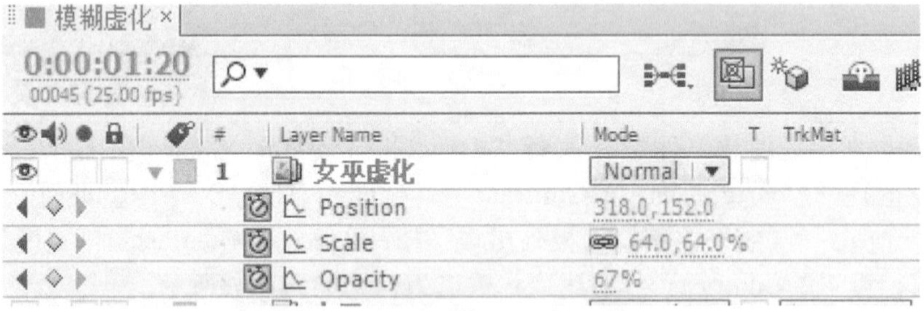

图 1-71

操作技巧：选定某一个图层，按<U>键，可以显示和关闭所有关键帧。

8） 在第1秒20帧时，设置“Brightness”（亮度）的数值为48，“Maximum Blur”（最大模糊值）为9，如图1-72所示。

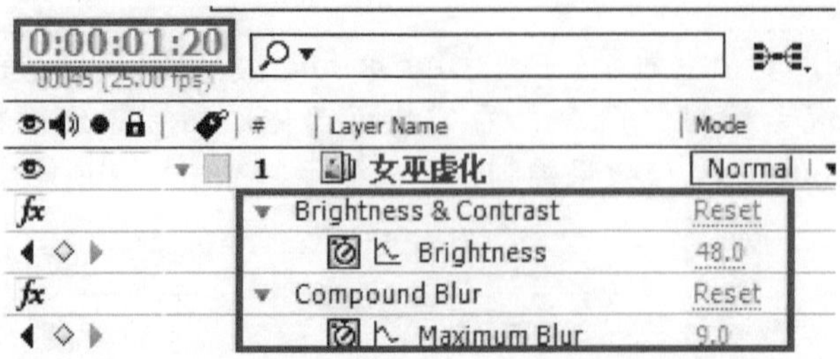

图 1-72

9） 关闭“sc-001场景”图层的显示，单击如图1-73所示的红圈标示的区域，设置透明背景。将“女巫虚化”图层中的“Position”（位置）和“Scale”（缩放）的关键帧，复制到“女巫”图层，观看重影的效果如图1-73所示。可以再根据需要微调每个关键帧的数值。

9）

图 1-73

操作技巧：单击“Composition”（合成）面板内的“Toggle Transparency Grid”（显示透明网格）按钮，可以取消合成默认背景，让图层内容呈现在栅格背景之上。

4．预览、渲染输出

1）显示“SC-001场景”图层。回到起始帧，按<Space>键播放动画，预览特效效果，起始帧和结束帧效果，如图1-74和图1-75所示。

图 1-74

图 1-75

操作技巧：将时间指针快速定位到起始帧的组合键是<Shift+Home>，时间指针快速定位到结束帧的组合键是<Shift+End>。

2）渲染输出，保存效果。

3）保存好工程文件，命名要符合项目要求。做好文件的备份，防止意外丢失。

知识链接

1．“Brightness & Contrast”（亮度和对比度）特效

1）功能：用于调节整个图层的亮度和对比度。

2）创建方法：选中图层，执行“Effect”（效果）→“Color Correction”（色彩校正）→“Brightness & Contrast”（亮度和对比度）命令。

3）参数详解。

①“Brightness”（亮度）：用于调节图像亮度，正数时为提高亮度，负数时为降低亮度。

②"Contrast"（对比度）：用于调节图像对比度，正数时增加对比度，使黑的更黑，白的更白，负数时降低对比度。

2. "Compound Blur"（复合模糊）特效

1）功能：依据某一图层（可以在当前合成中选择）画面的亮度值对目标图层进行模糊处理，或者为此设置模糊映射图层，也就是用一个图层的亮度变化去控制另一个图层的模糊，如图1-76所示。图像上的映射图层的点亮度越高，模糊越小；亮度越低，模糊越大。当然，也可以反过来进行设置，用来模拟大气，如烟雾和火光，特别是映射图层为动画时，效果更生动。还可以用来模拟污点和指印，可以和其他效果组合。

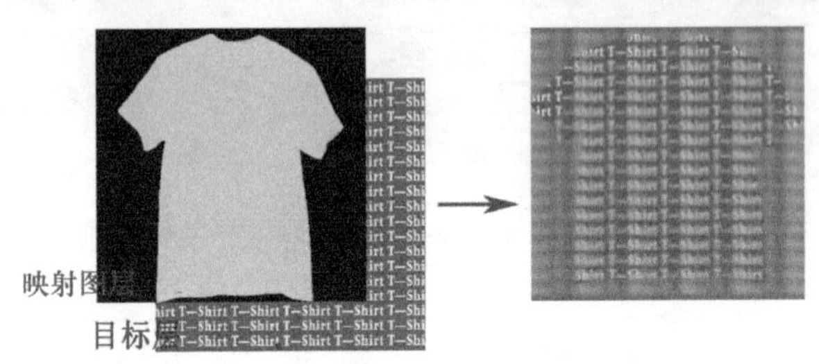

图 1-76

2）创建方法：执行"Effect"（效果）→"Blur & Sharpen"（模糊和锐化）→"Compound Blur"（复合模糊）命令。

3）参数详解。

①"Blur Layer"（模糊图层）：用来指定当前合成中的哪一个图层为模糊映射图层，也可以选择本图层。

②"Maximum Blur"（最大模糊）：以像素为单位的模糊值。

③"If Layer Sizes Differ Stretch Map to Fit"：选中表示如果模糊映射图层和本图层尺寸不同，则伸缩映射图层。

④"Invert Blur"（反向模糊）：反向模糊。

拓展任务

制作《李寄斩蛇》SC-066背景速度化效果，具体要求见表1-6。

表1-6 《李寄斩蛇》SC-066背景速度化效果任务单

任务名称	《李寄斩蛇》SC-066背景速度化效果
分镜脚本	
SC-066镜头表现李寄重新振作之后，鼓足勇气冲向大蛇的情节。在本镜头中，通过后移的场景衬托李寄奔跑的速度，如图1-77所示。   图 1-77	

（续）

任务要求
1．格式要求 1）影片的格式：制式PAL D1/DV；画面的尺寸：宽720px、高576px 2）时长：2秒18帧 3）输出格式：AVI 4）命名要求：《李寄斩蛇》SC-066背景速度化效果 2．效果要求 1）人物动画与背景结合。 2）为背景动画添加特殊模糊效果，突显人物运动速度。

【制作小提示】

为背景动画添加“Blur & Sharpen”（模糊和锐化）→“Radial Blur”（径向模糊）特效，以突出人物运动的速度感。

1）“Radial Blur”（径向模糊）效果可围绕某点创建模糊效果，从而模拟推拉或旋转摄像机的效果。

2）“Radial Blur”（径向模糊）参数解析。

①“Amount”（数量）：用于指定旋转程度，值为0时不产生模糊效果，值越大模糊程度越大。“Amount”（数量）值不同产生的不同效果对比，如图1-78所示。

②“Center”（中心）：通过效果点控制图像模糊的基准点位置，效果如图1-79所示。

图 1-78

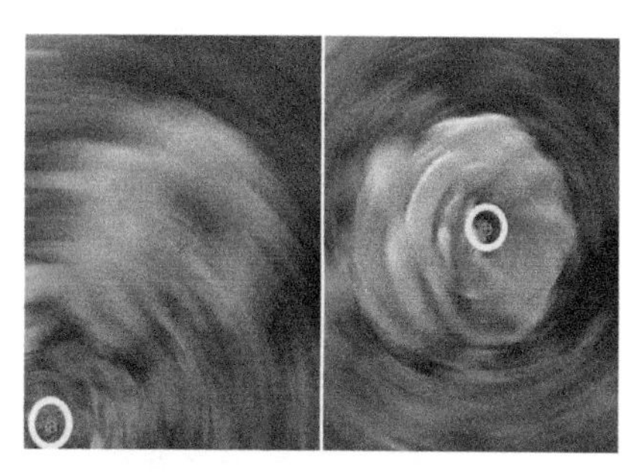

图 1-79

③“Type”（类型）：用于设置模糊的类型，有两种类型。其中“Spin”（旋转）用于设置在中心点周围呈弧形旋转模糊，如图1-80所示。“Zoom”（缩放）用于设置从中心点开始向外径向缩放模糊。

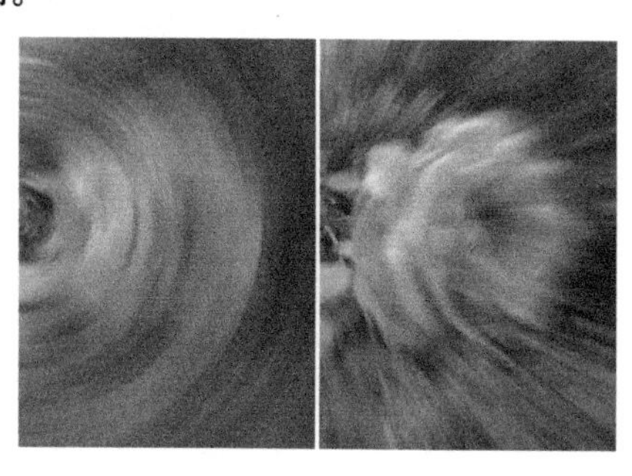

图 1-80

拓展任务评价

评价标准	能做到	未能做到
格式符合任务要求		
人物与背景位置合理，模糊中心固定置于人物背后		
模糊方向正确、效果明显但不混乱		

任务4　制作绘图特效镜头

任务领取

从总监处领取的任务单见表1-7。

表1-7 《李寄斩蛇》SC-064无奈表情效果任务单

任务名称	《李寄斩蛇》SC-064无奈表情效果
分镜头脚本	
SC-064镜头展示了大蛇被小狗咬后头部出现的无奈的表情符号。俗话说“狗拿耗子”是多管闲事，狗咬蛇后，大蛇无奈的样子增加了影片的笑点，也暂时缓和了紧张的打斗气氛。 SC-064镜头表现蛇被狗咬后的无奈效果，如图1-81所示。 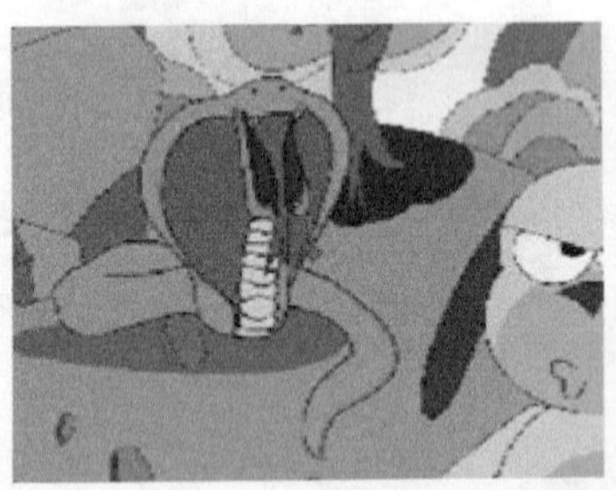 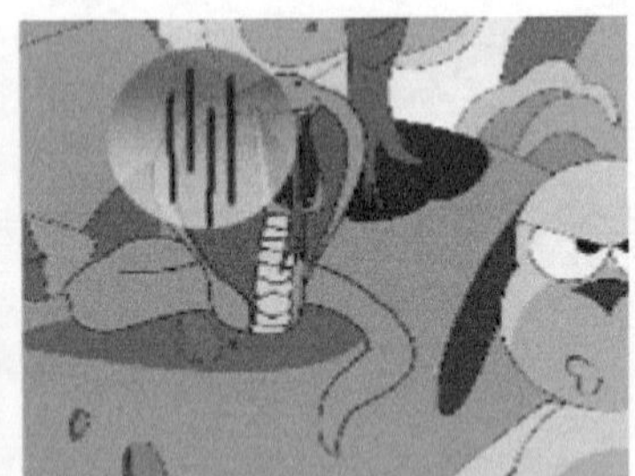 图　1-81	
任务要求	
1．格式要求 1）影片的格式：制式PAL D1/DV；画面的尺寸：宽720px、高576px 2）时长 ：2秒 3）输出格式：AVI 4）命名要求：《李寄斩蛇》SC-064无奈表情 2．效果要求 1）符号出现在大蛇头部且透明。 2）几条黑线从上向下出现。	

任务分析

SC-064镜头已经渲染完成，到后期时为了添加笑点，临时决定加入出现在蛇头部的无奈符号。为了节省时间，可以使用After Effects CS6的“图形工具”和“笔刷工具”绘制符号并设置黑线下拉动画。绘图特效镜头的制作流程如图1-82所示。

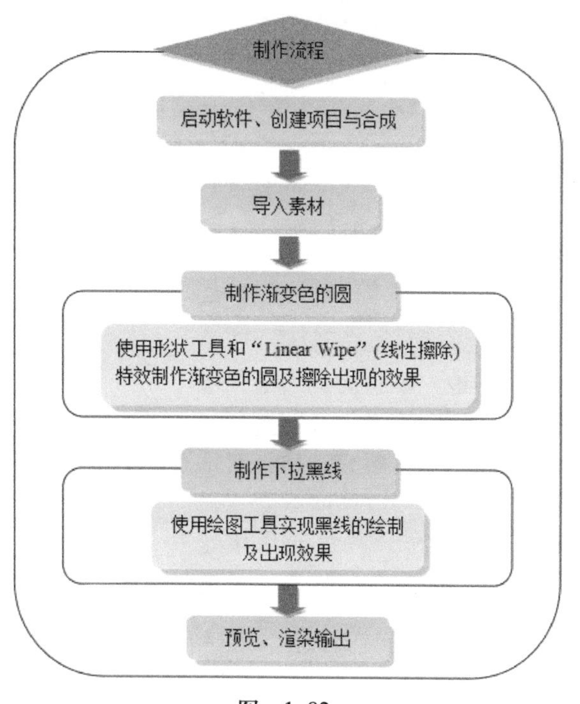

图 1-82

任务实施

说明：本任务及拓展任务所用的素材、源文件在配套光盘“学习单元1/任务4”文件夹中。

	1. 创建合成
1)	启动软件，自动创建项目，按<Ctrl+N>组合键创建新合成，命名为“无奈符号”，格式为PAL D1/DV，画面的尺寸为宽720px、高576px，持续时间长度为2s。
2)	保存项目文件，命名为“《李寄斩蛇》SC-064无奈表情.aep”。
	2. 导入素材
	在“Project”（项目）面板中双击，导入素材图片“sc-064蛇被咬后.jpg”，并拖到“Timeline”（时间线）面板中，重命名为“背景”。
	3. 制作渐变色的圆
1)	绘制圆。在没有选中任何图层的情况下，选择工具栏中“形状工具”中的“椭圆工具”，在“Composition”（合成）面板中单击鼠标的同时按<Ctrl+Shift>组合键绘制一个以鼠标单击处为中心的圆，此时“Timeline”（时间线）面板中会新生成一个形状图层“Shape Layer1”，如图1-83所示。然后将此图层重命名为“渐变圆”。

1)

图 1-83

2) 调整填充色。工具栏右侧的“Fill”（填充）、“Stroke”（描边）显示的是当前图形的填充色及边框色。单击“Fill”（填充）属性，将弹出“Fill Options”（填充选项）对话框，选择“Linear Gradient”（径向渐变），此时会发现“Fill”（填充）右侧的色块变成了径向渐变色效果，如图1-84所示，单击“OK”按钮确定。

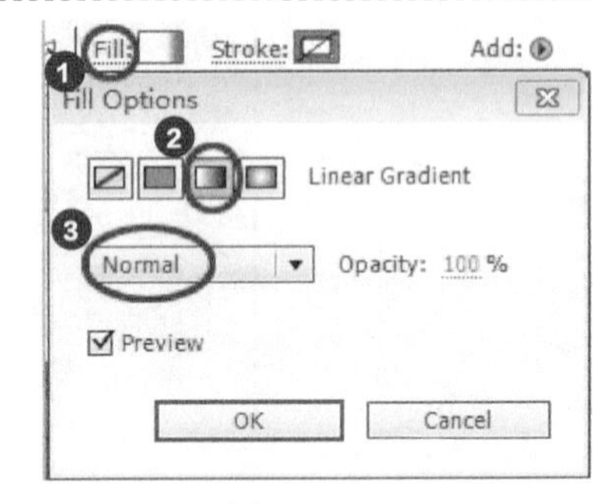

图 1-84

3) 单击“Fill”（填充）右侧的色块，在弹出的“Gradient Editor”（渐变编辑）对话框中调整色块，如图1-85所示。

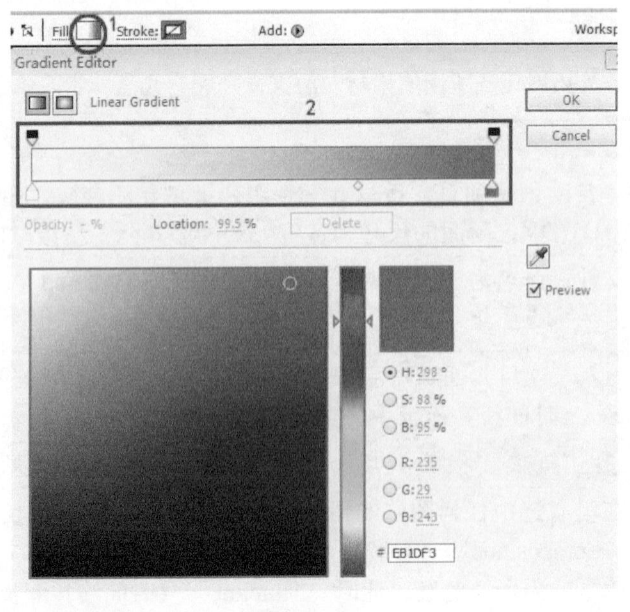

图 1-85

4） 调整边框色为无色。与调整填充色方法相似，单击“Stroke”（描边）属性名，在弹出的对话框中选择类型中的第一个“None”（无），此时“Composition”（合成）面板中的效果如图1-86所示。

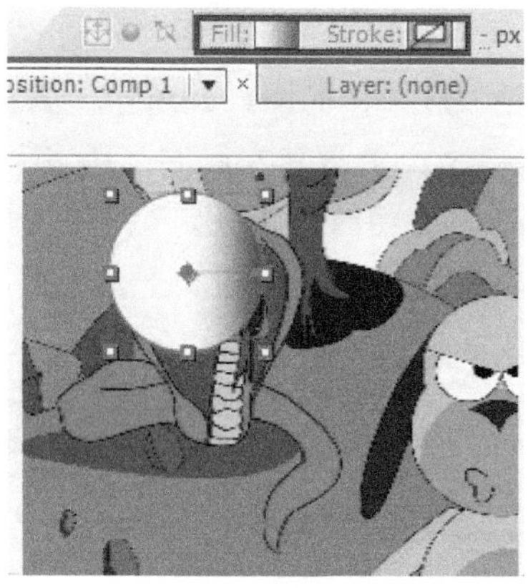

图　1-86

5） 调整渐变色的方向。选择工具栏中“选择工具”，调整渐变色的起点终点位置，将渐变色从右到左的变化调整为从上到下的渐变，调整后的效果如图1-87所示。

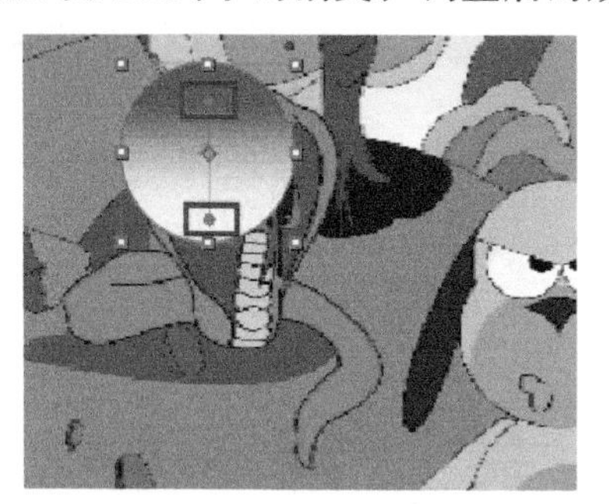

图　1-87

操作技巧：如果当前没有显示渐变色的起点终点调节点，则只要选择对象所在图层，然后选中工具栏中的“选择工具”，在“Composition”（合成）面板中对该对象双击即可显示出渐变色的调节点。

6） 选中“渐变圆”图层，按<T>键，展开“Opacity”（透明）属性，设置其值为67%，如图1-88所示。

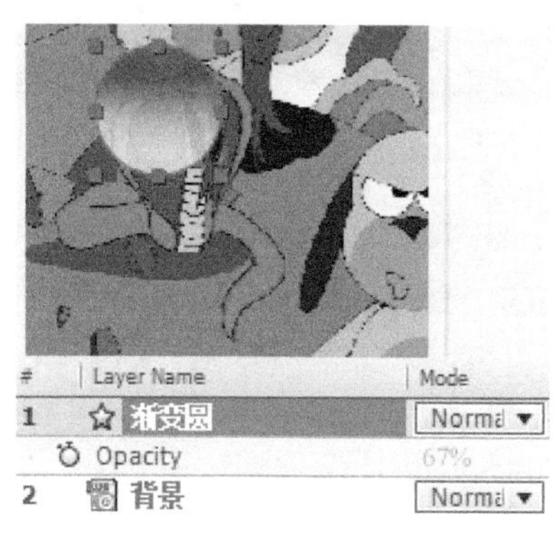

图　1-88

7) 执行“Effect”（效果）→“Transition”（转场）→“Linear Wipe”（线性擦除）命令。此时“Effect Controls”（效果控制）面板中会出现“Linear Wipe”（线性擦除）特效。

8) 在“Effect Controls”（效果控制）面板中，设置“Wipe Angle”（擦除角度）为0，“Feather”（羽化值）为100，如图1-89所示。为“Transition Completion”（转场完成度）属性设置关键帧，单击其左侧的“码表”按钮，将时间指针定位到第0秒0帧处，其值设置为100%；将时间指针定位到1秒处，设置其值为0%，如图1-90所示。完成此步设置后，即可实现渐变圆从上往下线性擦除出现的效果。

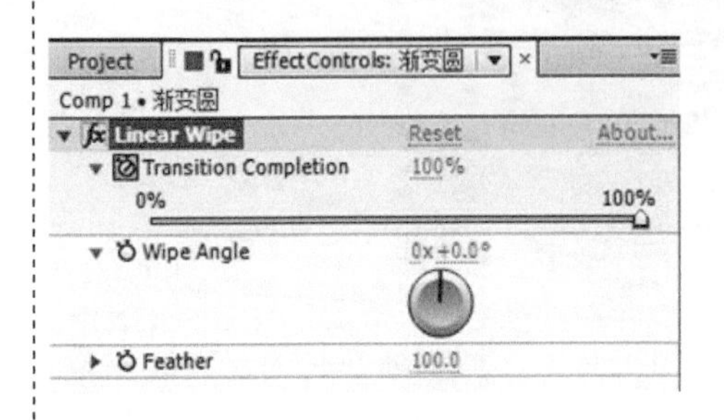

图 1-89

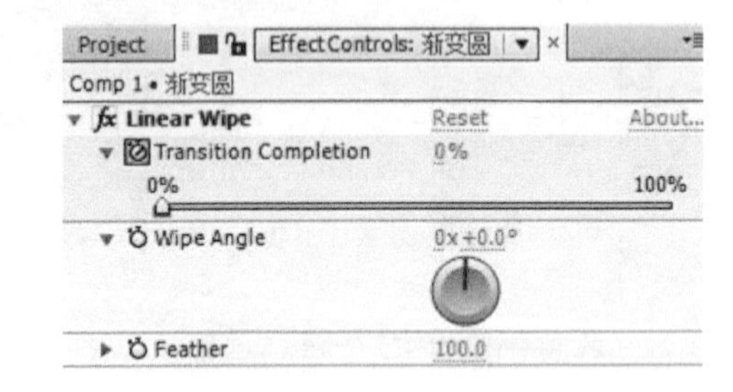

图 1-90

4. 制作下拉黑线

1) 创建固态图层。在“Timeline”（时间线）面板中单击鼠标右键，在弹出的快捷菜单中执行“New”（新建）→“Solid layer”（固态图层）命令，在弹出的对话框中单击“OK”按钮，将以默认设置创建一个纯色的图层，将该图层重命名为“黑线”。

操作技巧：新建固态图层的组合键是<Ctrl+Y>。

2) 双击要进行绘画的“黑线”图层，进入图层编辑面板，如图1-91所示。

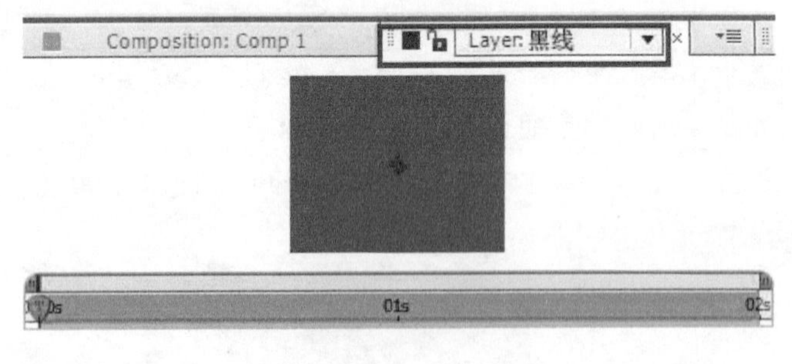

图 1-91

3) 选择工具栏上的“Brush Tool”（画笔工具），如图1-92中左侧红框区域所示。单击“画笔工具”右侧的“Toggle the Paint panels”（切换绘图面板）按钮，如图1-92右侧红框区域所示。打开“Paint”（绘图）面板和“Brushes”（笔触）面板，如图1-93所示。

图 1-92

学习单元1

3)

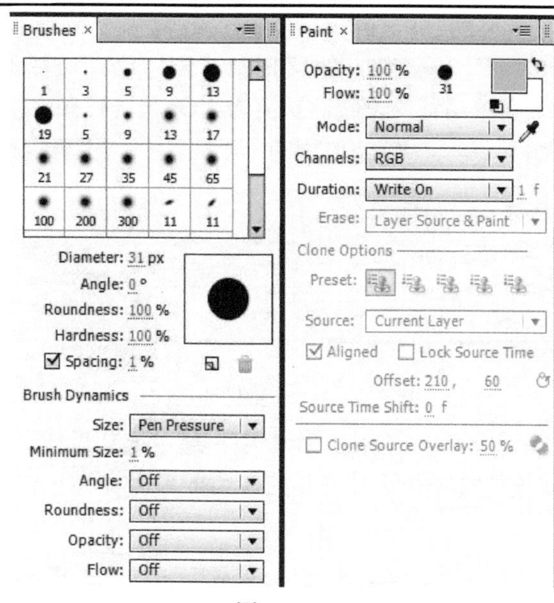

图 1-93

操作技巧:

1）“画笔工具”需要配合“Paint”（绘图）面板和“Brushes”（笔触）面板一起使用。

2）“画笔工具”在“Composition”（合成）面板中不能绘制，需要对图层双击，进入图层编辑面板中，才能进行绘制。

3）“Brush Tool”（画笔工具）的组合键是<Ctrl+B>。多次按<Ctrl+B>组合键将会在绘图工具组“Brush Tool”（画笔工具）、“Clone Stamp Tool”（仿制图章工具）、“Eraser Tool”（橡皮擦工具）之间来回切换。

4) 在“Brushes”（笔触）面板中设置“Diameter”（直径）为9px，在“Paint”（绘图）面板中，设置画笔颜色为黑色，“Duration”（持续时间）为“Write On”（书写）选项。

5) 绘制黑线。时间指针定位到第0秒0帧处，在“Layer:无奈符号”编辑面板中，在渐变圆的大概位置处，以当前画笔设置画一条竖线。绘画过程中可以看到黑色线，一旦松开鼠标黑色线消失。拖动时间指针向后移动，可看到黑色线慢慢出现的效果。

时间指针定位到0秒0帧处，再次绘制长短不一的3条竖线。绘制完毕后的图层编辑面板内什么也没有，而当将时间指针拖到最后，可看到图层编辑面板中的四条竖线，如图1-94所示。

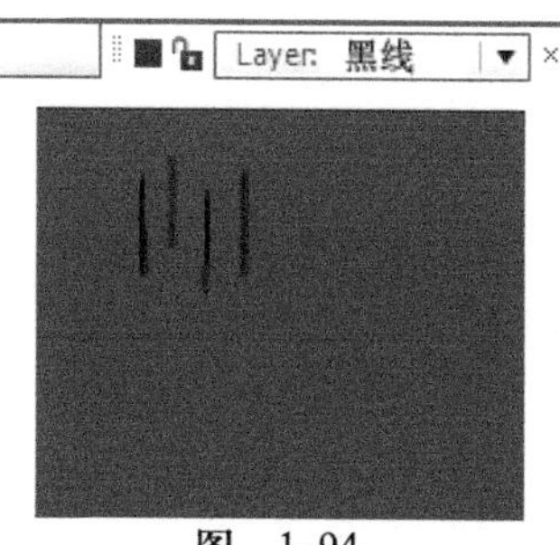

图 1-94

操作技巧:

1）快速设置画笔直径的方法：在选中画笔的前提下，把鼠标放在图层编辑面板中，按住<Ctrl>键，上下拖动鼠标可快速调整画笔大小。

2）可通过工具栏中的“选择工具”，单击选择竖线，拖动调整竖线到合适位置。

3）若需要精确对齐黑线和渐变圆所在的位置，可以执行“View”（视图）→“Show Grid”（显示网格）命令，在视图中显示网格作参考。

6） 展开“黑线”图层的“Paint”（绘画）特效参数，可看到“Brush 1”（画笔1）到“Brush 4”（画笔4）图层记录了刚才绘制竖线的过程，设置“Paint on Transparent”（在透明背景上绘画）值为“On”（打开）状态，如图1-95所示。

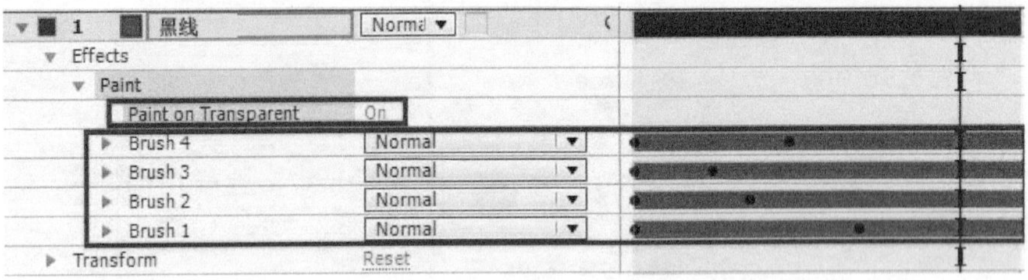

图 1-95

7） 切换到“Composition”（合成）面板中，通过拖动操作，调整“Timeline”（时间线）面板中每条竖线的开始时间，完成后的效果如图1-96所示，实现4条竖线先后出现的效果。

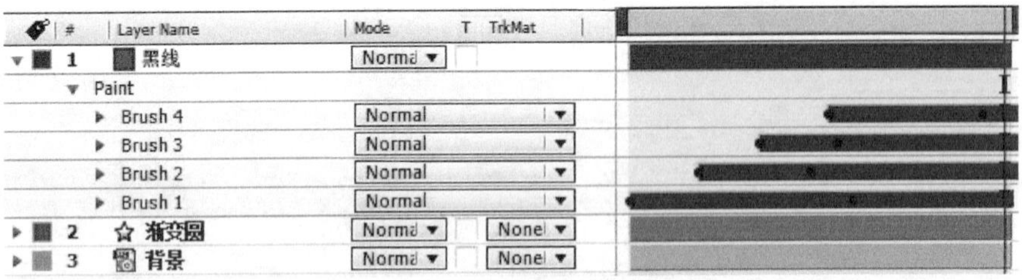

图 1-96

8） 选中“黑线”图层，按<U>键，可看到所有的关键帧，如图1-97所示，通过调整关键帧的位置调整每一条黑线动画的持续时间，反复预览，直至调整效果到满意。

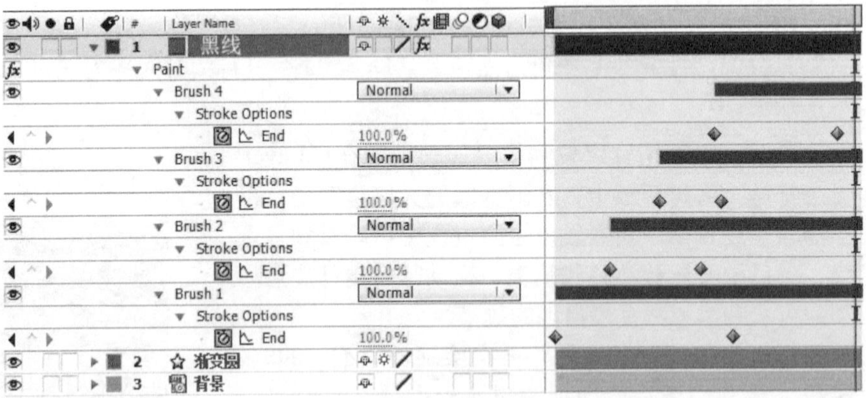

图 1-97

经验分享：如果有的画笔所在图层只能看到起始关键帧但看不到结束关键帧，而又需要修改绘画速度，则可通过按<Ctrl+K>组合键打开“合成设置”对话框，再加长合成持续时间后，就能看到结束关键帧并进行相关调整，调整后需要恢复到最初合成设置。

5. 渲染输出

1） 渲染输出，保存效果。

2） 保存好工程文件，命名要符合项目要求。做好文件的备份，防止意外丢失。

知识链接

1. “Shape Layer”（形状图层）

1）功能：一种包含矢量图形的图层。

2）创建方法。

方法1：使用任何一种“形状工具”或者“钢笔工具”直接在“Composition”（合成）面板中绘制形状即可创建形状图层。

方法2：在“Timeline”（时间线）面板中单击鼠标右键，在弹出的快捷菜单中执行“New”（新建）→“Shape Layer”（形状图层）命令进行创建。

3）动画预设效果：在软件中还添加了图形动画预设选项，只要单击“Timeline”（时间线）面板中“Contents”（内容）右侧的“Add”（添加）后的三角形按钮，如图1-98所示，即可打开预设选项。

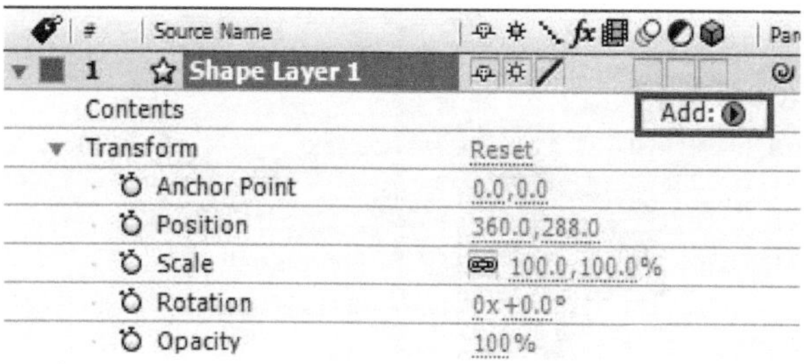

图 1-98

2. “Solid Layer”（固态图层）

1）功能：“Solid Layer”（固态图层）是After Effects CS6中最基本的图层类型，是一种单一颜色的图层。一般情况下，“Solid Layer”（固态图层）可作为带有颜色的背景，但在实际操作中，“Solid Layer”（固态图层）可结合“滤镜”（例如粒子滤镜等）和“绘图工具”使用，制作出丰富的效果。

2）创建方法

方法1：在“Timeline”（时间线）面板中单击鼠标右键，在弹出的快捷菜单中，执行“New”（新建）→“Solid…”（固态）命令进行创建。

方法2：按<Ctrl+Y>组合键来进行创建。

3）编辑修改：制作好固态图层以后，如果需要修改颜色、尺寸、长度等属性，则只需选中固态图层，执行“Layer”（图层）→“Solid Settings”（固态设置）命令，或者按<Ctrl+Shift+Y>组合键，打开“Solid Settings”（固态设置）对话框进行相关修改。

3. “Paint”（绘图）特效

1）工具栏中的“绘图工具组”包括：“Brush Tool”（画笔工具）、“Clone Stamp Tool”（仿制图章工具）、“Eraser Tool”（橡皮擦工具），如图1-99所示。“绘图工具”不能在“Composition”（合成）面板内操作，只能在固态图层或图片所在图层的编辑面板中操作。无论使

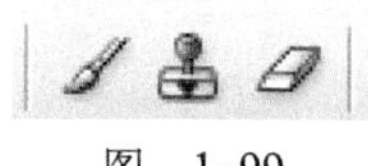

图 1-99

用哪种“绘图工具”，系统会自动为该图层添加一个“Paint”（绘图）特效。

2）当用户在图层中绘制时，从鼠标拖拽开始到鼠标释放的这一过程会被系统记录为一个笔画，绘画时每一笔画都可以在“Timeline”（时间线）面板中创建一个新图层，并且每个笔画的名称由当前的绘画工具决定，如Brush1、Brush2、Eraser1。

3）“Paint”（绘画）特效功能非常简单，只有一个参数“Paint on Transparent”（在透明背景上绘画）用于设置绘画背景是否为透明。

4）“绘图工具”需要配合“Paint”（绘图）面板和“Brushes”（笔触）面板一起使用，如图1-100所示。

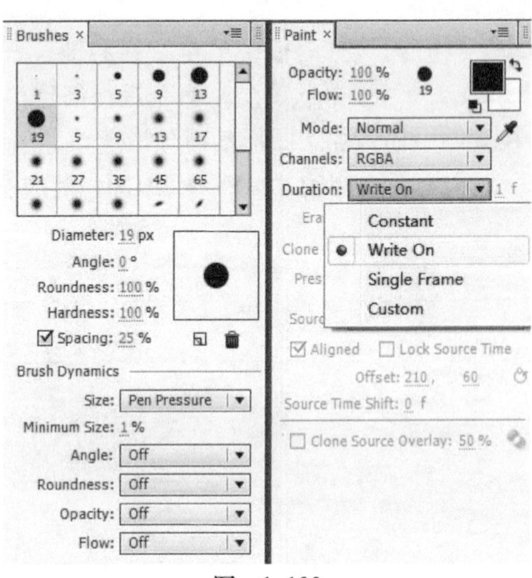

图 1-100

①“Brushes”（笔触）面板：用于设置笔刷的特征，包括笔头样式、“Diameter”（直径）、“Angle”（角度）、“Roundness”（圆角）、“Hardness”（硬度）、“Spacing”（间隔）等。

②“Paint”（绘图）面板：用于设置画笔的颜色、“Opacity”（不透明度）、“Flow”（油墨量）、“Mode”（混合模式）、“Channels”（通道）以及“Duration”（持续时间）。其中“Duration”（持续时间）用于设置笔刷持续时间，共有4个选项。这4个选项分别为“Constant”（固定）属于静态效果，笔触从头到尾都显示；“Write On”（写入）可以根据手写速度再现绘制过程，自动生成关键帧；“Single Frame”（单帧）仅在当前帧起作用；“Custom”（自定义）自定义笔触显示时间，通过调节右侧帧数实现。

拓展任务

制作《小山村》日出日落动画，具体要求见表1-8。

表1-8 《小山村》日出日落任务单

任务名称	《小山村》日出日落
分镜头脚本	
制作一个简笔画风格的场景，展现太阳升起天空变亮的动态效果，如图1-101所示。	

（续）

图　1-101

任务要求

1．格式要求

1）影片的格式：制式PAL D1/DV；画面的尺寸：宽720px、高576px

2）时长：2秒

3）输出格式：AVI

4）命名要求：《小山村》日出日落

2．效果要求

1）笔触柔和，山峦形象简单，符合简笔画风格

2）太阳和白云边缘柔和，动作流畅、合理

【制作小提示】

1）使用“笔刷工具”绘制山峰，再使用“椭圆工具”绘制太阳。

2）为背景添加“Ramp”（渐变）特效，如图1-102所示。

Comp 2 • Pale Yellow Solid 2

fx Ramp	Reset	About...
Start of Ramp	360.0,0.0	
Start Color		
End of Ramp	360.0,576.0	
End Color		
Ramp Shape	Linear Ramp	
Ramp Scatter	0.0	
Blend With Original	0.0%	

图　1-102

“Ramp”（渐变）特效

1）功能：用来实现从一种颜色到另一种颜色的过渡效果。可创建线性或径向渐变，通过设置关键帧可实现随时间改变渐变的位置和颜色。

2）创建方法：选中图层，单击鼠标右键，在弹出的快捷菜单中执行“Effect”（效果）→“Generate”（生成）→“Ramp”（渐变）命令。

3）参数解析。

①“Start of Ramp”（渐变起点）：指定渐变的起始位置。

②“Start Color”（开始颜色）：设定渐变开始的颜色。

③“End of Ramp”（渐变终点）：指定渐变的结束位置。

④“End Color”（结束颜色）：设定渐变结束的颜色。

⑤“Ramp Shape”（渐变类型）：有两种类型，分别是“Linear Ramp”（线性渐变）和“Radial Ramp”（径向渐变）两类型。线性渐变和径向渐变的效果对比图如图1-103所示。

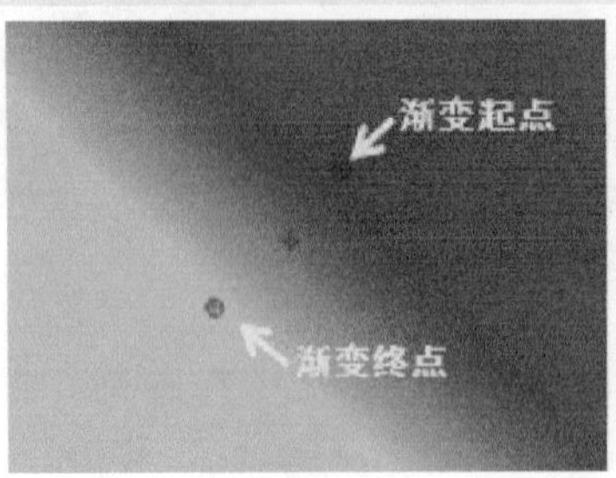

线性渐变

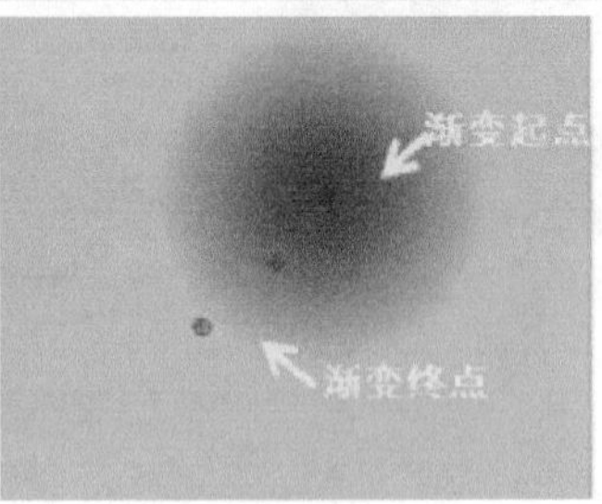

径向渐变

图 1-103

⑥“Ramp Scatter”（渐变分散）：可使渐变过渡区域的颜色分散并消除光带条纹。

⑦“Blend With Original”（混合来源图层）：控制渐变与底层图像的融合程度，如图1-104所示。

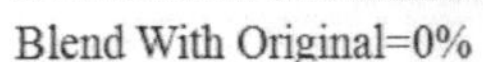

Blend With Original=0%　Blend With Original=16%　Blend With Original=100%

图 1-104

3）为导入的矢量“白云”添加“Fast Blur”（快速模糊）特效，如图1-105所示。

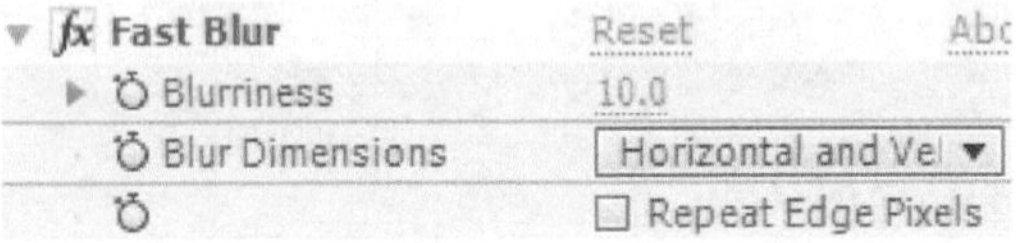

fx Fast Blur	Reset	Abc
Blurriness	10.0	
Blur Dimensions	Horizontal and Ve ▼	
	☐ Repeat Edge Pixels	

图 1-105

“Fast Blur”（快速模糊）特效

1）功能：快速地对图像进行模糊，在大面积应用的时候速度更快。模糊效果和“Gaussian Blur”（高斯模糊）十分类似。

2）创建方法：选中图层，单击鼠标右键，在弹出的快捷菜单中执行“Effect”（效果）→“Blur & Sharpen”（模糊和锐化）→“Fast Blur”（快速模糊）命令。

3）参数解析。

①“Blurriness”（模糊值）：控制图像模糊程度。

②“Blur Dimensions”（模糊方向）：有三种方式，分别为“Horizontal and Vertical”（水平和垂直）、“Horizontal”（水平）、“Vertical”（垂直）。

4）为太阳添加“Glow”（辉光）特效，如图1-106所示。

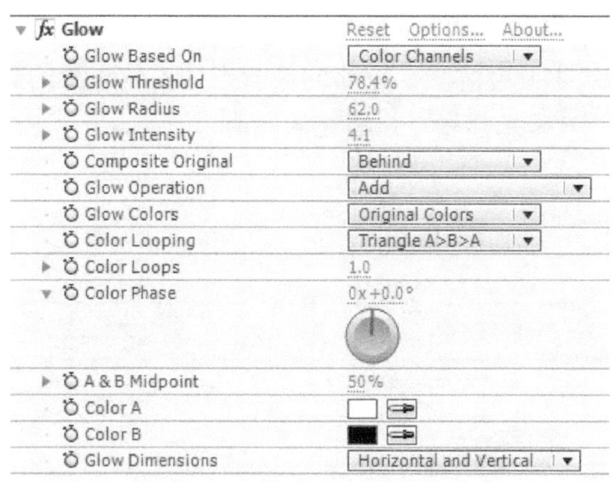

图 1-106

“Glow”（辉光）特效属性

1）功能：“Glow”（辉光）特效可找到图像的较亮部分，然后使该部分像素和周围的像素变亮，以创建漫射的辉光光环。该特效经常用于图像中的文字和带有Alpha通道的图像。该效果也可以模拟明亮的光照对象的过度曝光。“Glow”（辉光）特效使用前后对比效果，如图1-107所示。

图 1-107

2）创建方法：选中图层，单击鼠标右键，在弹出的快捷菜单中，执行“Effect”（效果）→“Style”（风格化）→“Glow”（辉光）命令。

3）参数解析。

①“Glow Based On”（辉光基于）：选择辉光作用通道。可以选择“Color Channels”（颜色通道）和“Alpha Channel”（透明通道），两种效果的对比，如图1-108所示。基于透明通道的辉光只在图片边缘（透明区域和不透明区域之间）产生散射光。

②“Glow Threshold”（辉光阈值）：将阈值设置为不向其应用辉光的亮度百分比。较低的百分比会在较大区域产生辉光效果；较高的百分比会在较小区域产生辉光效果，如图1-109所示。

基于透明通道

基于颜色通道

图 1-108

Glow Threshold=0%

Glow Threshold=100%

图 1-109

③“Glow Radius”（辉光半径）：辉光效果从图像的明亮区域开始延伸的距离，以像素为单位。较大的值会产生漫射辉光；较小的值会产生锐化边缘的辉光。

④“Glow Intensity”（辉光强度）：辉光的亮度。

拓展任务评价

评价标准	能做到	未能做到
格式符合任务要求		
用笔刷绘制简单的山峰形态，并保持静止状态		
能用遮罩制作太阳，并添加辉光		
云和太阳运动的轨迹和速度合理		
背景渐变色变化符合自然规律		

任务5　制作遮罩特效镜头

任务领取

从总监处领取的任务单，见表1-9。

表1-9 《李寄斩蛇》SC-071遮罩特效镜头任务单

任务名称	《李寄斩蛇》SC-071遮罩特效镜头
分镜头脚本	
SC-071镜头表现的是李寄被蛇打晕后，慢慢苏醒过来，眼前看到父母及众村民的场景，如图1-110所示。    图 1-110	
任务要求	
1. 格式要求 1）影片的格式：制式PAL D1/DV；画面的尺寸：宽720px、高576px 2）时长：3秒 3）输出格式：AVI 4）命名要求：《李寄斩蛇》SC-071遮罩特效镜头 2. 效果要求 1）睁眼的动画流畅、真实 2）遮罩形状变化自然、边缘朦胧	

任务分析

本任务中的镜头是表现人物眼睛由闭着到睁开的视觉效果，其实就是场景由不显露到逐渐显露的过程，而且显露的范围由人物眼睛的轮廓决定。因此，要在After Effects CS6中为场景添加遮罩效果，并且制作遮罩形状的变化，以模拟眼睛睁开的动画。遮罩特效镜头的制作流程如图1-111所示。

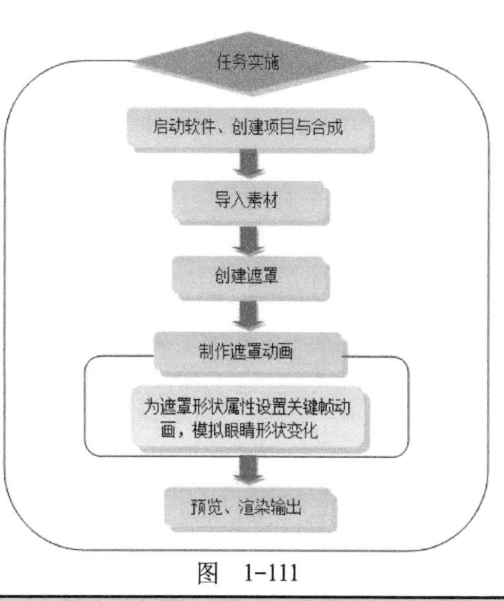

图 1-111

任务实施

说明：本任务及拓展任务所用的素材、源文件在配套光盘“学习单元1/任务5”文件夹中。

	1. 启动软件、创建项目与合成
1）	启动软件，自动创建项目，按<Ctrl+N>组合键创建新合成，命名为“SC-071遮罩特效镜头”，背景色为深灰色。其他按任务单中的格式要求进行设置。
2）	保存项目文件，命名为“《李寄斩蛇》SC-071遮罩特效镜头.aep”。
	2. 导入素材
1）	导入“sc-071”文件夹内的镜头中的JPG序列帧。
2）	将素材sc-071镜头JPG序列拖拽到“Timeline”（时间线）面板中，并将图层重命名为“睁眼”。
	3. 创建遮罩
	选择“睁眼”图层，在工具栏中选择“Ellipse Tool”（椭圆形工具），如图1-112所示，在“Composition”（合成）面板中用鼠标拖拽，绘制出一个略扁的椭圆形状，如图1-113所示，遮罩形状边缘线呈黄色。这时“睁眼”图层中就会添加一个“Mask”（遮罩）属性面板，如图1-114所示。

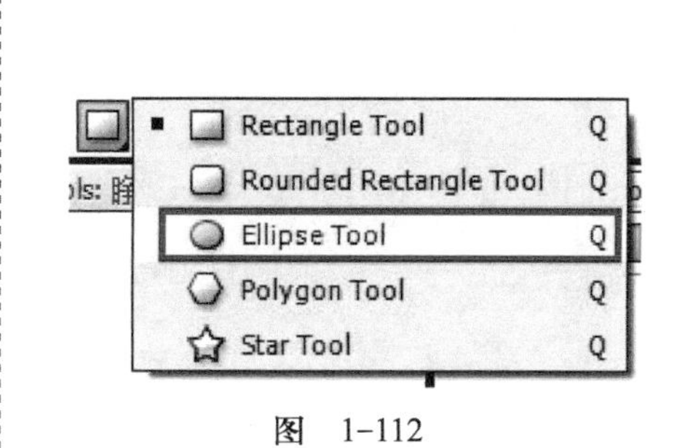

图 1-112

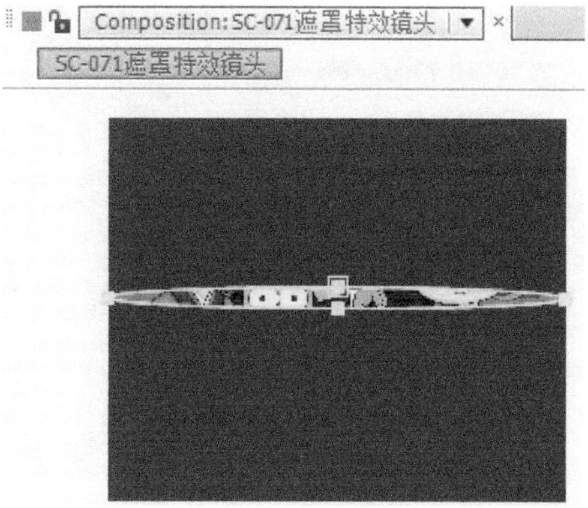

图 1-113

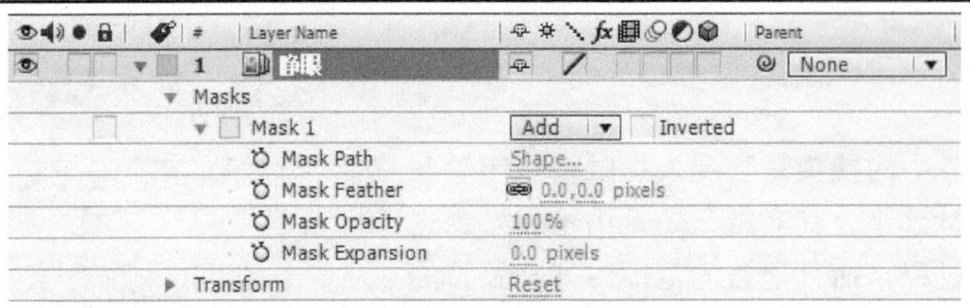

图 1-114

知识点拨：After Effects CS6中遮罩的意义和作用与Photoshop和Flash等软件类似。详细介绍请看本任务“知识链接”中的相关内容。

操作技巧：

1）在“形状工具”列表的工具上双击鼠标会在当前图层中自动生成一个最大的遮罩。

2）在创建遮罩的同时按<Ctrl>键，会以鼠标单击的第一个点作为遮罩中心创建遮罩。

3）在创建遮罩的同时按<Shift>键，可创建出等比例的遮罩形状。

4. 制作遮罩动画

1） 将时间指针定位到动画初始处，单击“Mask”（遮罩）属性中“Mash Path”（遮罩路径）左侧的“码表”按钮，添加关键帧。

知识点拨：“Mash Path”（遮罩路径）是用来控制遮罩形状的属性。

2） 单击“Mash Path”（遮罩路径）右侧的“Shape…”（形状），如图1-115所示，在弹出的“Mask Shape”（遮罩形状）对话框中，设置参数，“Top”（顶）为277，“Bottom”（底）为278，“Left”（左）为0，“Right”（右）为720，如图1-116所示。设置完成后，单击“OK”按钮确定。“Composition”（合成）面板中的遮罩的形状呈线型效果，如图1-117所示。

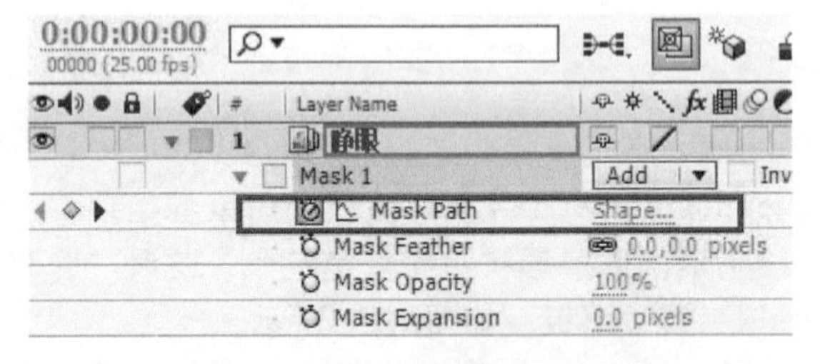

图 1-115

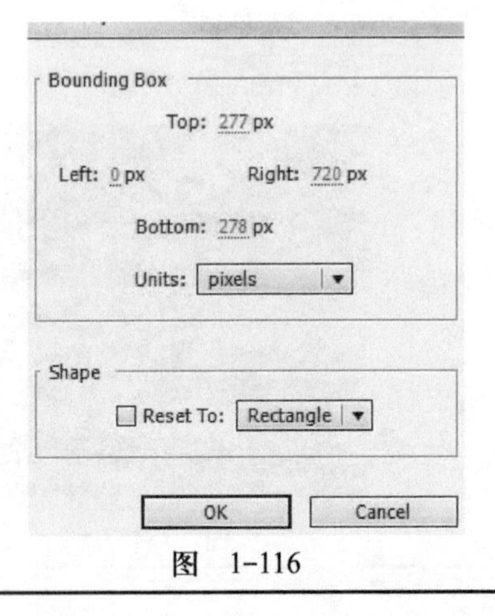

图 1-116

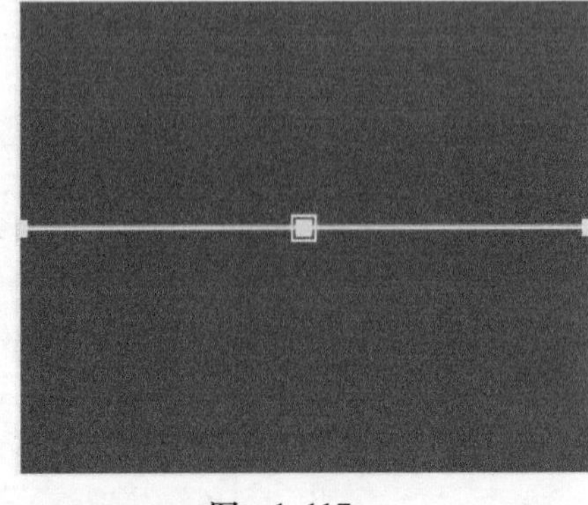

图 1-117

3） 时间指针定位到第20帧处，使用“选择工具”框选并拖动节点，调整上、下节点位置，可使用“Convert Vertex Tool”（转换点工具），如图1-118所示。通过调整4个节点的调节手柄，使眼睛左右两侧尖一些，眼睛上方饱满一些，调整后的遮罩形状如图1-119所示。“Mash Path”（遮罩路径）属性中自动添加了一个关键帧。

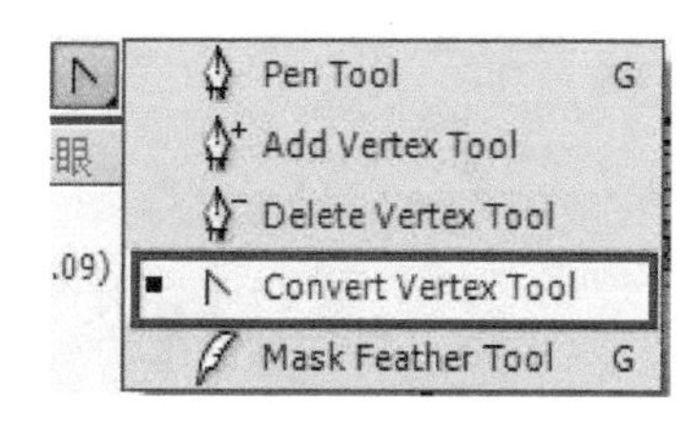

图 1-118

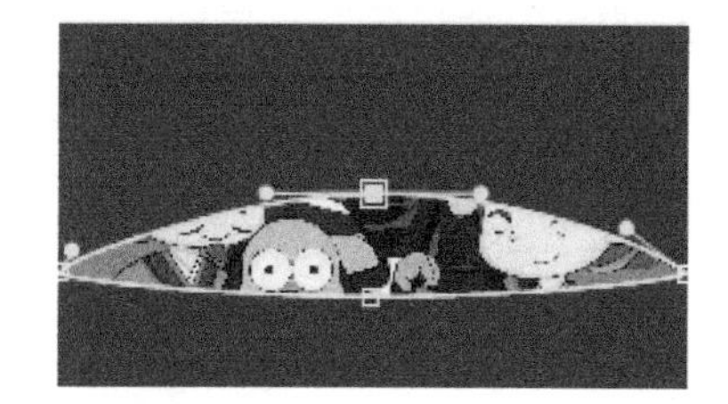

图 1-119

知识点拨：

1）使用“Convert Vertex Tool”（转换点工具）时，单击一个有调节手柄的节点，该节点处形成折角无调节手柄，反之亦然。

2）在节点处拖拽调节手柄，可以调整线段的弧度。

4） 将时间指针定位到第22帧处，单击“Shape…”（形状），在弹出的对话框中设置“Top”（顶）为277，“Bottom”（底）为278。设置完成后，“Composition”（合成）面板效果如图1-117所示。设置完成后，即可实现20～22帧快速闭眼的动画效果。

经验分享：人从昏迷的状态中苏醒，由于畏光，眼睛要眨一眨才能睁开。因此，遮罩形状要反复放大缩小再逐渐放大，动画才自然真实。

5） 使用“选择工具”选择20帧半睁眼处的关键帧，按<Ctrl+C>组合键进行复制。将时间指针定位到第1秒20帧处，按<Ctrl+V>组合键进行粘贴。实现再次半睁眼的效果。

6） 时间指针定位到第2秒12帧处，添加关键帧，然后单击“Shape…”（形状），在弹出的“Mask Shape”（遮罩形状）对话框中设置“Top”（顶）为0，“Bottom”（底）为576，并勾中“Reset to Ellipse”（恢复为椭圆）复选框，如图1-120所示。设置完成后，遮罩的形状实现眼睛睁大的效果，如图1-121所示。

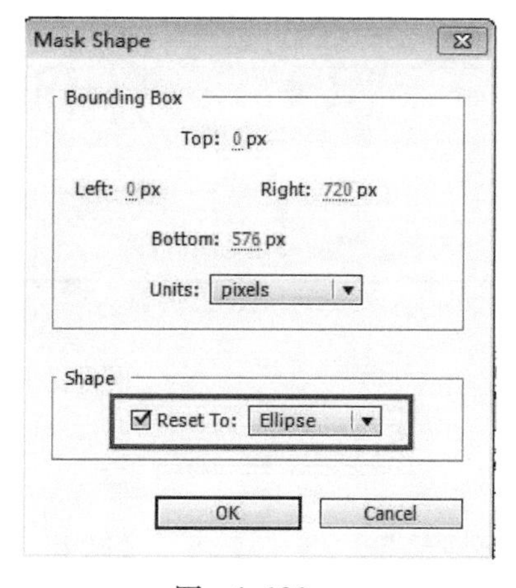

图 1-120

图 1-121

7）	按<Shift+End>组合键将指针定位到结束点即第2秒24帧处，添加关键帧，然后单击“Shape…”（形状），在弹出的“Mask Shape”（遮罩形状）对话框中设置“Top”（顶）为-126，“Bottom”（底）为702，“Left”（左）为-162，“Right”（右）为880，如图1-122所示。设置完成后，遮罩的形状的面积将大过合成面板的面积使场景全部显现，如图1-123所示。 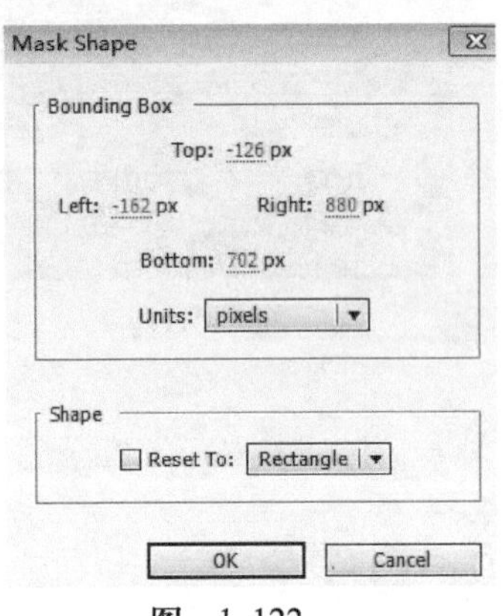 图 1-122  图 1-123
8）	按<Space>键进行预览，可看到眼睛半睁开后闭合再睁开的动画效果。动画效果基本完成，按<K>键或<J>键将时间指针在关键帧间切换，对相应效果再次进行微调。
9）	设置“Mask Feather”（遮罩羽化）值为50，如图1-124所示，使遮罩边缘羽化。设置完成后，遮罩效果如图1-125所示。 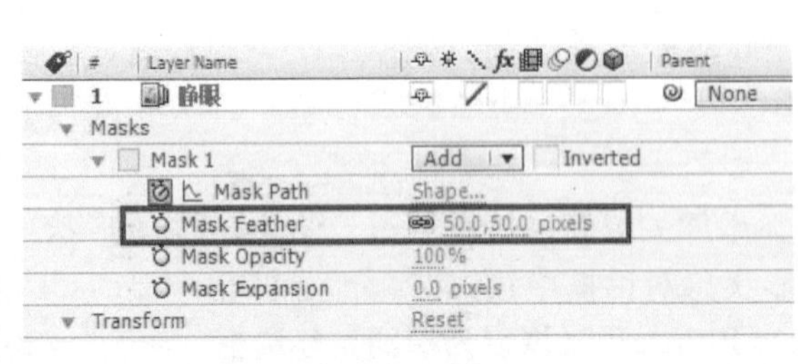 图 1-124 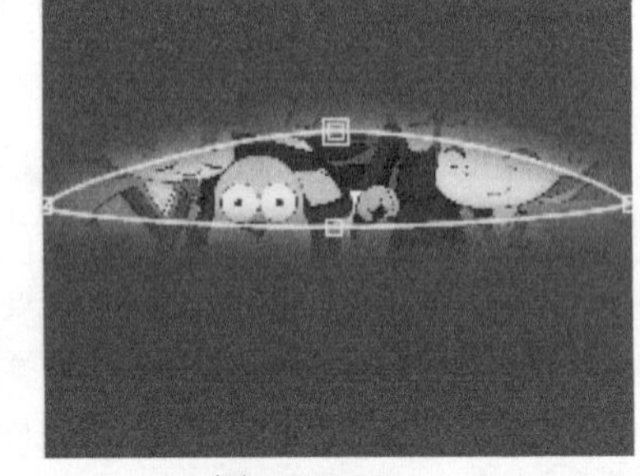 图 1-125
10）	为了更加贴近真实效果，可以将“Composition”（合成）面板的颜色设置为黑色。
5．预览、渲染输出	
1）	按<Space>键播放制作效果进行预览。
2）	渲染输出，保存效果。
3）	保存好工程文件，命名要符合项目要求。

知识链接

1．遮罩效果制作

1）“Mask”（遮罩）：附加在图层上的区域或线条。当“Mask”（遮罩）为不闭合的曲线时只能作为路径使用不能起到遮罩作用，如图1-126所示。当“Mask”（遮罩）为闭合的曲线时不仅可以作为遮罩，也可以作为路径。遮罩创建后，图层上会出现透明区域，图层上“Mask”闭合的曲线包围的内容将被显示出来，闭合曲线外的内容将被遮挡住，如图1-127所示。“Mask”（遮罩）在视频特效制作中会经常被用来“抠”出图像中的一部分。

图 1-126

图 1-127

2）创建遮罩。

① 创建规则形状遮罩：选择工具栏中的“形状工具”可绘制规则的遮罩形状，包括“Rectangle Tool”（矩形工具）、“Rounded Rectangle Tool”（圆角矩形工具）、“Ellipse Tool”（椭圆工具）、“Polygon Tool”（多边形工具）、“Star Tool”（星形工具）。

② 创建任意形状遮罩：工具栏中的“钢笔工具”，用法与Photoshop软件中的“钢笔工具”一样，可以绘制线条和各种闭合的形状。

经验分享：一定要先选好图层再创建遮罩，否则不选择图层就直接绘制，则新生成的是一个形状图层，而非一个遮罩。遮罩默认的边缘颜色是黄色，而形状图层的边缘默认是蓝色的，初学者可以注意区分一下。

3）调节遮罩形状。

① 使用“选择工具”进行调节。使用“选择工具”拖动遮罩形状上的任一节点调整遮罩的形状，如图1-128所示。

② 使用“钢笔工具”组中的工具调节。使用“钢笔工具”组中的工具调节，例如，“Add Vertex Tool”（增加节点工具）、“Delete Vertex Tool”（删除节点）、“Convert Vertex Tool”（转换点工具）等。

③ 利用遮罩控制框调节。选中“工具”面板中的“选择工具”，双击“Composition”（合成）面板中的遮罩的某一节点，就可以选中整个遮罩，并出现一个控制框，如图1-129所示。将鼠标放在控制边框上，鼠标变为双向箭头时，进行拖动鼠标实现遮罩变形操作。配合<Ctrl>键、<Shift>键、<Ctrl+Shift>组合键拖动鼠标，即可固定中心、等比例缩放或固定中心等比例缩放遮罩。按<Esc>键可退出控制框。

图 1-128

图 1-129

4）设置遮罩的属性。在“Timeline”（时间线）面板中，展开“Mask”（遮罩）控制属性可看到其所有属性，如图1-130所示。

①“Mask Path”（遮罩形状）：设置遮罩的形状和范围。单击其右侧的“Shape…”（形状）选项，打开遮罩形状对话框，可以进行相关设置。

②“Mask Feather”（遮罩羽化）：设置遮罩边缘的羽化值，使遮罩的边缘和其底层的画面自然融合。

③“Mask Opacity”（遮罩不透明度）：控制遮罩的透明度。

④“Mask Expansion”（遮罩扩展）：调整遮罩的扩展程度，正值为扩展，负值为收缩。

⑤ 设置遮罩的混合模式。一个图层中可以有多个遮罩，有时需要选择混合模式来使得多个遮罩产生多变的组合效果。多层遮罩叠加设置列表如图1-131右侧红框所示。

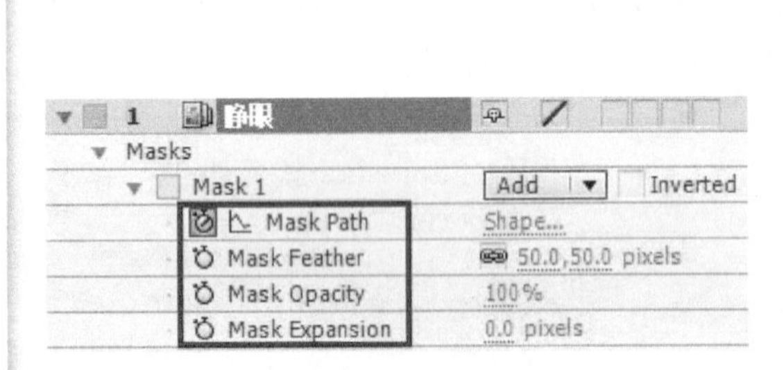

图 1-130

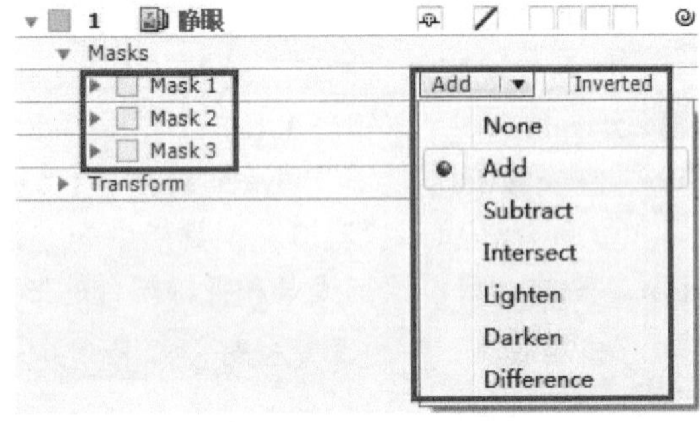

图 1-131

常用的叠加效果介绍如下：

①“Add”（相加）：当有多个遮罩时，这种叠加模式会将多个遮罩区域进行相加，如图1-132所示。

②“Subtract”（相减）：将当前遮罩区域内容从上面所有遮罩组合内容中减去，如图1-133所示。

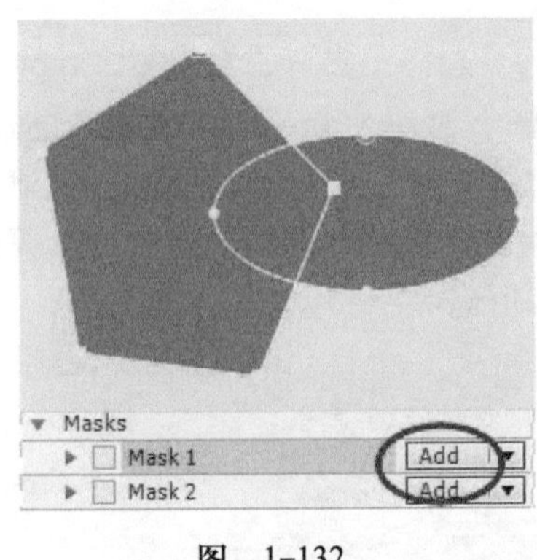

图 1-132

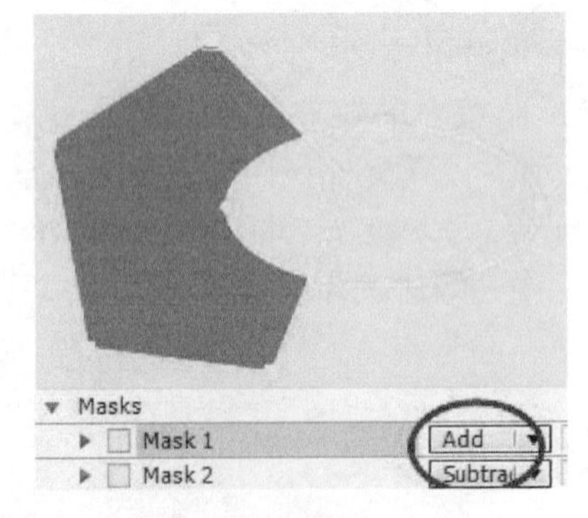

图 1-133

③“Intersect”（相交）：只显示当前遮罩内容与上面所有遮罩组合相交部分的内容，如图1-134所示。

④“Difference”（差值）：将当前遮罩区域内容与上面所有遮罩组合内容相加后减去相交的内容，如图1-135所示。

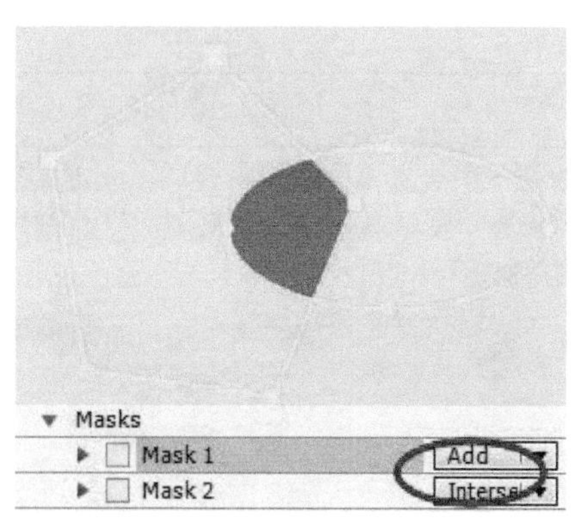

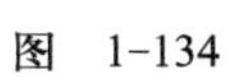

图 1-134

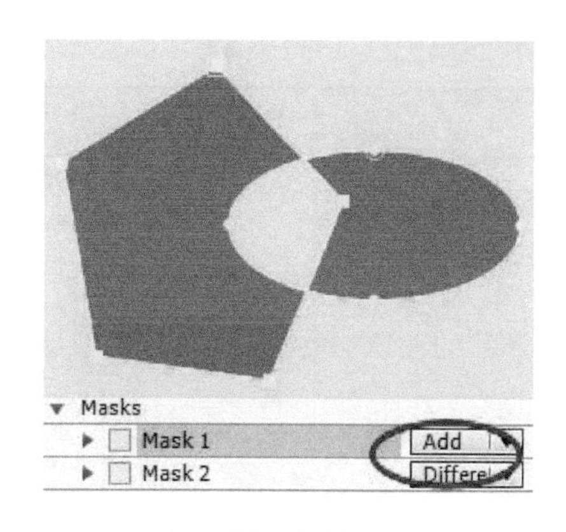

图 1-135

2. 工具栏中的工具介绍

工具栏中的各种工具介绍，见表1-10。

表1-10 工具栏介绍

工 具	快 捷 键	注 释
选择工具	<V>	主要作用是在“Composition”（合成）面板中选择、移动、调整图层和素材等。若要选择多个素材，可配合使用<Shift>键
抓手工具	<H>	移动用户观察的位置
缩放工具	<Z>	对编辑区内容进行缩放
旋转工具	<W>	对选定的对象进行旋转操作
轨道摄像机工具	<C>	只有在“Timeline”（时间线）面板中存在摄像机图层的时候才会激活
锚点工具	<Y>	用于改变图层中轴点的位置
图形工具	<Q>	绘制形状如图1-136所示，或绘制遮罩如图1-137所示 形状图层效果　　遮罩效果 图 1-136　　图 1-137
钢笔工具	<G>	绘制形状、遮罩或路径
文字工具	<Ctrl+T>	录入文字，创建文字图层
画笔工具	<Ctrl+B>	双击时间栏中的某个图层进入图层编辑窗口，可以使用“画笔工具”进行绘画

（续）

工　具	快捷键	注　释
复制图章工具	＜Ctrl+B＞	双击时间栏中的某个图层进入图层编辑窗口，先定义采样点（按<Alt>键在图像某一处单击）再进行复制。"复制图章工具"使用前后对比，如图1-138所示  图　1-138
橡皮擦工具	＜Ctrl+B＞	双击时间栏中的某个图层进入图层编辑窗口，就可以使用"橡皮擦工具"进行绘制。原图与使用"橡皮擦工具"后的效果对比，如图1-139所示  图　1-139
动态遮罩工具	＜Alt+W＞	双击时间栏中的某个图层进入图层编辑窗口，对视频中运动的对象实现遮罩的效果。"动态遮罩工具"使用前后效果对比，如图1-140所示  图　1-140
图钉工具	＜Ctrl+P＞	为对象创建木偶动画

拓展任务

制作《机器战侠》SC-001闪亮登场镜头，具体要求见表1-11。

表1-11 《机器战侠》SC-001闪亮登场镜头任务单

任务名称	《机器战侠》SC-001闪亮登场镜头
分镜头脚本	
SC-001镜头展现了黑暗笼罩大地时机器战侠横空出世，神奇的光芒在他身上扫动，最终闪亮全身的动态效果，如图1-141所示。  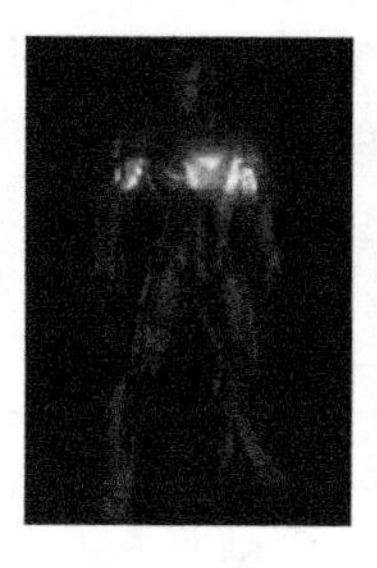  图 1-141	
任务要求	
1．格式要求 1）影片的格式：制式PAL D1/DV；画面的尺寸：宽400px、高576px 2）时长：5秒 3）输出格式：AVI 4）命名要求：SC-001闪亮登场 2．效果要求 1）遮罩运动流畅，光线扫动并最终笼罩全身，光条有模糊边缘 2）机器战侠身体由暗变亮，由无色到彩色，并伴有辉光	

【制作小提示】

将素材分别导入2个图层，将上面一个图层素材的颜色调得鲜亮，并将下面一层素材颜色调得灰暗无色。这些效果都需要通过设置“Levels”（色阶）特效和“Hue/Saturation”（色相/饱和度）特效实现。

“Levels”（色阶）特效

“Levels”（色阶）特效属性，如图1-142所示。

fx Levels	Reset	About...
Channel:	RGB	
Histogram		
Input Black	0.0	
Input White	173.0	
Gamma	1.00	
Output Black	0.0	
Output White	60.0	
Clip To Output Black	Off for 32 bpc Color	
Clip To Output White	Off for 32 bpc Color	

图 1-142

1）功能：用于调整图像的高亮、中间色以及暗部的颜色级别，同时改变“Gamma”（校正曲线）。通过调节“Gamma”值可以改变灰度色中间范围的亮度值，主要用于基本影像质量的调整。

2）创建方法：选中图层，单击鼠标右键，在弹出的快捷菜单中，执行“Effect”（效果）→“Color Correction”（颜色矫正）→“Levels”（色阶）命令。

3）参数解析。

①“Histogram”：直方图，显示图像中像素分布的状态，配有操作滑块可以直接设置。

②“Input Black”：设置输入图像中黑色的极限。

③“Input White”：设置输入图像中白色的极限。

④“Output Black”：设置输出图像中黑色的极限。

⑤“Output White”：设置输出图像中白色的极限。

⑥“Gamma”：设置灰度值。

“Hue/Saturation”（色相/饱和度）特效

“Hue/Saturation”（色相/饱和度）特效属性，如图1-143所示。

1）功能：用于调整“Hue”（色相）、“Saturation”（饱和度）以及“Lightness”（亮度）的色彩平衡。其应用的效果和“Color Balance”（颜色平衡）特效一样，但利用的是颜色相位调整轮来进行控制。

2）创建方法：选中图层，单击鼠标右键，在弹出的快捷菜单中，执行“Effect”（效果）→“Color Correction”（颜色矫正）→“Hue/Saturation”（色相/饱和度）命令。

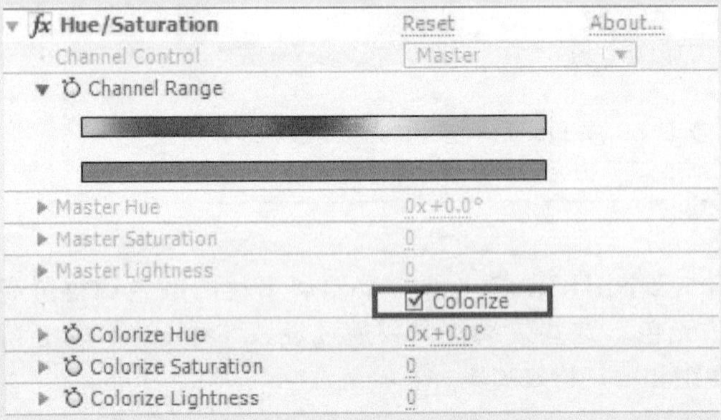

图 1-143

3）参数解析。

①“Channel Control”（通道控制）：可以指定所要调节的颜色通道，如果选择“Master”（主）则表示对所有颜色应用。

②“Channel Range”（通道范围）：显示颜色通道的范围。位于上方的颜色条表示调节前的颜色；位于下方的颜色条表示在全饱和度下调整后的颜色。

③“Master Hue”（主色调）：用于调整主色调，它的取值范围为-180°～180°，可以通过相位调整轮来调整。

④“Master Saturation”（主饱和度）：用于调整主饱和度。

⑤“Master Lightness”（主亮度）：用于调整所选颜色通道的亮度。

⑥“Colorize”（彩色化）：用于调整图像为一个色调值，成为RGB图。

⑦“Colorize Hue”（彩色化色调）：用于调整图像彩色化以后的色相。

⑧“Colorize Saturation”（彩色化饱和度）：用于调整图像彩色化以后的饱和度。

⑨“Colorize Lightness”（彩色化亮度）：用于调整图像彩色化以后的亮度。

拓展任务评价

评价标准	能做到	未能做到
格式符合任务要求		
两图层的色彩亮暗、饱和度等设置合理		
扫光动作利落流畅		
辉光添加恰到好处衬托出人物形象，又不掩盖人物轮廓		

任务6　制作梦幻背景特效镜头

任务领取

从总监处领取的任务单见表1-12。

表1-12　《李寄斩蛇》SC-025梦幻背景效果任务单

<table>
<tr><td>任务名称</td><td>制作《李寄斩蛇》SC-025梦幻背景效果</td></tr>
<tr><td colspan="2">分镜脚本</td></tr>
<tr><td colspan="2">SC-025镜头展示父亲对李寄讲大道理的场景。父亲照本宣科，讲得头头是道，背后旋转的光条衬托出父亲自鸣得意的神态，如图1-144所示。

图　1-144</td></tr>
<tr><td colspan="2">任务要求</td></tr>
<tr><td colspan="2">1．格式要求
1）影片的格式：制式PAL D1/DV；画面的尺寸：宽720px、高576px
2）时长：2秒
3）输出格式：AVI
4）命名要求：《李寄斩蛇》SC-025梦幻背景效果
2．效果要求
1）制作出从中心放射的光条背景，颜色与前景协调
2）背景转动的速度适中</td></tr>
</table>

任务分析

二维动画常见中心放射状的彩条背景，可以通过“绘图工具”绘制，但效率低。在After Effects CS6中可以先制作双色平行条纹，再将普通的平行条纹转换为放射状，最后为图层添加旋转动画即可。梦幻背景特效镜头的制作流程如图1-145所示。

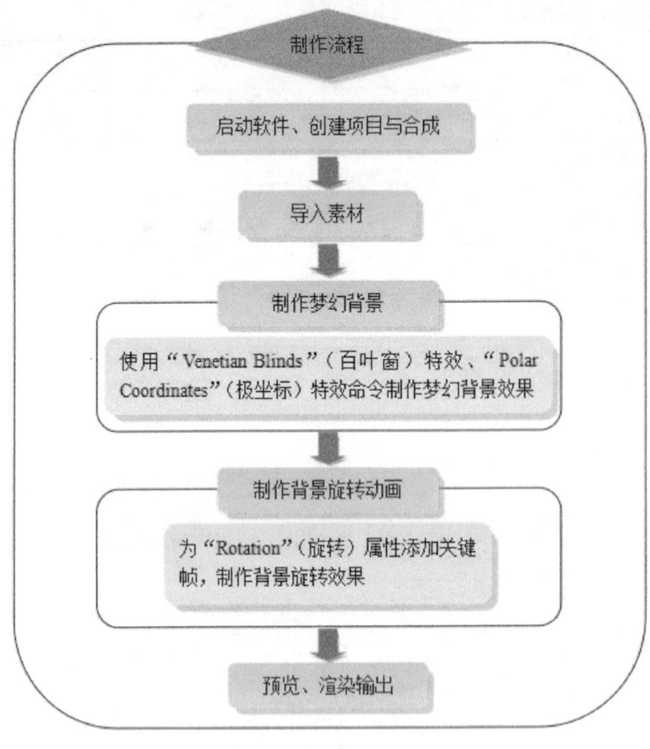

图 1-145

任务实施

说明：本任务及拓展任务所用的素材、源文件在配套光盘“学习单元1/任务6”文件夹中。

1. 启动软件、创建项目与合成	
1）	启动软件，自动创建项目，按<Ctrl+N>组合键创建新合成，命名为“梦幻背景”。其他按任务单中的格式要求进行设置。
2）	保存项目文件，命名为“《李寄斩蛇》SC-025梦幻背景效果.aep”。
2. 导入素材	
	在“Project”（项目）面板中双击，导入“sc-025”PNG序列帧，并拖曳到“Timeline”（时间线）面板中，重命名为“父亲说教”。
3. 创建梦幻背景	
1）	按<Ctrl+Y>组合键创建一个固态图层，命名为“后背景”，颜色为浅灰绿色。
2）	按<Ctrl+Y>组合键创建一个固态图层，命名为“前背景”，颜色为深灰绿色。

3）将新建的这两个图层移到“父亲说教”图层下方，此时图层及“Composition”（合成）面板效果，如图1-146所示。

图 1-146

4）选中“前背景”层，执行“Effect”（效果）→“Transition”（转场）→“Venetian Blinds”（百叶窗）命令。设置“Transition Completion”（转场完成度）数值为50%，“Width”（宽度）值为60，此时“Composition”（合成）面板中出现百叶窗效果，如图1-147所示。

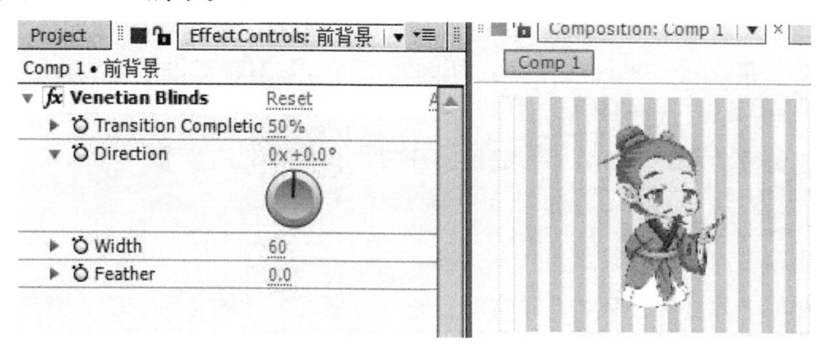

图 1-147

知识点拨：关于“Venetian Blinds”（百叶窗）的详细介绍请参看本任务的“知识链接”。

5）保持“前背景”图层为被选中状态，执行“Effect”（效果）→“Distort”（扭曲）→“Polar Coordinates”（极坐标）命令。设置“Interpolation”（插值）为100%，“Type of Conversion”（转换类型）为“Rect to Polar”（矩形到极线）。设置完成后的效果，如图1-148所示。

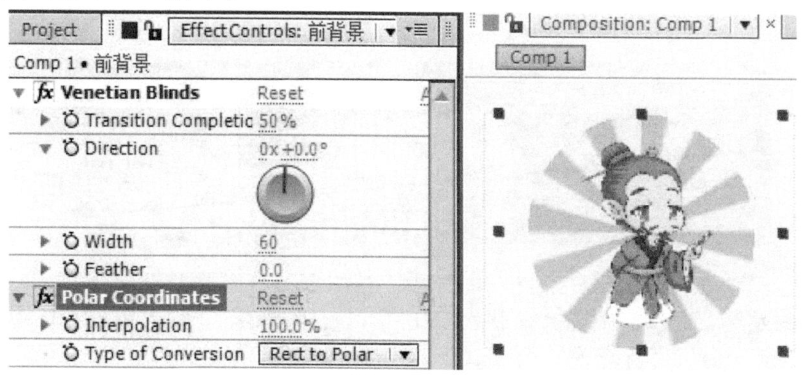

图 1-148

知识点拨：关于“Polar Coordinates”（极坐标）的详细介绍请参看本任务的“知识链接”。

6)	选择“前背景”图层，按“↑”键，移动前背景在“Composition”（合成）面板中的位置，使前背景的中心点位于人物头部处，如图1-149所示。选择“前背景”图层，按<S>键，展开“Scale”（缩放）参数属性，调整参数值为180%，达到前背景充满全屏幕效果即可，如图1-150所示。  图 1-149  图 1-150
	4. 制作背景的旋转动画
1)	选择“前背景”图层，按<R>键，展开“Rotation”（旋转）参数属性，为其设置关键帧，在第0秒 0帧时设置其值为0×0，在第1秒 24帧时设置其值为1×0，实现前背景在2秒内旋转一圈的效果。
2)	反复修改参数，预览效果，确保制作效果符合任务单要求。
	5. 渲染输出
1)	渲染输出，保存效果。
2)	保存好工程文件，命名要符合项目要求。做好文件的备份，防止意外丢失。

知识链接

1. “Venetian Blinds”（百叶窗）特效

1）功能：主要功能是使用具有指定方向和宽度的条形显示下层图层的内容，实现类似百叶窗开合的过渡效果，如图1-151所示。该效果常用来实现两个镜头之间的切换效果。

图 1-151

2）创建方法：选中图层，执行“Effect”（效果）→“Transition”（转场）→“Venetian Blinds”（百叶窗）命令。

3）参数解析。

①“Transition Completion”（转场完成度）：0%为完全显示当前图层，100%为完全显示下面的图层。

② “Direction”（方向）：图像过渡的方向，如图1-152所示。

③ “Width”（宽度）：百叶窗线条的宽度。

④ “Feather”（羽化）：控制百叶窗线条边缘的模糊程度，如图1-153所示。

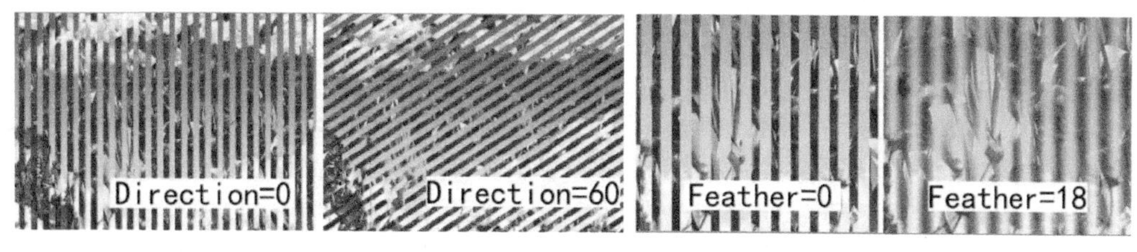

图 1-152　　图 1-153

2. “Polar Coordinates”（极坐标）特效

1）功能：可扭曲图层，具体方法是将图层（x，y）坐标系中的每个像素调换到极坐标中的相应位置，反之亦然。此效果会产生反常的和令人惊讶的扭曲，扭曲结果根据选择的图像和控件的不同而有很大差别。应用极坐标特效后前后效果对比，如图1-154所示。

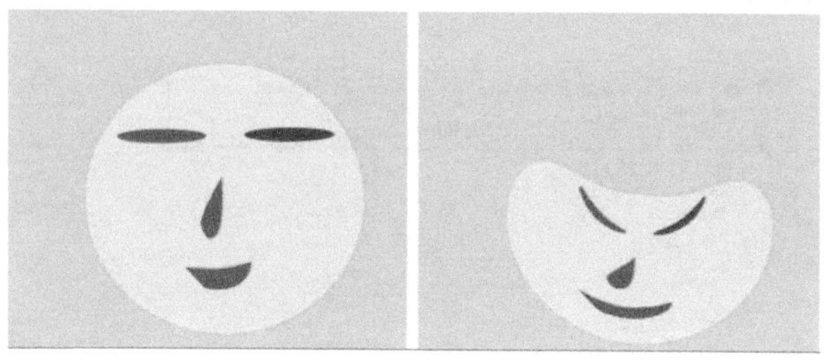

图 1-154

2）创建方法：选中图层，执行“Effect”（效果）→“Distort”（扭曲）→“Polar Coordinates”（极坐标）命令。

3）参数解析。

① “Interpolation”（插值）：指定扭曲的数量。值为0%时，不会产生扭曲。

② “Type of Conversion”（转换类型）：设置要使用的转换类型。包括“Rect to Polar”（直角坐标到极坐标）和“Polar to Rect”（极坐标到直角坐标）两种转换方式，效果对比图如1-155所示。

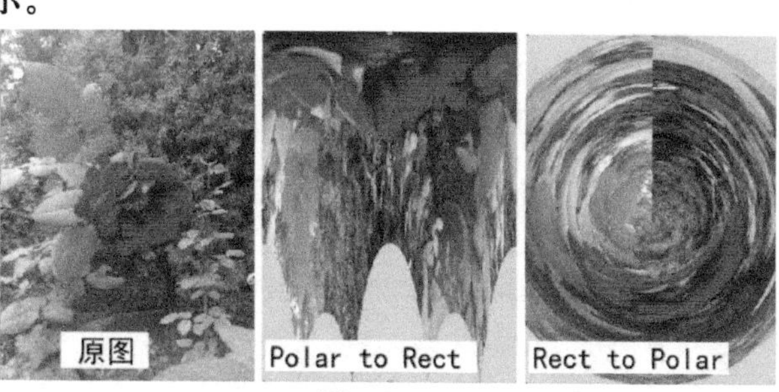

图 1-155

3. 特效操作

After Effects CS6中自带很多特效，类似于Photoshop中的滤镜。这些特效的使用操作方法都是一样的。

1）创建方法：有3种方法为图层添加特效，但前提都要先选中图层。

方法1：执行“Effect”（效果）菜单中的相应类型中的某一命令。

方法2：在“Effect & Presets”（效果和预设）面板的搜索栏内输入需要的特效的名称，例如，输入“Polar Coordinates”（极坐标）即可找到该特效，然后对该特效双击即可对选中的图层添加该特效。

方法3：在图层上单击鼠标右键，从弹出的快捷菜单中选择“Effect”（效果）中的相应类型中的某一命令。

2）删除、复制、移动：图层中添加的特效会出现在“Effect Controls”（效果控制）面板中，如图1–156所示。选中特效名称，按<Delete>键即可删除该特效。选中特效名称，按<Ctrl+C>组合键或按<Ctrl+V>组合键即可复制、粘贴该特效。为突出效果，同一图层可以多次使用一个特效。选中特效名称，直接拖动可改变特效的前后顺序，同样一组特效会因为特效添加的先后顺序不同而产生不同的效果。

3）屏蔽：单击特效名称左侧的“*fx*”，如图1–156中左下方红圈所示，可以屏蔽掉该效果。

4）属性数值复位：特效属性较多时，调整多个属性参数后容易混乱，此时单击特效名称右侧的“Reset”，如图1–156右下方红框所示，可以使所有属性值回归默认状态。

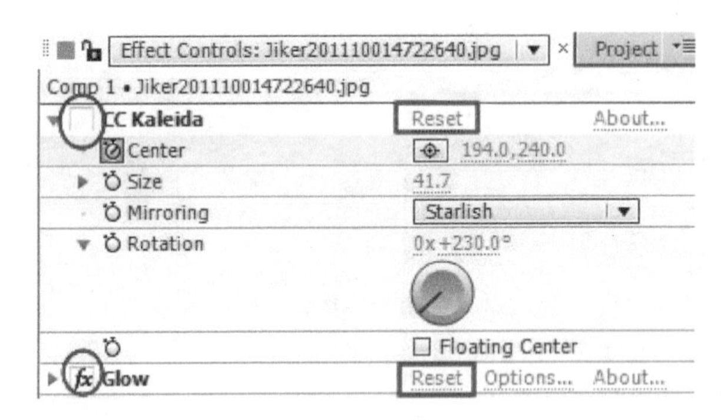

图 1–156

拓展任务

制作MV炫舞场景，具体要求见表1–13。

表1–13 制作MV炫舞场景任务单

任务名称	制作MV炫舞场景
分镜脚本	
该MV场景音乐动感十足，前景是热舞人群的剪影效果，需要制作多变、闪动的背景，如图1–157所示。 图 1–157	

(续)

任务要求
1．格式要求 1）影片的格式：制式PAL D1/DV；画面的尺寸：宽720px、高576px 2）时长 ：6秒 3）输出格式：AVI 4）命名要求：MV炫舞场景制作 2．效果要求 1）背景效果多变炫目 2）前景人物的晃动

【制作小提示】

1）背景效果可以通过“CC Kaleida”（万花筒）效果实现，如图1-158所示。

fx CC Kaleida	Reset	Abc
Center	976.0,1296.0	
Size	20.0	
Mirroring	Flower	
Rotation	0x+0.0°	
	Floating Center	

图 1-158

“CC Kaleida”（万花筒）效果

1）功能：用来产生万花筒般的随机图案。此效果经常用来制作奇幻的背景，如图1-159所示。

图 1-159

2）创建方法：选中图层，执行“Effect”（效果）→“Style”（风格化）→“CC Kaleida”（万花筒）命令。

3）参数解析。

①“Mirroring”（镜面反射）：镜像方式。不同的镜像方式可以产生不同的图案，系统提供了多种选择。“Unfold”（伸展）、“Wheel”（车轮）、“Fish Head”（鱼头）、“Flip Flop”（触发电路）、“Flower”（花）、“Dia Cross”（穿越交叉）、“Flipper”（鳍状肢）、“Starlish”（星光璀璨）等。

②“Floating Center”（浮动中心点）：当没有选择该复选框时，单个图案的中心点在画面的中心点上；选择以后，中心点出现浮动。

2）前景人物的晃动可以通过为图层的“Position”（位置）属性添加表达式来完成。

选中人物剪影图层，展开属性列表，按<Alt>键，单击“Position”（位置）属性前的

“码表”按钮，在相应的时间线上输入函数“Wiggle（10,20）”即可，如图1-160所示。

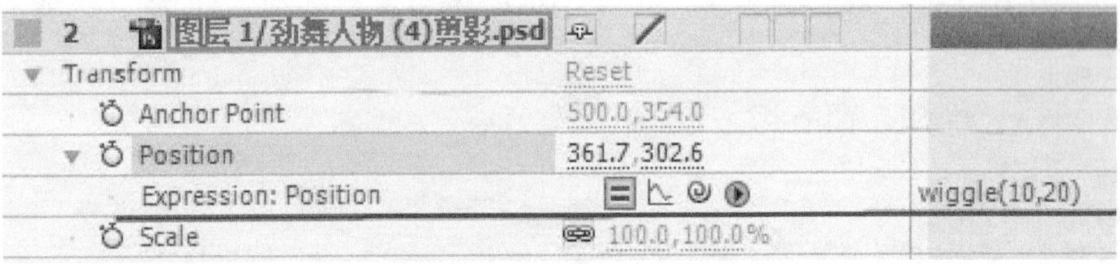

图　1-160

知识点拨：Wiggle函数常被用来制作震动的效果。格式为Wiggle（freq, amp, octaves, amp_mult,t）其中，参数freq为频率，amp为振幅，octaves为振幅幅度，amp_mult为频率倍频，t为持续时间。频率和振幅是必须具备的参数。

3）可以为背景添加“Glow”（辉光）效果或用遮罩制作周围的晕影。

拓展任务评价

评价标准	能做到	未能做到
格式符合任务要求		
背景颜色、光亮炫目		
背景变化多样		
人物大小、位置及抖动效果与背景协调		

任务7　制作简单字幕特效镜头

任务领取

从总监处领取的任务单见表1-14。

表1-14　《李寄斩蛇》SC-007简单字幕特效任务单

任务名称	《李寄斩蛇》SC-007简单字幕特效
分镜脚本	
SC-007镜头处于中间时段，主要功能是交代故事时间，承前启后。没有复杂花哨的样式和动作，要求“九年后”文字淡入淡出，“终于有一天……”逐字出现，如图1-161所示。  图　1-161	

（续）

任务要求
1．格式要求 1）影片的格式：制式PAL D1/DV；画面的尺寸：宽720px、高576px 2）时长：5秒 3）输出格式：AVI 4）命名要求：《李寄斩蛇》SC-007简单字幕效果 2．效果要求 1）两句文字先后出现于背景前，字体大方清晰 2）文字动态简单明了

任务分析

为了让文字清晰可见，需要为其设置与背景差异大的颜色，或增加亮色描边。厚重、简单的字体也会看起来明了利落。文字的淡入淡出可以通过设置图层透明度和缩放的关键帧完成。After Effects CS6自带的预设动画中也有很多适合的选择。简单字幕特效镜头的制作流程如图1-162所示。

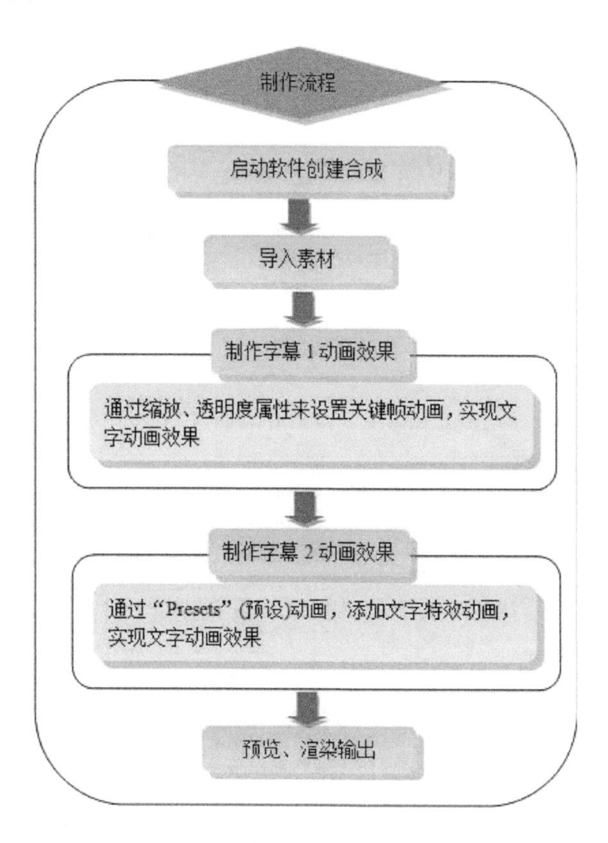

图 1-162

任务实施

说明：本任务及拓展任务所用的素材、源文件在配套光盘“学习单元1/任务7”文件夹中。

1. 启动软件创建合成

1）启动软件，自动创建项目，按<Ctrl+N>组合键创建新合成，命名为“SC-007简单字幕”。其他按任务单中的格式要求进行设置。

2）保存项目文件，命名为“《李寄斩蛇》SC-007简单字幕效果.aep”。

2. 导入素材

导入“sc-007背景.jpg”素材。并将素材拖放到“Timeline”（时间线）面板中，将图层重命名为“背景”。

3. 制作字幕1动画效果

1）创建文字图层。在“Timeline”（时间线）面板中，单击鼠标右键，在弹出的快捷菜单中，执行“New”（新建）→“Text”（文字）命令，新建一个文字图层，“Composition”（合成）面板中输入文字“九年后”，按<Enter>键完成文字输入。选择该文字图层，重命名为“字幕1”，如图1-163所示。

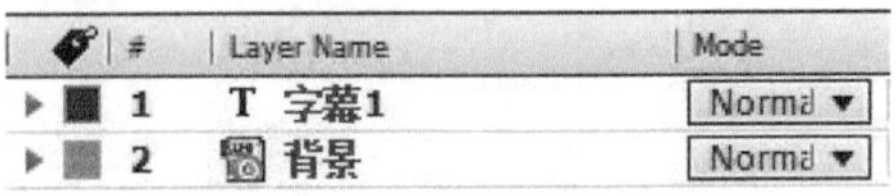

#	Layer Name	Mode
1	T 字幕1	Normal
2	背景	Normal

图 1-163

2）设置“字幕1”文字图层中的文字格式。选择“字幕1”文字图层，在“Character”（字符）面板中设置字体为“LiSu”，填充色为红色，边框色为白色，字体大小144px，边框宽度为13px，如图1-164所示。

图 1-164

操作技巧：在“Window”（窗口）菜单中可以设置显示或隐藏“Character”（字符）面板和其他辅助设置的面板。

3）选择工具栏中的“Pen Behind（Anchor Point）Tool”（锚点工具），将“字幕1”的锚点调整至文字中心处，如图1-165所示。

3）

图 1-165

经验分享：锚点的位置会影响对象的旋转、缩放、位移等动画的效果。

4）设置“字幕1”动画。为“Scale”（缩放）属性设置关键帧，在第0秒时值为0；为“Opacity”（不透明度）属性设置关键帧，在第0秒时值为0，如图1-166所示。

在第2秒 0帧时，设置“Scale”（缩放）属性值为100%，设置“Opacity”（不透明度）属性值为100%，如图1-167所示。

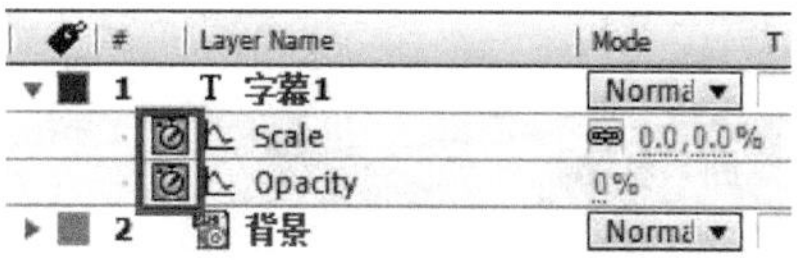

图 1-166

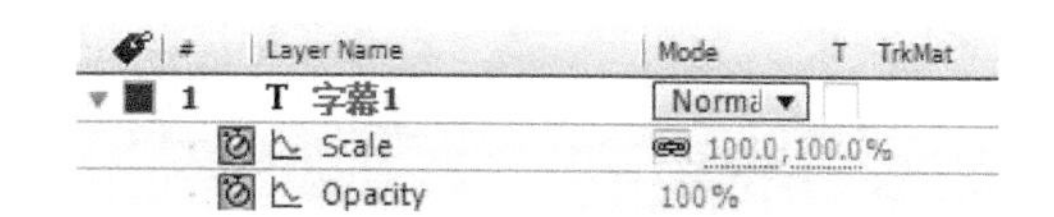

图 1-167

在第2秒13帧时，设置“Opacity”（不透明度）属性值为0%，如图1-168所示。
此时按<Space>键预览“字幕1”动画，如图1-169所示。

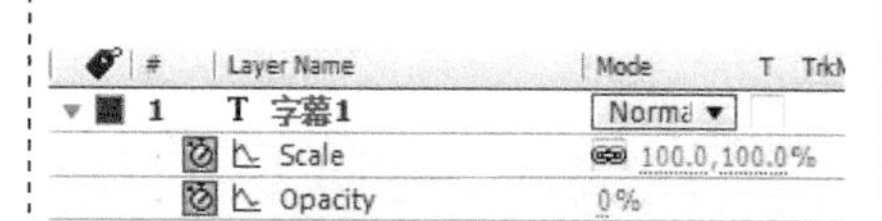

图 1-168

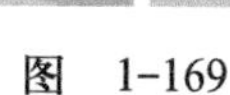

图 1-169

4. 制作字幕2动画效果

1）创建文字图层。在“Timeline”（时间线）面板中，单击鼠标右键，在弹出的快捷菜单中执行“New”（新建）→“Text”（文字）命令，新建文字图层，“Composition”（合成）面板中输入文字“终于有一天，”，按<Shift+Enter>组合键换行，继续输入“出现了一个英雄”，按<Enter>键完成文字的输入，如图1-170所示。选择该文字图层，重命名为“字幕2”。

图 1-170

2）设置文字格式。选择“字幕2”文字图层，在“Character”（字符）面板中设置字体为“Microsoft YaHei”，填充色为红色，边框色为无，字体大小67px。

3） 选择“字幕2”文字图层，将时间帧定位到第2秒 13帧处。执行“Windows”（窗口）→“Effects & Presets”（效果和预设）命令，打开“Effects & Presets”（效果和预设）面板。在搜索栏内输入“Straight”（直接）即可出现列表，如图1-171所示。双击“Straight In By Character”（从右至左逐字飞入）效果，为“字幕2”文字图层添加特效动画，如图1-172所示。

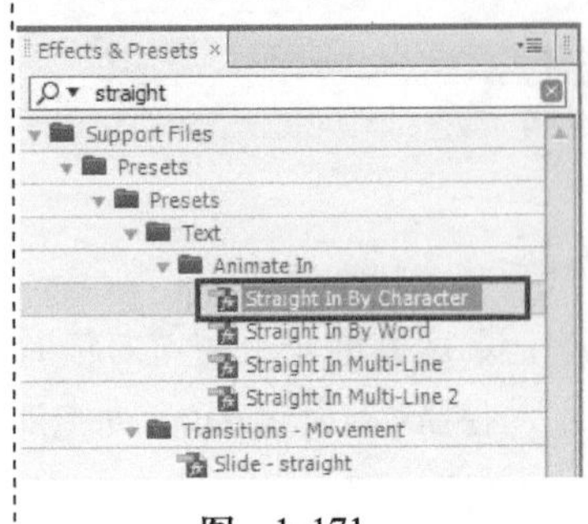

图 1-171

图 1-172

4） 效果的调整。选择“字幕2”文字图层，按<U>键，使用“选择工具”，将动画结束的关键帧拖动到第4秒 15帧处，如图1-173所示。

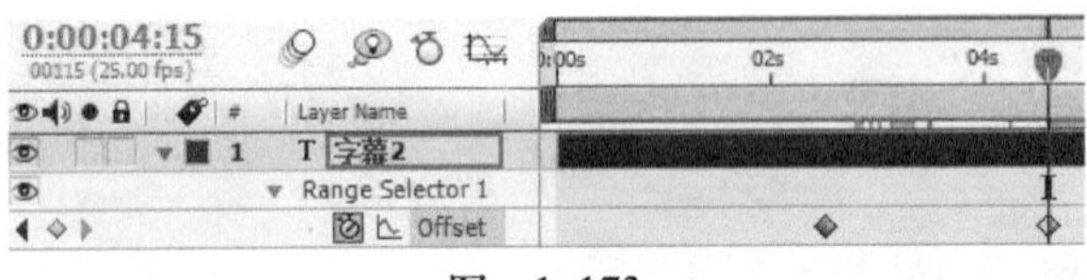

图 1-173

5．预览、渲染输出

1） 预览特效效果。

2） 渲染输出，保存效果。

3） 保存好工程文件，命名要符合项目要求。做好文件的备份，防止意外丢失。

知识链接

1. 创建文字图层的方法

方法1：在“Timeline”（时间线）面板中单击鼠标右键，在弹出的快捷菜单中，执行“New”（新建）→“Text”（文字）命令即可创建文字图层。

方法2：在“工具”面板中选择“文字工具”T，在“Composition”（合成）面板中单击鼠标，并输入文字后，自动创建文字图层。

2. 设置文字格式

1）打开“Character”（字符）面板，如图1-174所示。

方法1：执行“Window”（窗口）→“Character”（字符）命令。

方法2：按<Ctrl+6>组合键。

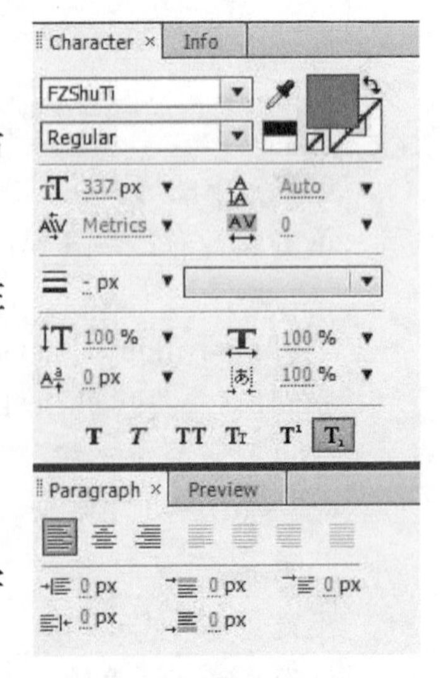

图 1-174

方法3：在选择“文字工具”的情况下，单击工具面板中的“面板菜单”按钮。

2）设置格式：选择文字图层，使用“Character”（字符）面板，可实现字体、颜色、边框色、大小、边框粗细等属性的修改。如果没有选择文本，并且没有选择文本图层，则“Character”（字符）面板中所做的更改将成为下一个文本项的新默认值。

3）常用参数介绍。

①滴管工具：可以通过它吸取画面上的某种颜色作为字体颜色或者描边颜色。

②纯黑/纯白颜色：单击黑色块或者白色块，可以迅速选择纯黑或者纯白的颜色作为字体颜色或描边颜色。

③不填充颜色：单击此按钮，可以取消当前对象的填充颜色或描边颜色，即不进行颜色填充。

④设置字体颜色：用来设置填充颜色和描边颜色，单击上面黑色对应的色块设置文字的填充色，填充色块下方相叠的色块用来设置文字的描边色。下面是填充色和描边色发生变化后，选中的文字效果对比图，如图1–175所示。

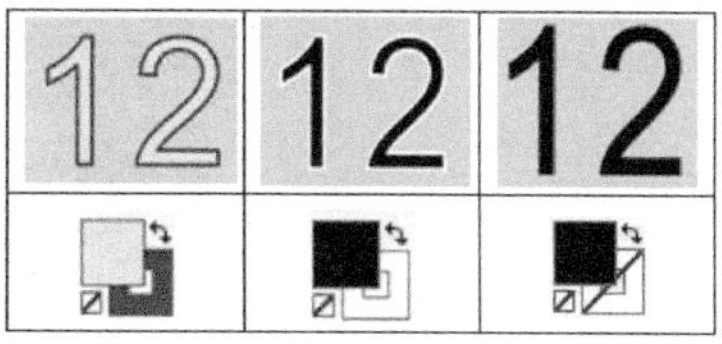

图 1–175

⑤ 55 px ▾文字大小设置； 107 px ▾文字行距设置； 100 ▾文字间距设置； px ▾描边粗细设置（此选项后有一个下拉列表框，用来选择描边与填充的关系）；100% ▾文字高度设置；100% ▾文字宽度设置。

⑥ Metrics ▾字符间距设置：增大或缩小当前光标左右的字符的间距，光标前的字符位置不变化，光标后的文字位置随着间距的变化而移动。字符间距发生变化后的效果对比图（数字“2”前面的竖线是光标所在位置），如图1–176所示。

⑦ 53 px ▾文字基线设置：基线偏移控制文本与其基线之间的距离，提升或降低选定文本可创建上标或下标。基线值为正值表示将横排文本移到基线上面、将直排文本移到基线右侧；负值表示将文本移到基线下面或左侧。将字母“bc”对应的基线值设为120的效果，如图1–177所示。

图 1–176

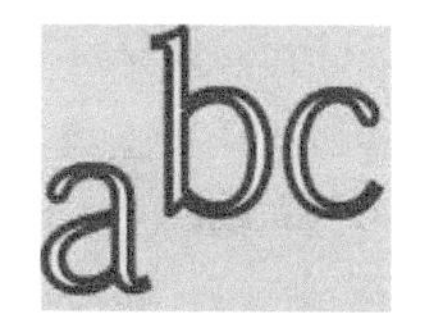

图 1–177

⑧ 0% ▾比例间距设置：比例间距将字符周围的空间缩减指定的百分比值。字符本身不会被拉伸或挤压。当向字符添加比例间距时，字符两侧的间距按相同的百分比减小。百分比越大，字符间压缩越紧密。当值为100%（最大值）时，字符的定界框和它的全角字框之间没有间距。比例间距为0%和100%的对比效果，如图1–178所示。

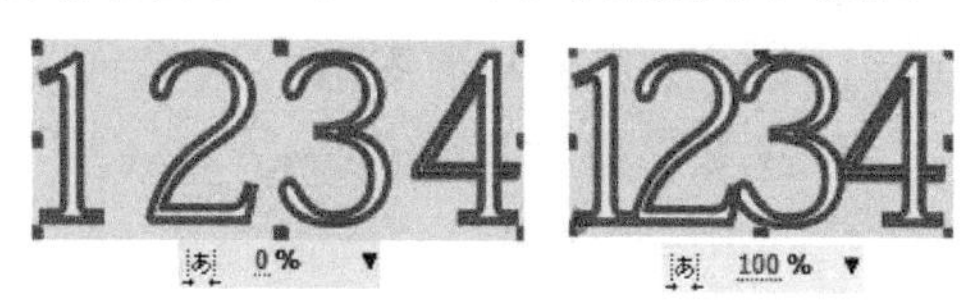

图 1–178

操作技巧：单击“Character”（字符）面板右上角选项卡中的“面板菜单”按钮打开面板菜单，从菜单中选择“Reset Character”（重置字符）命令，可使参数值回归默认状态。

3. 创建文字动画

方法1：文字图层“Animate”（动画）。建立文字图层之后，展开文字图层左边的小三角，可看到文字图层的所有属性，如图1-179所示。文字图层有着十分强大的动画制作功能——“Animate”（动画）几乎可以满足日常工作中对文字特技的全部需要。具体介绍详见“学习单元2 任务6 知识链接”。

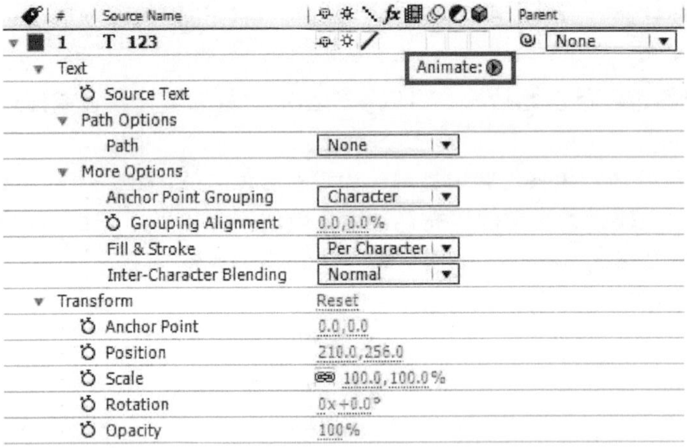

图 1-179

方法2：使用系统预设的文字动画。

1）预览预设效果。执行“Animation”（动画）→“Browse Presets...”（浏览预设）命令，在弹出的预设窗口中双击“Text”（文字）文件夹，在文字预设窗口中选择所需要的某一文字预设动画组文件夹并双击，在弹出的窗口中可看到相应的系列特效。选择某一特效，通过窗口中的动画预览窗口观察动画效果。

2）从文字预设文件夹中添加。执行“Windows”（窗口）→“Effects & Presets”（效果和预设）命令，打开“Effects & Presets”（效果和预设）面板。依次展开“Support Files”（支持文件）→“Presets”（预设）→“Presets”（预设）→“Text”（文字），可看到系统提供的很多文字特效动画组，如图1-180所示，例如，“Animate In”（文字入画方式）、“Animate Out”（文字出画方式）等，每组下有很多特效。双击某种特效，即可对选中的文字图层添加预设动画。使用系统提供的文字预设动画能快速实现很多复杂的文字动画。

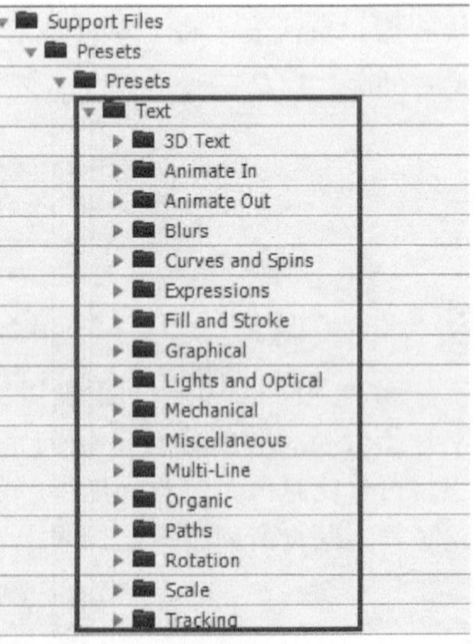

图 1-180

方法3：特效关键帧动画。文字图层和其他图层一样都可以添加特效，对特效属性或文字图层属性设置关键帧，也会生成文字动画效果。

拓展任务

制作《水滴的故事》片尾字幕，具体要求见表1-15。

表1-15 《水滴的故事》片尾字幕任务单

任务名称	《水滴的故事》片尾字幕
分镜脚本	
制作《水滴的故事》片尾，要突显节水的宣传意义。用一个膨胀液化的“水”字作为背景，前景是缓慢上升的大段文字，如图1-181所示。 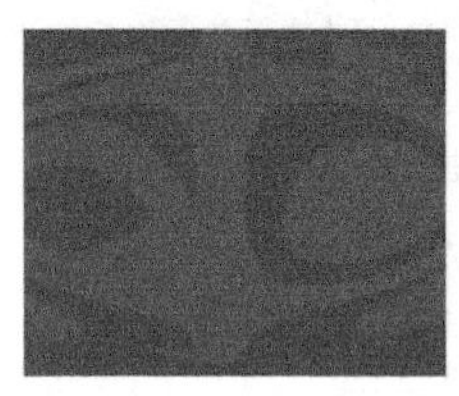 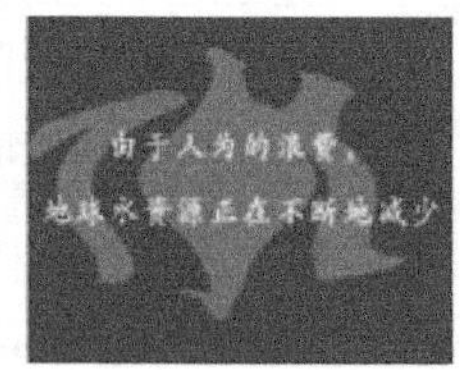 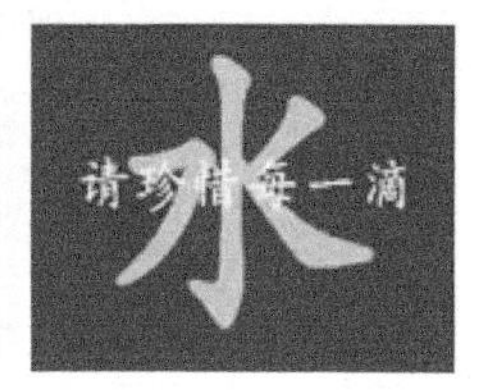 图 1-181	
任务要求	
1．格式要求 1）影片的格式：制式PAL D1/DV；画面的尺寸：宽720px、高576px 2）时长：10秒 3）输出格式：AVI 4）命名要求：《水滴的故事》片尾字幕 2．效果要求 1）背景、前景颜色搭配和谐 2）背景文字动态柔软似水 3）前景字幕动作有娓娓道来的感觉	

【制作小提示】

背景文字动态柔软似水的效果通过“Bulge”（凹凸镜）特效实现，如图1-182所示。

fx Bulge	Reset	About...
Horizontal Radius	800.0	
Vertical Radius	300.0	
Bulge Center	338.0,268.0	
Bulge Height	4.0	
	-1.0	1.0
Taper Radius	0.0	
Antialiasing (Best Qual Only	Low	
Pinning	Pin All Edges	

图 1-182

“Bulge”（凹凸镜）属性

1）功能：“Bulge”（凹凸镜）特效可以使图像产生凹凸镜一样的效果和放大镜的效果，如图1-183所示。

图 1-183

2）创建方法：选中图层，执行“Effect”（效果）→“Distort”（扭曲）→“Bulge”（凹凸镜）命令。

3）参数解析。

①“Horizontal Radius”（水平半径）：用以控制凹凸效果的水平宽度。

②“Vertical Radius”（垂直半径）：用以控制凹凸效果的垂直高度。

③“Bulge Center”（凹凸中心）：指定凹凸效果产生的位置。

④“Bulge Height”（凹凸高度）：凹凸程度设置，正值为凸，负值为凹。

⑤“Taper Radius”（锥化半径）：用来设置凹凸边界的锐利程度，值越大，凹凸效果越不明显。

⑥“Antialiasing”（反锯齿）：反锯齿设置，指定凹凸边界的平滑程度。只用于最高质。

⑦“Pinning All Edges”（定住所有边界）：指定边界是否被凹凸处理。

2）前景多行文字动画，设置从下至上的位移。

拓展任务评价

评价标准	能做到	未能做到
格式符合任务要求		
背景、前景文字颜色搭配和谐		
背景文字动态呈现液化效果		
前景字母动画缓慢流畅		

单元回顾

本学习单元以二维动画片《李寄斩蛇》为项目载体，根据分镜要求，对其中特效制作的方法进行分析；运用视频特效软件After Effects CS6模拟出所需要的镜头组接效果、模拟推、拉、摇、移镜头效果；制作模糊虚化效果、遮罩效果、绘画特效、背景以及简单字幕等效果。这些任务展示了视频特效制作的基本流程，不论是特效术语和操作技巧，还是制作分析都为后面的学习奠定了基础。

本学习单元的知识和操作技术的总结，如图1-184所示，同时还对一些本学习单元中未涉及的效果做了补充和外延。

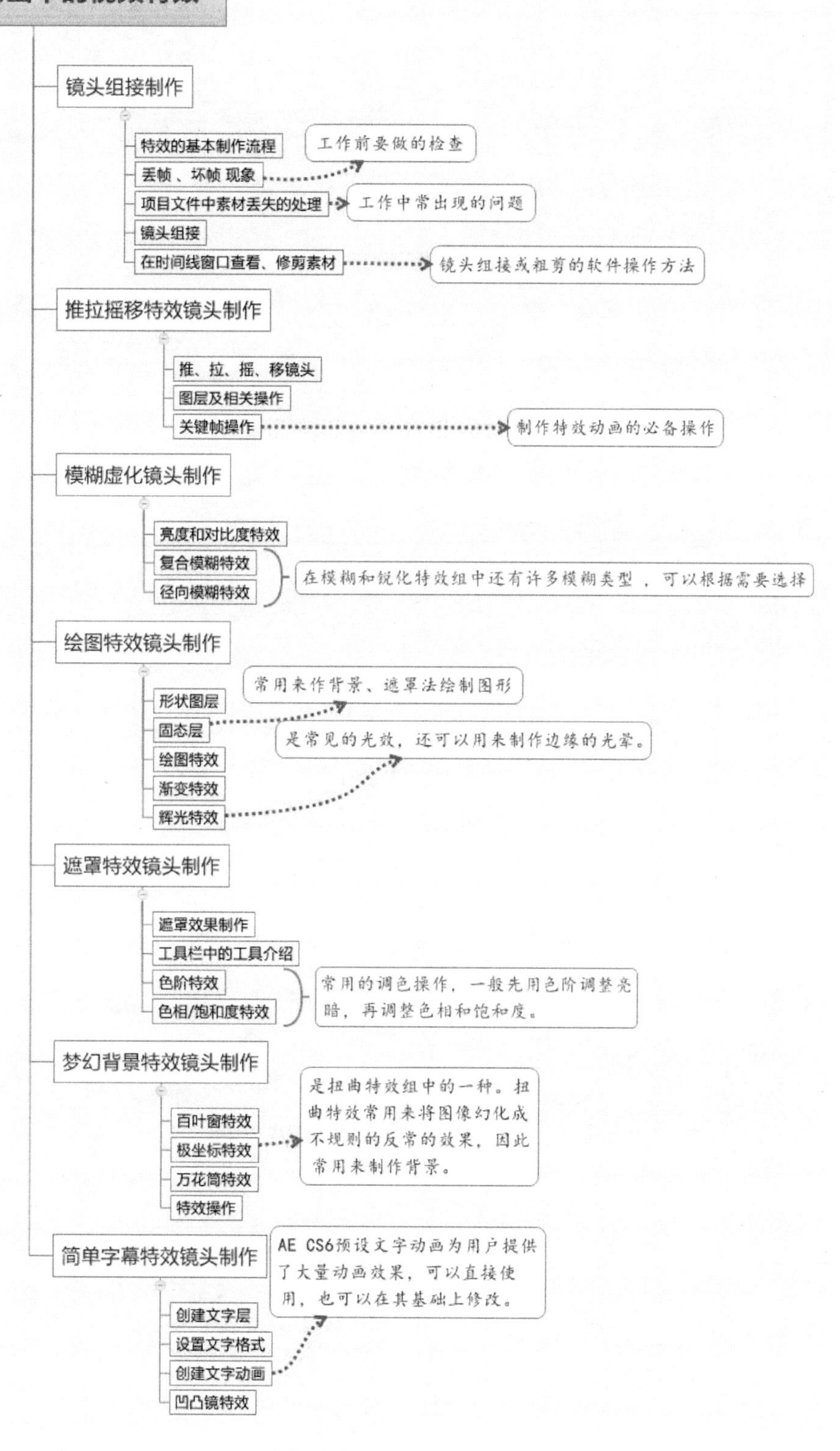
制作二维动画中的视频特效
镜头组接制作
特效的基本制作流程
丢帧 、坏帧 现象
项目文件中素材丢失的处理
镜头组接
在时间线窗口查看、修剪素材
工作前要做的检查
工作中常出现的问题
镜头组接或粗剪的软件操作方法
推拉摇移特效镜头制作
推、拉、摇、移镜头
图层及相关操作
关键帧操作
制作特效动画的必备操作
模糊虚化镜头制作
亮度和对比度特效
复合模糊特效
径向模糊特效
在模糊和锐化特效组中还有许多模糊类型 ，可以根据需要选择
绘图特效镜头制作
形状图层
固态层
绘图特效
渐变特效
辉光特效
常用来作背景、遮罩法绘制图形
是常见的光效，还可以用来制作边缘的光晕。
遮罩特效镜头制作
遮罩效果制作
工具栏中的工具介绍
色阶特效
色相/饱和度特效
常用的调色操作，一般先用色阶调整亮暗，再调整色相和饱和度。
梦幻背景特效镜头制作
百叶窗特效
极坐标特效
万花筒特效
特效操作
是扭曲特效组中的一种。扭曲特效常用来将图像幻化成不规则的反常的效果，因此常用来制作背景。
简单字幕特效镜头制作
创建文字层
设置文字格式
创建文字动画
凹凸镜特效
AE CS6预设文字动画为用户提供了大量动画效果，可以直接使用，也可以在其基础上修改。

图 1-184

学习单元1

学习单元2

UNIT 2

制作三维动画中的视频特效

本单元将通过“制作三维动画多图层合成”“制作立体空间运动特效”“制作仿真自然现象特效镜头”“制作三维光线特效镜头”“制作空间粒子特效镜头”以及“制作三维空间文字特效镜头”这几个任务学习在After Effects CS6软件环境中导入三维软件渲染的图片或影像并进行加工，根据需要直接制作三维空间状态，设置三维透视角度等操作。

ZHIZUO SANWEI DONGHUA ZHONG DE SHIPIN TEXIAO

三维软件可以承担整个三维动画中场景、角色、动画效果等制作工作，但随着后期特效合成软件中，三维合成效果和模拟三维空间效果功能的增加，越来越多的三维效果制作被放到视频特效环节中实现，因为这样不仅可以节约制作成本，更可以缩短制作周期。虽然视频特效软件中的素材是以平面方式出现的，但是并不影响它生成一个仿真的立体空间。

本单元将通过“制作三维动画多图层合成”“制作立体空间运动特效”“制作仿真自然现象特效镜头”“制作三维光线特效镜头”“制作空间粒子特效镜头”以及“制作三维空间文字特效镜头”这几个任务学习在After Effects CS6软件环境中导入三维软件渲染的图片或影像并进行加工，根据需要直接制作三维空间状态，设置三维透视角度等操作。

单元学习目标

1）能将用三维软件渲染的素材，以及拍摄的实景和CG图片等元素合成具有景深感及层次感的镜头效果。

2）能导入三维软件渲染的素材，实现动画循环处理。

3）能设置3D图层、灯光图层，并设置、调整三维场景效果。

4）能使用常用插件和粒子特效软件制作烟花、云雾或特殊纹理效果。

5）能通过设置三维文字的各项属性，实现样式丰富的文字动画效果。

6）能提高三维空间意识，能设计简单的三维空间效果。

单元情境

动画片《灵境游仙》是一款同名网络游戏的宣传片，采用空灵、虚幻的风格，描述了丛林仙境中美丽的魔法仙子与各种灵兽并肩作战，为保卫自然家园跟巫妖斗争的故事。根据导演的要求，为节省时间，一些有景深感觉的平移镜头、调色、动画效果要在特效环节中实现；另外鉴于雨、雪、粒子光等动态效果在三维软件中制作和渲染的成本高，也要在特效环节中实现。本单元将通过这6个任务，结合After Effects CS6完成影片中的部分特效制作。

任务1　制作三维动画多图层合成

任务领取

从总监处领取的任务单见表2-1。

表2-1　《灵境游仙》SC5-04场景动画镜头合成任务单

<table>
<tr><td>任务名称</td><td>《灵境游仙》SC5-04场景动画镜头合成</td></tr>
<tr><td colspan="2">分镜脚本</td></tr>
<tr><td colspan="2">SC5-04镜头表现的是仙子的主观视角。仙子漫步竹林之中，边走边看着身边葱翠的竹林在阳光下呈现的美景。本镜头使用平移镜头的手法，展示远、中、近三个层次竹子的动态画面，如图2-1所示。

图　2-1</td></tr>
<tr><td colspan="2">任务要求</td></tr>
<tr><td colspan="2">1. 格式要求
1）影片的格式：制式PAL D1/DV；画面的尺寸：宽720px、高576px
2）时长：4秒
3）输出格式：AVI
4）命名要求：SC5-04动画镜头合成
2. 效果要求
1）不同层次景物的运动状态符合镜头平移运动规律
2）不同层次景物的色彩模糊程度符合景深需求</td></tr>
</table>

任务分析

SC5-04镜头素材是将使用Maya三维软件分层渲染出来的前景和中景的竹子图片，以及作为远景竹林背景的拍摄视频，三者有效结合，形成具有深度空间感的场景，并通过位移属性关键帧动画模拟出镜头平移效果。分镜脚本中要求体现出阳光穿过竹林的效果，因此，还需完成光线的动画制作。三维动画多层合成的制作流程如图2-2所示。

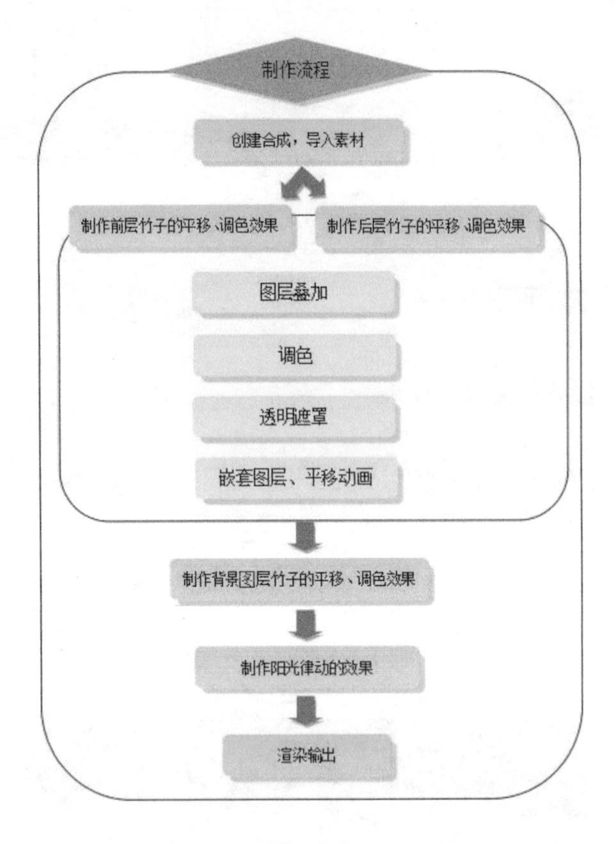

图 2-2

学习单元2

任务实施

说明：本任务及拓展任务所用的素材、源文件在配套光盘“学习单元2/任务1”文件夹中。

<table>
<tr><th colspan="2">1. 创建合成、导入素材</th></tr>
<tr><td>1)</td><td>启动软件，创建项目并保存为“SC5-04动画镜头合成.aep”，按<Ctrl+N>组合键创建新合成“SC5-04竹林”，格式为PAL D1/DV，画面尺寸为宽720px、高576px，持续时间长度为4秒。</td></tr>
<tr><td>2)</td><td>执行“File”（文件）→“Import”（导入）→“File”（文件）命令，导入素材。在“Import File”（导入文件）对话框中选择相应的素材，导入素材后的“Project”（项目）面板，如图2-3所示。

图 2-3</td></tr>
</table>

2. 制作前层竹子的平移、调色效果

1） 将素材“前竹-颜色”拖入“Timeline”（时间线）面板，生成一个新图层，再将素材“前竹-反光”拖到该图层上层，并将其“Mode”（图层叠加模式）设置为“Add”（添加），如图2-4所示。合成显示效果，如图2-5所示。

#	Layer Name	Mode
1	[前竹-反光....	Add
2	[前竹-颜色....	Normal

图 2-4

图 2-5

2） 选中“前竹-反光”图层，执行“Effect”（效果）→“Color Correction”（色彩校正）→“Levels”（色阶）命令，并调整“Gamma”值为1.65，如图2-6所示。添加效果后竹子上的反光更亮更突出，局部效果如图2-7所示。

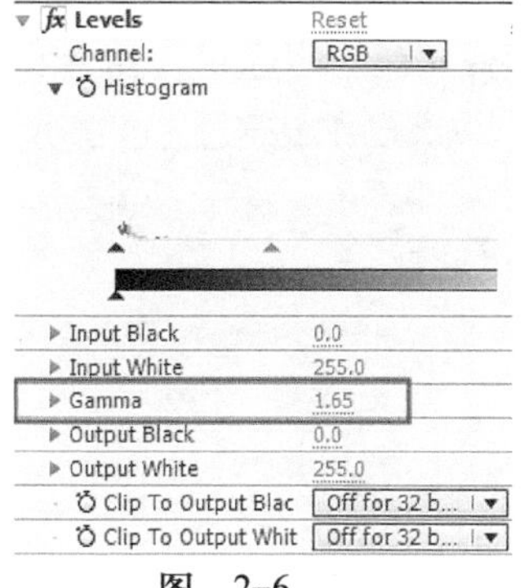

图 2-6

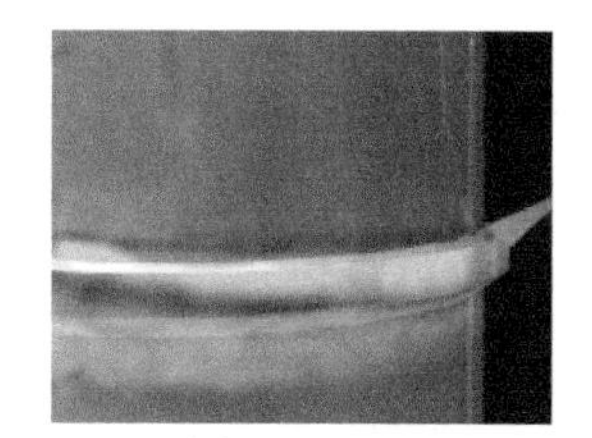

图 2-7

操作技巧：可以直接拖动直方图中间的三角滑块，直至竹竿反光效果明显。

3） 同理，拖入“前竹-高光”图片，选中其所在图层，将其“Mode”（图层叠加模式）设置为“Add”（添加），再执行“Effect”（效果）→“Color Correction”（色彩校正）→“Levels”（色阶）命令，并调整“Gamma”值为1.49，如图2-8所示。添加高光图层后竹子通体更亮，如图2-9所示。

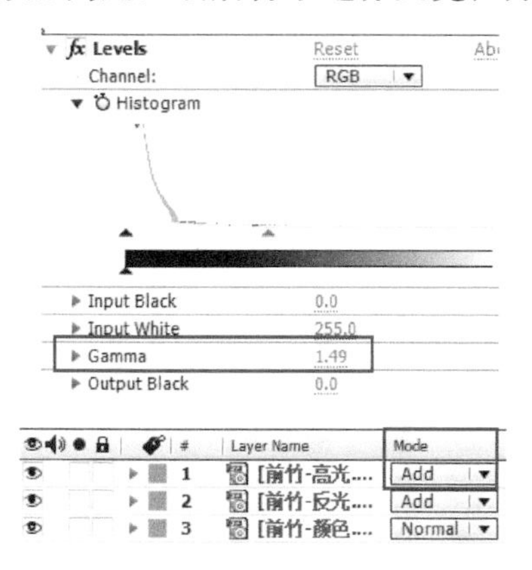

图 2-8

图 2-9

经验分享：添加反光、高光效果，不仅可以提升竹子的质感，更突出其立体的感觉。

4) 分别将“前竹-高光”图层和“前竹-反光”图层的“螺旋线”按钮拖至“前竹-颜色”图层，既“前竹-颜色”图层与此两图层建立父子关系。“Parent”（父子关系）项目内容由“None”（无）变为“前竹-颜色”，如图2-10所示。

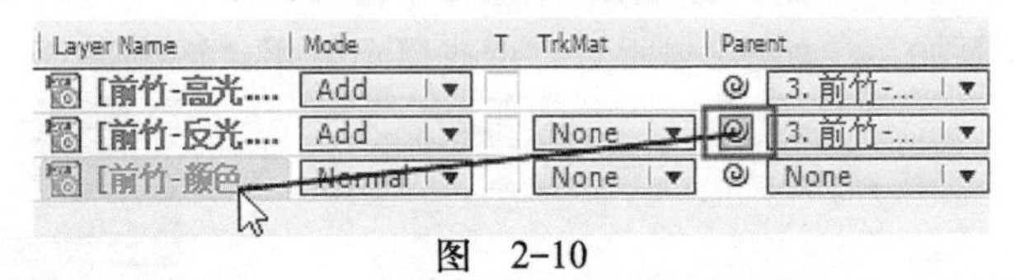

图 2-10

知识点拨：“父子图层关系”是指两个图层之间建立的一种从属关系，链接的那一个图层叫子图层，被链接的叫作父图层。当父图层上制作了动画效果，子图层随之而动；但子图层有动画时却不影响父图层。例如，车轮图层是子图层，车身图层是父图层，车轮图层自转的同时，跟随车身图层左右平移。但这种关系只遗传动画效果不能遗传特效滤镜的效果。

操作技巧：也可以通过“螺旋线”按钮后面的下拉列表框选择父图层。

5) 为“前竹-颜色”图层的“Position”（位置）属性添加关键帧动画，制作平移效果。在第0秒0帧时，“Position”（位置）数值为（450，288）；在第3秒24帧时，设置“Position”（位置）数值为（270，288），如图2-11所示。

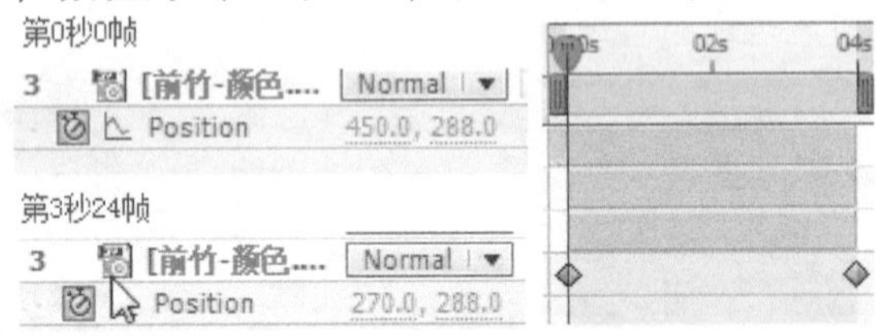

图 2-11

6) 同时选择“前竹-高光”“前竹-反光”“前竹-颜色”3个图层，执行“Layer”（图层）→“Pre-composition”（嵌套合成）命令，将此3层嵌套为一个合成，在“Pre-compose”对话框中将其命名为“前竹”，并选中“Move all attributes into the new composition”（将所有属性移入新图层）单选按钮，如图2-12所示。

新生成的合成出现在“Project”（项目）面板中，如图2-13所示，也将出现在合成“SC5-04竹林”的“Timeline”（时间线）面板上。

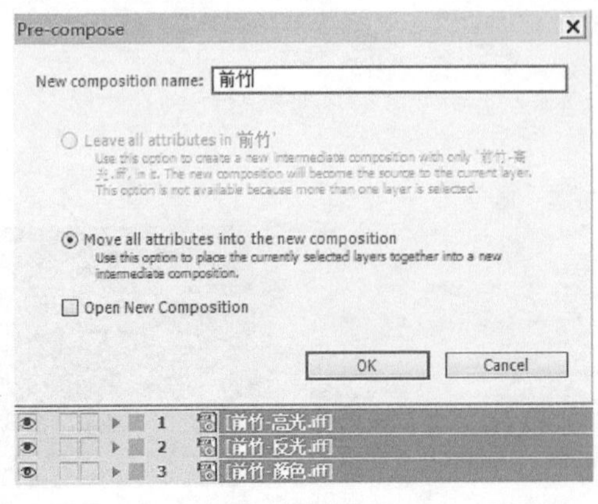

图 2-12

图 2-13

操作技巧：图层嵌套操作的组合键为<Ctrl+Shift+C>。

学习单元2

7）将素材“前竹-透明”拖入“Timeline”（时间线）面板中，如图2-14所示。为“前竹-透明”图层的“Position”（位置）属性添加关键帧动画，并制作平移效果。与“前竹-颜色”图层的平移效果一致，在第0秒0帧将“Position”（位置）数值设置为（450，288）；在第3秒24帧将“Position”（位置）数值设置为（270，288）。

图 2-14

8）设置“前竹”图层的“TrkMat”（轨道蒙版）的参数为“Luma Matte”（亮度蒙版），设置前后的效果对比，如图2-15所示。

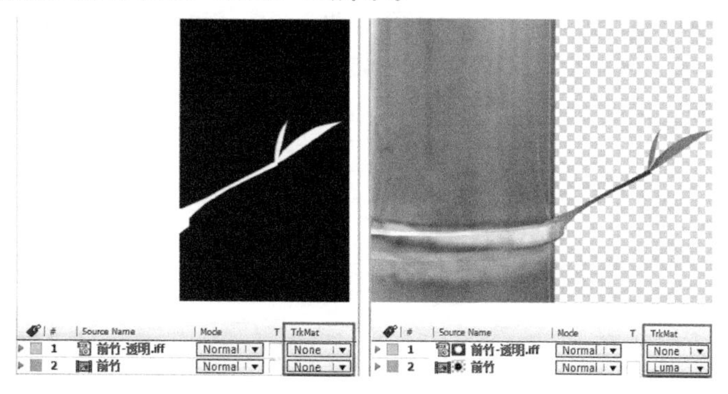

图 2-15

播放合成预览视频效果，可以看到前层竹子的平移动画，如图2-17所示。

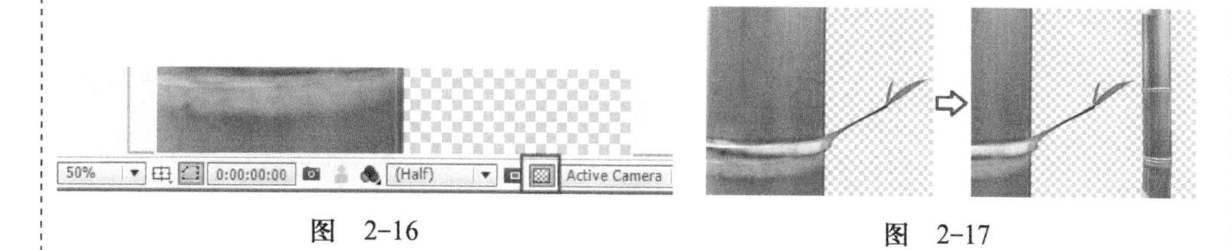

图 2-16　　图 2-17

经验分享：通过蒙版图层的透明通道渲染，可遮蔽被蒙图层的相应内容。这种操作常被用于抠除三维渲染图的背景。

操作技巧：合成默认背景为黑色，因此，抠除原图黑色背景后看不出透明效果，此时单击“Composition”（合成）面板下方的“Toggle Transparency Grid”（透明栅格开关），如图2-16中红色框区域所示，可以去除黑色背景，以透明栅格形式呈现。

9）选中“前竹”图层，执行“Effect”（效果）→“Blur & Sharpen”（模糊和锐化）→“Gaussian Blur”（高斯模糊）命令，并调整“Blurriness”（模糊值）为2.0，让“前竹”图层模糊，如图2-18所示。

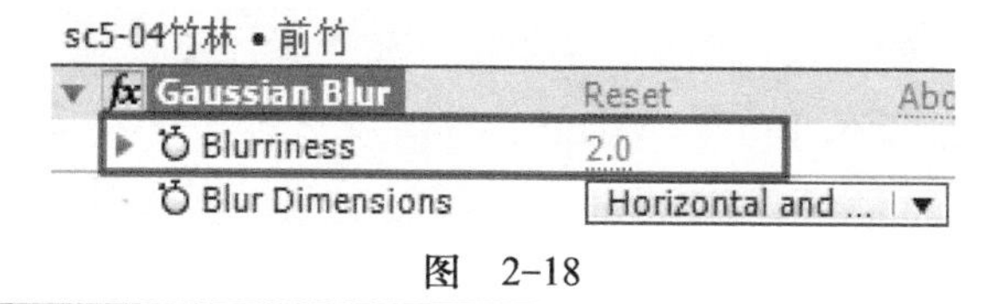

图 2-18

3. 制作后层竹子的平移、调色效果

1） 仿照上一步的“1）”～“6）”将素材“后竹-颜色”“后竹-反光”“后竹-高光”进行合成，如图2-19所示。

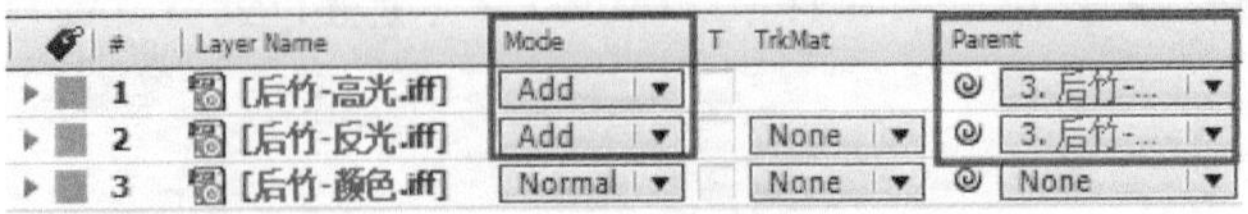

#	Layer Name	Mode	T	TrkMat	Parent
1	[后竹-高光.iff]	Add			3. 后竹-...
2	[后竹-反光.iff]	Add		None	3. 后竹-...
3	[后竹-颜色.iff]	Normal		None	None

图 2-19

2） 选中“后竹-颜色”图层，执行“Effect”（效果）→“Color Correction”（色彩校正）→“Hue/Saturation”（色相/饱和度）命令，并调整“Master Hue”（主色相）、“Master Saturation”（主饱和度）、“Master Lightness”（主亮度）值，如图2-20所示。调整后，“后竹”图层的颜色将更鲜艳、清晰，与前竹形成对比，如图2-21所示。

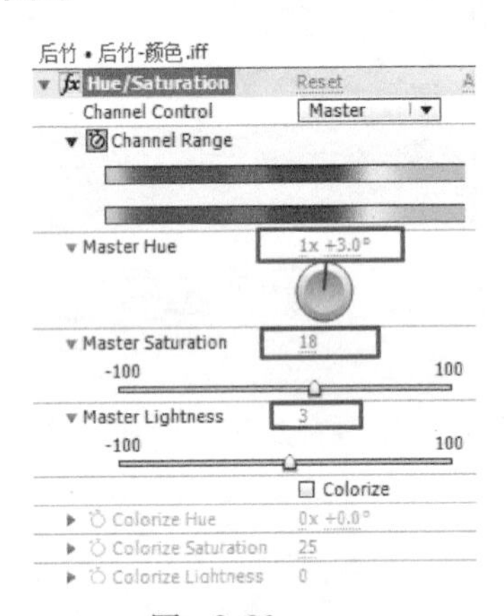

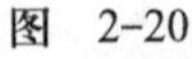

图 2-20

图 2-21

经验分享：前景模糊，远景清晰，会给人以摄像机焦距在远景上的视觉感受，符合人眼观察深层次景物的视觉效果。

3） 为“后竹-颜色”图层的“Position”（位置）属性添加关键帧动画，制作平移效果。在第0秒0帧将“Position”（位置）数值设置为（420，288）；在第3秒24帧将“Position”（位置）数值设置为（330，288）。

经验分享：镜头平移时，不同景物移动的位移大小应符合“近大远小”的规律。因此，远景竹子的位移距离应该小于前景竹子的位移距离。

4） 同时选中“后竹-高光”“后竹-反光”“后竹-颜色”3个图层，按<Ctrl+Shift+C>组合键，将这3个图层嵌套为一个合成，在“Pre-compose”对话框中，将其命名为“后竹”，并选择“Move all attributes into the new composition”（将所有属性移入新图层）单选按钮。再拖入素材“后竹-透明”到“后竹”图层上。为“后竹-透明”图层的“Position”（位置）属性添加关键帧动画，制作平移效果。在第0秒0帧，将“Position”（位置）数值设置为（420，288）；在第3秒24帧，将“Position”（位置）数值设置为（330，288）。此图层的平移效果与“后竹-颜色”图层的平移效果一致。

5) 设置“后竹”图层的“TrkMat”（轨道蒙版）的参数为“Luma Matte”（亮度蒙版），如图2-22所示。

图 2-22

4. 制作背景层竹子的平移、调色效果

1) 将素材“拍摄竹林.mov”拖入“Timeline”（时间线）面板中，将其图层名称重命名为“背景竹右”，放置在最底层，调整其“Scale”（缩放）为（100，121%），“Position”（位置）为（527，288），如图2-23所示。复制此图层，重命名为“背景竹左”，调整其“Position”（位置）为（-161，240），如图2-24所示。

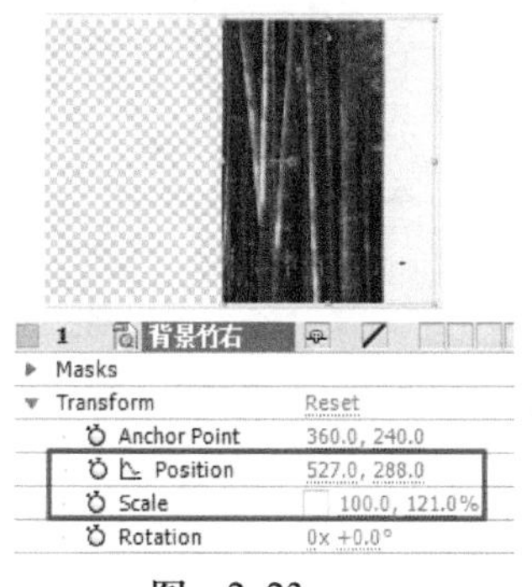

图 2-23

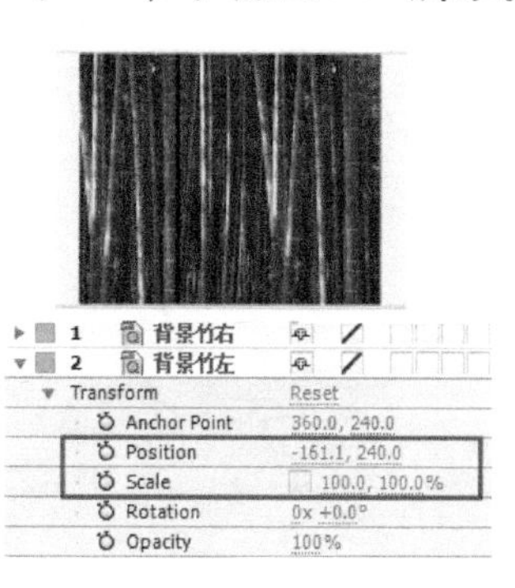

图 2-24

经验分享：当场景中包含多层景物时，对远景的质量一般要求不高，为节省成本通常使用实景拍摄的素材，并进行简单的调色和拼接处理即可满足要求。

2) 为“背景竹右”添加矩形蒙版，目的是去除拼接缝处的黑边，如图2-25所示。

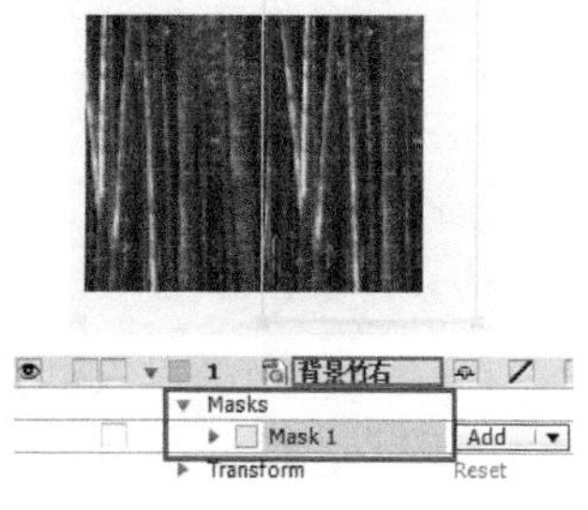

图 2-25

3) 将“背景竹右”图层设置为“背景竹左”图层的父图层，并且为“背景竹右”图层的设置动画平移动画，将“Position”（位置）属性数值在第0秒0帧时设置为（527，288）；在第3秒24帧时设置为（480，288），如图2-26所示。

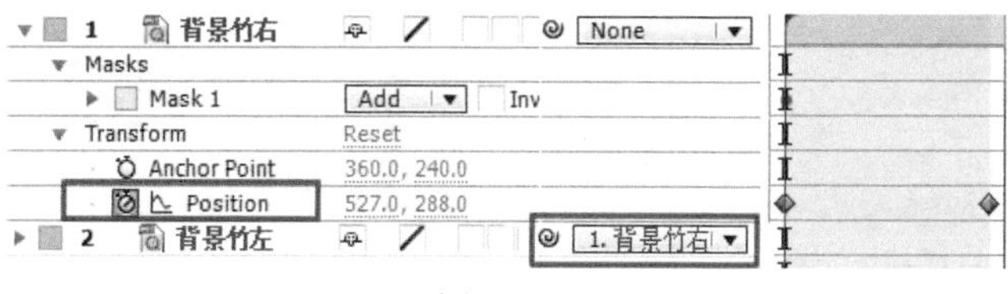

图 2-26

4) 选中“背景竹右”图层和“背景竹左”图层，按<Ctrl+Shift+C>组合键嵌套为一个合成，命名为“背景竹”。选中“背景竹”图层，执行“Effect”（效果）→“Color Correction”（色彩校正）→“Hue/Saturation”（色相/饱和度）命令，并调整“Master Hue”（主色相）为偏绿色。再执行“Effect”（效果）→“Blur & Sharpen”（模糊和锐化）→“Gaussian Blur”（高斯模糊）命令，设置“Blurriness”（模糊值）为6.8，如图2-27所示。通过以上设置让背景变得模糊并与前两个图层的景物色调一致。

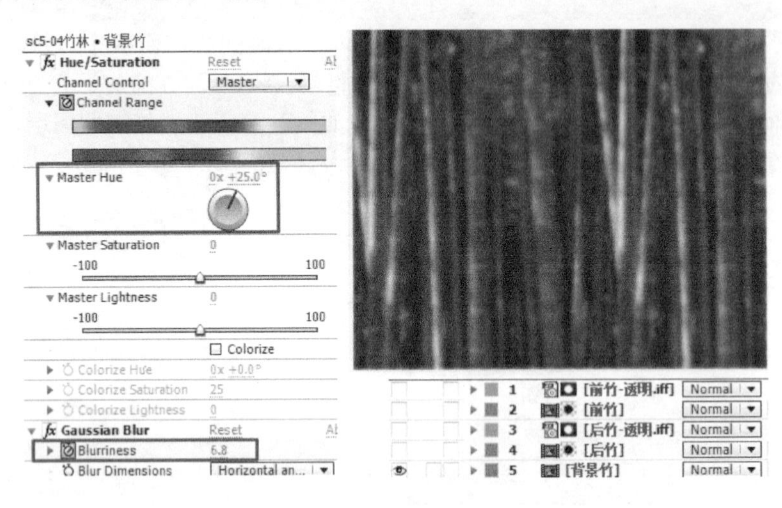

图 2-27

5. 制作阳光律动的效果

1) 将素材“光线.mov”拖入“Timeline”（时间线）面板中，并将其图层重命名为“阳光”。设置其“Scale”（缩放）数值为（121，121%），并为其添加“Hue/Saturation”（色相/饱和度）效果，将颜色调成金黄色，如图2-28所示。

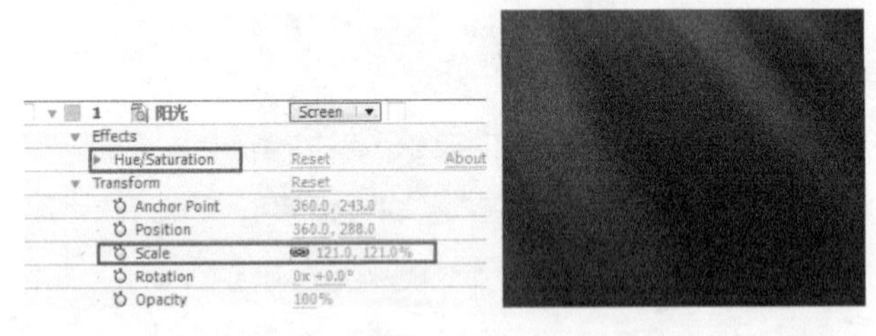

图 2-28

2) 将“阳光”图层的图层叠加模式设置为“Add”（添加），如图2-29所示。通过素材中纹理的变化模拟阳光照射入竹林的律动。

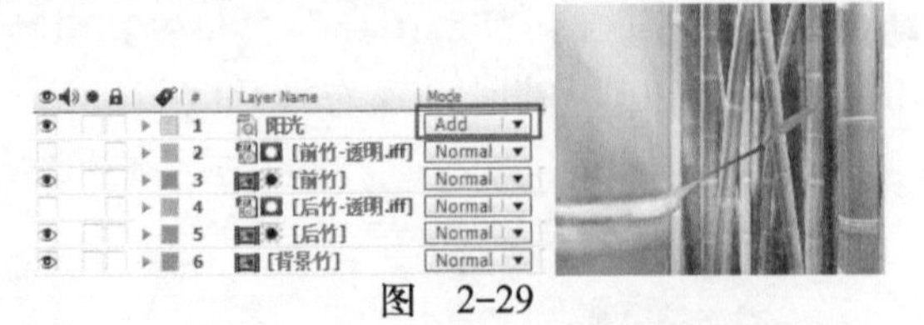

图 2-29

6. 渲染输出

保存好项目文件，按<Ctrl+M>组合键渲染影片，选择AVI格式，渲染输出。

知识链接

1. 三维动画分层渲染的后期视频特效处理

很多三维动画或影视项目都使用分层渲染来解决最终的渲染问题。因为计算机性能会限制渲染能力，为了使计算机能完成预期的工作，制作人员不得不将一个场景分为几个部分进行渲染。分层渲染可以减轻渲染对于机器的压力，另外在处理分层素材时特效工作人员会像在Photoshop中处理图层一样方便快捷，对画面中不同元素的色调、饱和度、明度等信息可以轻松的修改，这样也可以减少在三维软件中的工作量。

影视剧中三维制作场景、实拍的天空以及摄影棚中实拍的演员道具影像的合成过程，如图2-30所示。

图 2-30

先用三维软件对模型分层渲染，再在特效软件中逐层合成，并突显模型亮度和立体感觉的合成过程，如图2-31所示。

图 2-31

2. 图层叠加模式

After Effects CS6中的图层叠加模式与Photoshop的类似，是指当前图层与其下层图层根据不同算法产生的色彩、亮度等叠加、混合模式，它们都可以产生迥异的合成效果。利用这个功能可以在After Effects中创建各种特殊的混合叠加效果，而且还能单独调整上、下图层。

使用时只要单击图层“Mode”（模式）下的下拉列表框按钮，在显示的菜单中选择相应的模式即可。After Effects CS6的图层叠加模式有很多种，下面介绍几种常用的图层叠加模式。

1）“Normal”（正常）模式是图层叠加模式的默认方式，较为常用。不和其他图层发生任何混合。使用时用当前图层像素的颜色覆盖下面图层的颜色，如图2-32所示。

2）“Darken”（变暗）模式以当前图层颜色为准，比当前图层颜色亮的像素将被替换，而比当前图层颜色暗的像素不改变，如图2-33所示。

图 2-32

图 2-33

3）“Screen”（屏幕）模式会将当前图层与其下面图层的颜色相乘，呈现出一种较亮的效果。该模式与“Multiply”（正片叠底）模式相反，如图2-34所示。

4）“Difference”（差值）模式会从底色中减去当前图层颜色，或从当前图层颜色中减去底色。这取决于哪个颜色的亮度较大（亮色减暗色）。与白色混合会使底色值反相，与黑色混合不产生变化，如图2-35所示。

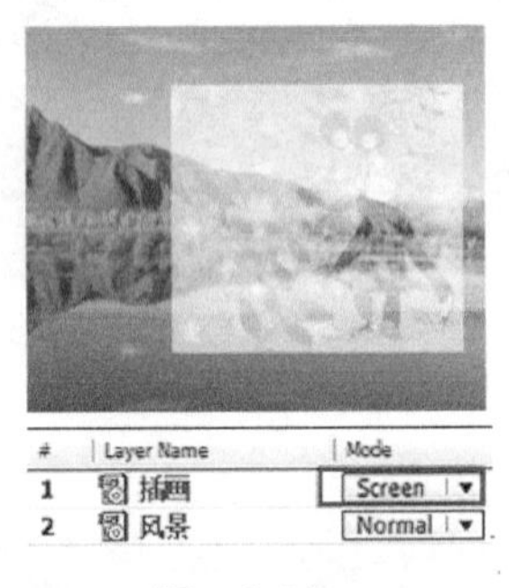

图 2-34

图 2-35

3. 嵌套合成

在After Effects CS6中，一个合成中可以有很多图层，而其他合成也可以作为图层被拖入该合成中，这种做法叫嵌套合成。嵌套完的合成会自动添加至“Project”（项目）面板作为素材，同时原合成中的图层变成合成，如图2-36所示。

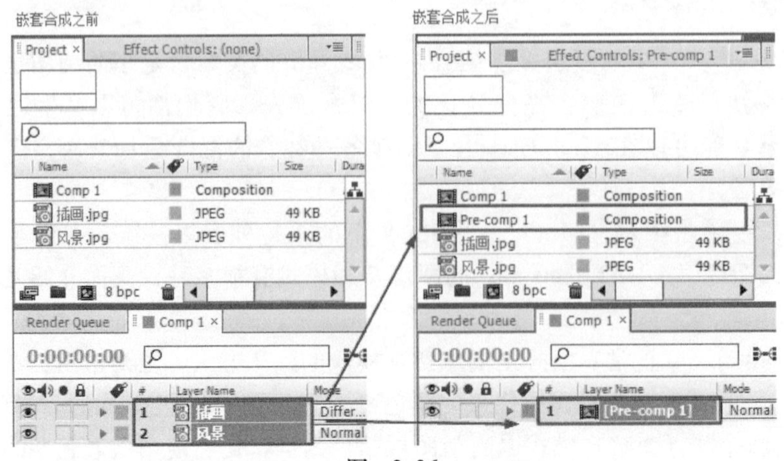

图 2-36

嵌套合成的做法不仅可以有效减少图层数量，如图2-36所示，还经常用来将素材的尺寸固化为合成的尺寸，如图2-37所示，更方便制作类似“画中画”的效果。

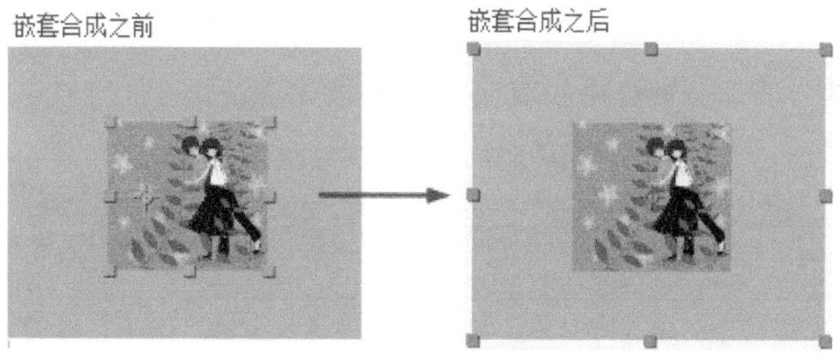

图 2-37

嵌套合成可以通过执行“Layer”（图层）→“Pre-compose”（嵌套合成）命令，或按<Ctrl +Shift+C>组合键实现。执行合成操作后，弹出的“Pre-compose”对话框如图2-38所示，其中4个属性分别是“New composition name”（新合成的名称）、“Leave all attributes in ****”（将原图层的所有属性保留到新合成外）、“Move all attributes into the new composition”（将原图层的所有属性保留到新合成里）、“Open New Composition”（打开新合成）。

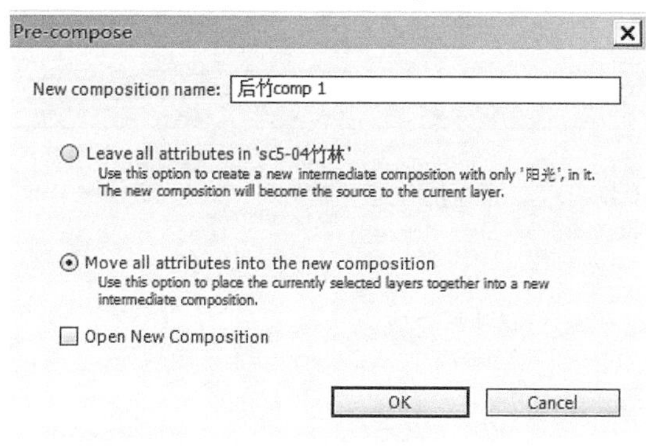

图 2-38

4. 轨道蒙版

“Track Matte”（轨道蒙版）简称“TrkMat”，是后期视频特效中常用的遮蔽效果，在被蒙图层上放置蒙版图层，通过蒙版图层的明暗以及透明通道遮蔽被蒙图层而显现出效果。轨道蒙版的类型，有“Luma Matte”（亮度蒙版）、“Alpha Matte”（透明通道蒙版）、“Alpha Inverted Matte Inverted”（反透明通道蒙版）、“Luma Inverted Matte”（反亮度蒙版），如图2-39所示。

图2-40展示的是“Luma Matte”（亮度蒙版）的遮蔽效果，蒙版图层亮度越高的位置显示的被蒙图层中的内容越清晰，蒙版图层亮度为纯黑的部分会彻底蒙蔽被蒙图层中的相应内容。

图 2-39

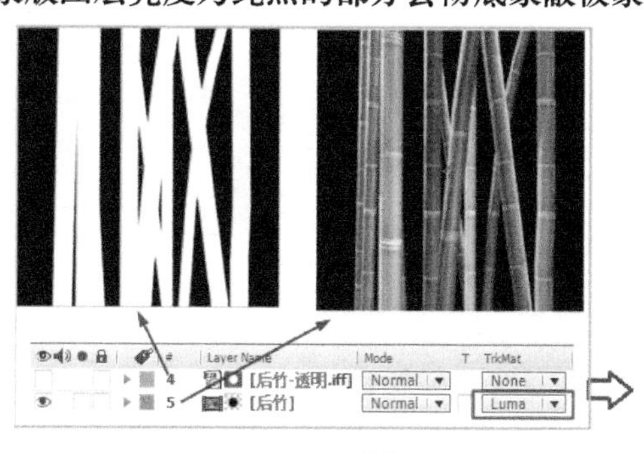

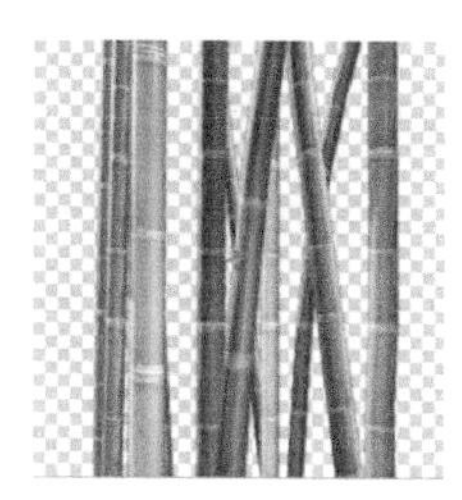

图 2-40

拓展任务

制作《灵境游仙》SC5-08动画合成，具体要求见表2-2。

表2-2 《灵境游仙》SC5-08动画合成任务单

任务名称	《灵境游仙》SC5-08动画合成
分镜脚本	
SC5-08镜头表现了客观视角中鹰飞的全景。仙子放飞神鹰去报信，神鹰穿过山谷转瞬飞出画面。本镜头使用固定镜头的手法，展示出鹰飞翔的神韵，以及远去的动态效果，如图2-41所示。   图 2-41	
任务要求	
1．格式要求 1）影片的格式：制式PAL D1/DV；画面的尺寸：宽720px、高576px 2）时长：5秒 3）输出格式：AVI 4）命名要求：《灵境游仙》SC5-08动画合成 2．效果要求 1）鹰由近向远飞，符合运动规律 2）展现飞行的速度和神韵	

【制作小提示】

1）将鹰原地飞行动作进行循环重复。在“Project”（项目）面板中选中素材“yingyuandifei[1-51].iff”序列帧并单击鼠标右键，在弹出的快捷菜单执行“Interpret Footage”（解释素材）→“Main”（主要）命令，如图2-42所示，在弹出的“Interpret Footage”（解释素材）对话框中设置“Loop”（循环）的“Time”（次数）为“4”，如图2-43所示。

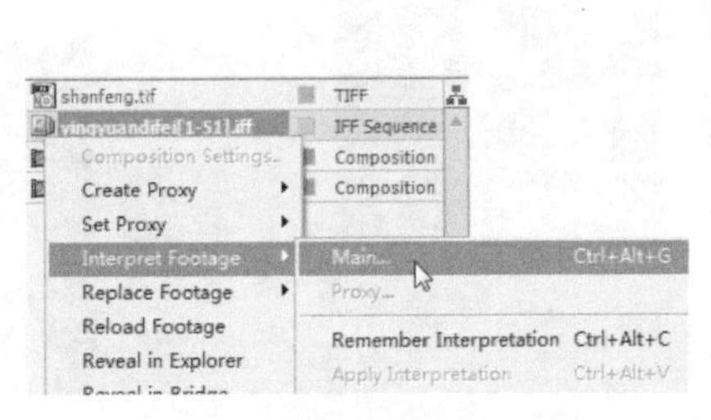

图 2-42

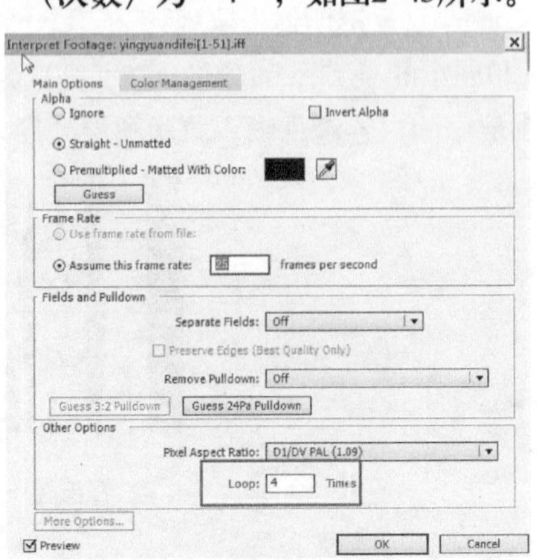

图 2-43

2）为了展现飞行的速度和神韵，可以为鹰所在图层添加重影效果，执行“Effect”（效果）→“Time”（时间）→“Echo”（重影）命令，如图2-44所示。并且为背景添加放射模糊效果，执行“Effect”（效果）→“Blur & Sharpen”（模糊和锐化）→“CC Radial Fast Blur”（快速放射模糊）命令，如图2-45所示。

fx Echo	Reset
Echo Time (seconds)	-0.033
Number Of Echoes	3
Starting Intensity	1.00
Decay	0.22
Echo Operator	Add

图　2-44

fx CC Radial Fast Blur	Reset
Center	309.1, 700.7
Amount	50.0
Zoom	Standard

图　2-45

拓展任务评价

评价标准	能做到	未能做到
格式符合任务要求		
制作鹰重复飞行的动画效果		
鹰和场景图层的合成效果自然和谐，制作场景模糊中心追随鹰的轨迹		
鹰飞的速度、由近到远的视觉效果符合要求		

任务2　制作立体空间运动特效

任务领取

从总监处领取的任务单见表2-3。

表2-3　《灵境游仙》SC3-04场景动画合成任务单

任务名称	《灵境游仙》SC3-04场景动画合成
分镜脚本	
SC3-04镜头表现了池塘安静祥和的场景。在波光粼粼的湖面上，彩蝶围绕着刚盛开的荷花翩翩起舞。彩蝶飞舞动画要体现出三维空间运动效果，如图2-46所示。 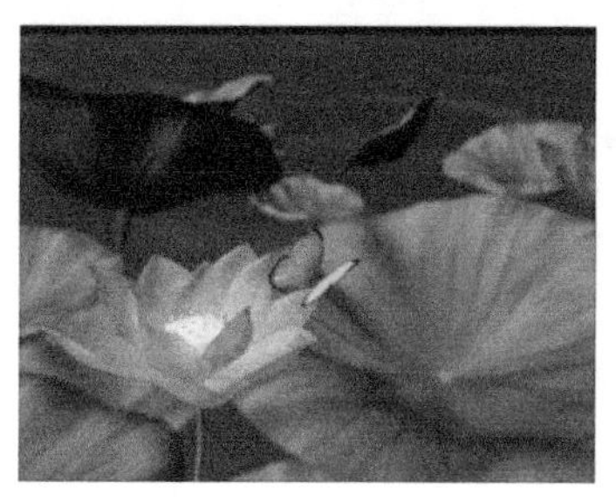  图　2-46	

（续）

任务要求
1．格式要求 1）影片的格式：制式PAL D1/DV；画面的尺寸：宽720px、高576px 2）时长：6秒 3）输出格式：AVI 4）命名要求：《灵境游仙》SC3-04场景动画合成 2．效果要求 1）不同层次景物状态符合近处清晰远处模糊的效果 2）制作蝴蝶循环振翅的动画 3）蝴蝶绕荷花飞舞要有空间感

任务分析

SC3-04镜头素材有通过Photoshop软件制作出的蝴蝶身体与翅膀，以及用Maya三维软件分层渲染出荷塘及荷花的图片，然后要将这3者叠加在一起形成有空间感的场景并伴有蝴蝶围绕单朵荷花飞行的动画。在镜头合成时首先将蝴蝶身体与翅膀通过父子图层关系链接，同时制作蝴蝶循环振翅动画；其次通过三维场景图层的搭建，制作蝴蝶在场景中变换深度的飞行动画。制作立体空间运动特效流程如图2-47所示。

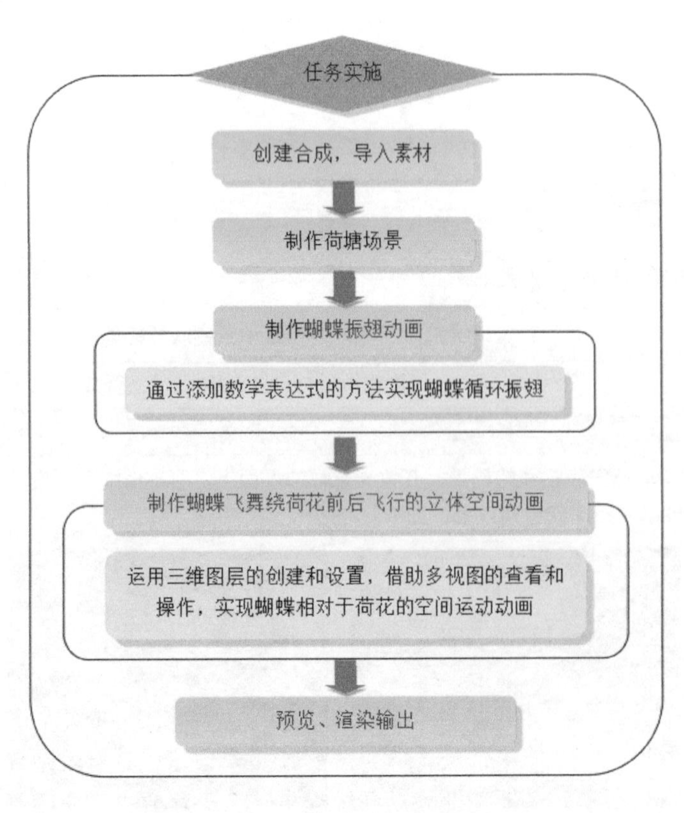

图 2-47

任务实施

说明：本任务及拓展任务所用的素材、源文件在配套光盘“学习单元2/任务2”文件夹中。

1. 创建合成、导入素材	
1）	启动软件，按照任务单的要求设置参数。
2）	导入“荷塘”素材和“荷花”素材（背景透明）。
2. 制作荷塘场景	
1）	将“荷塘”素材拖至“Timeline”（时间线）面板并调整素材大小，可以添加“Gaussian Blur”（高斯模糊）和“Levels”（色阶）效果，使处于远景的荷塘模糊且颜色暗些。
2）	将“荷花”素材拖至“Timeline”（时间线）面板并调整素材大小，可以调整“Levels”（色阶）和“Hue/Saturation”（色相/饱和度）效果，使处于近景的荷花颜色鲜艳且亮一些。
3）	调整素材位置。拖动“荷花”在合成中到合适的位置，如图2-48所示。  图　2-48
3. 制作蝴蝶振翅动画	
1）	导入蝴蝶“翅膀左”素材。执行“File”（文件）→“Import”（导入）→“File”（文件）命令，在弹出的“Import File”（导入文件）对话框内，设置各项的参数，如图2-49所示。 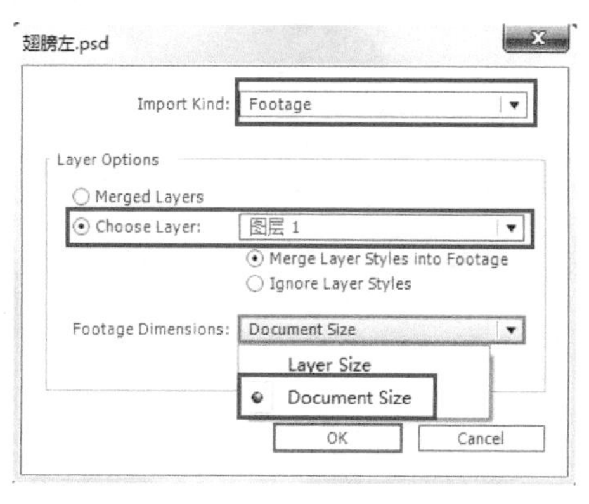 图　2-49

2) 调整蝴蝶翅膀素材的大小，以使其与荷花、荷塘的大小比例适当，如图2-50所示。

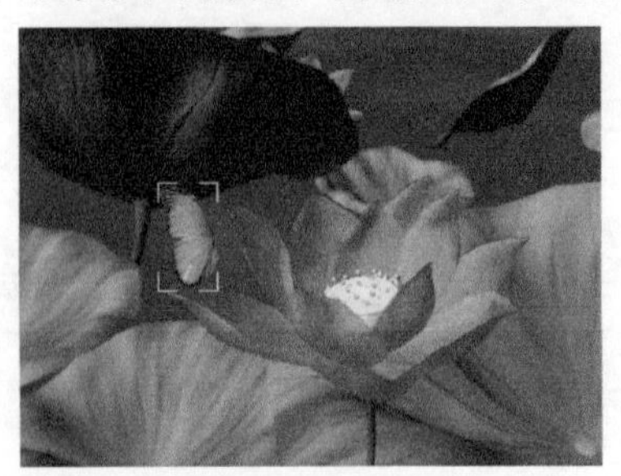

图 2-50

3) 分别导入蝴蝶“身体”“翅膀右”素材并调节大小，以使其与荷花、荷塘的大小比例适当，如图2-51所示，图层顺序如图2-52所示。

图 2-51

1	翅膀右
2	蝴蝶身体
3	翅膀左
4	[荷花.tga]
5	[荷塘.tga]

图 2-52

4) 因为蝴蝶振翅的中心在蝴蝶的身体中间，所以要调整素材“翅膀左”和素材“翅膀右”的锚点，使用工具栏中的“Pan Behind（Anchor Point）Tool”（锚点工具）移动锚点的位置，如图2-53所示，调整后“翅膀左”和“翅膀右”效果如图2-54和图2-55所示。

图 2-53

图 2-54

图 2-55

操作技巧：调整锚点可以使用图层属性“Transform”（变换）中的“Anchor Point”（定位点）参数，但使用工具栏中的“Pan Behind（Anchor Point）Tool”（锚点工具）来移动锚点更方便快捷。

5)	确定两个翅膀和蝴蝶身体的父子关系。将“翅膀左”和“翅膀右”图层的“螺旋线”按钮拖拽到“蝴蝶身体”图层名称上，如图2-56和图2-57所示。

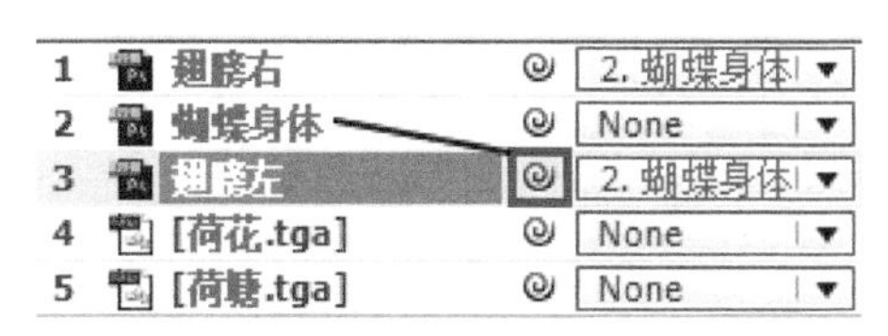

图 2-56

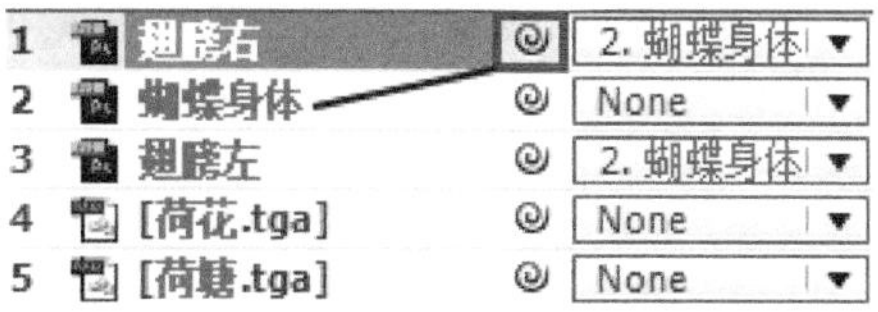

图 2-57

6) 调整蝴蝶、荷花、荷塘场景的三维空间深度。分别打开蝴蝶、荷花图层的“三维图层”按钮，如图2-58所示。再单击“Select View Layout”（选择视图布局）下拉列表框，选择“4 Views”（4视图模式），如图2-59所示。“Composition”（合成）面板显示如图2-60所示。

图 2-58

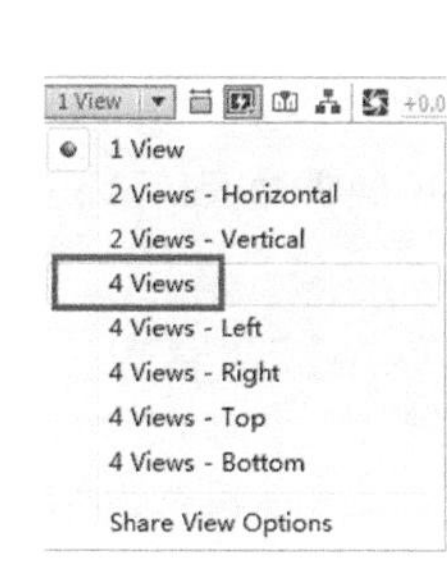

图 2-59

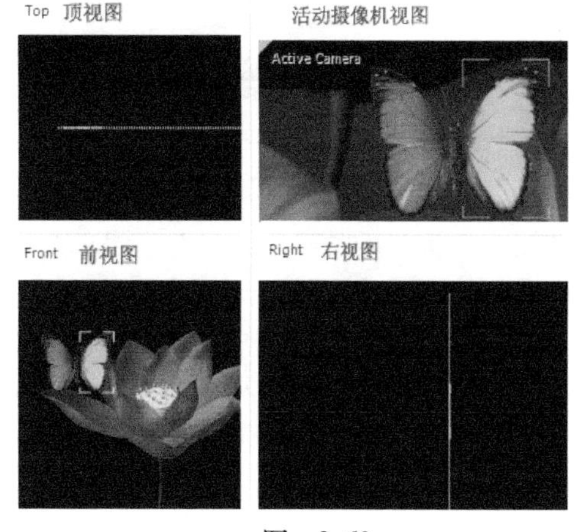

图 2-60

在顶视图中调整蝴蝶、荷花、荷塘的位置，如图2-61所示。调整完成后，在前视图中效果如图2-62所示。

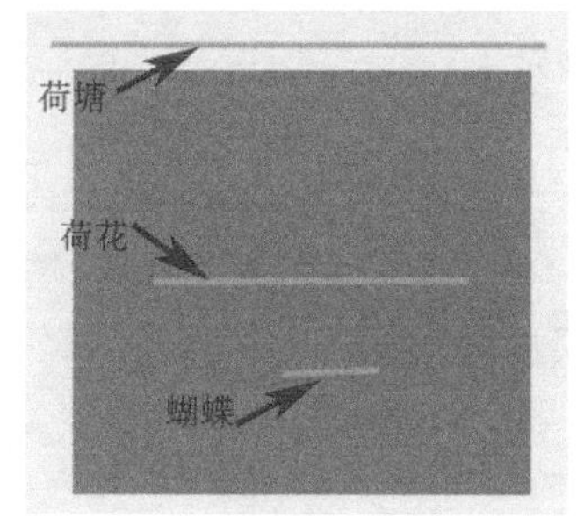

图 2-61

图 2-62

经验分享：在顶视图中，荷塘图层向后移动即为向纵深退去，由于近大远小的透视原理，它会变小，所以可以适当调整其大小来与荷花、蝴蝶搭配。

7) 制作蝴蝶振翅动画。切换到“1视图”，为“翅膀右”图层的“Y Rotation”（Y轴旋转）添加关键帧，制作动画效果，如图2-63所示。在第0秒0帧，将“Y Rotation”数值设置为0°；在第0秒4帧，将“Y Rotation”数值设置为60°。

图　2-63

为“翅膀左”图层的“Y Rotation”（Y轴旋转）属性添加关键帧，制作动画效果。因为蝴蝶两翅是对称运动，数值参考“翅膀右”的参数，在第0秒4帧，将“Y Rotation”数值设置为-60°。蝴蝶收翅时效果，如图2-64所示。

图　2-64

操作技巧：按<Ctrl+→>组合键可以精确地退到下一帧。

8) 制作蝴蝶翅膀循环振翅动画。为“翅膀右”图层“Y Rotation”（Y轴旋转）属性添加表达式。按<Alt>键，单击“Y Rotation”（Y轴旋转）属性前的“码表”按钮，如图2-65所示，再单击“Expression language Menu”（表达式菜单）按钮，选择“Property”（性质）属性中的公式“LoopOut（type=“Cycle”，numKeyframes=0）”，如图2-66所示。“翅膀左”的循环振翅效果步骤同“翅膀右”。

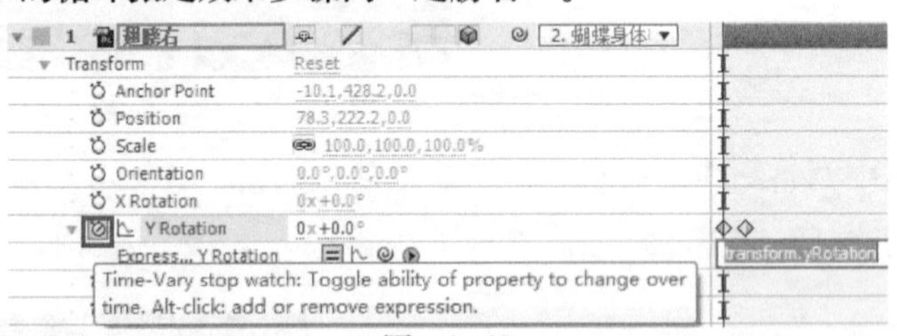

图　2-65

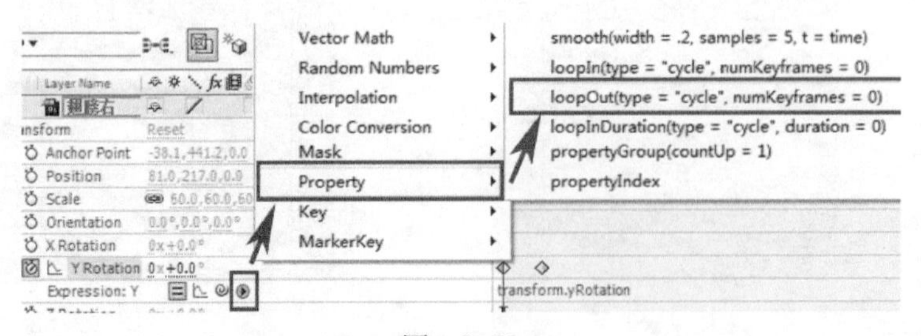

图　2-66

操作技巧：添加表达式可以在选中属性后选择“Animation”（动画）→“Add Expression”（添加表达式），或按<Alt>键，单击属性前的“码表”按钮。

4．蝴蝶飞舞绕荷花前后飞行的立体空间动画

1）制作蝴蝶飞的3D动画。切换到活动摄像机视图，确定蝴蝶起飞的位置，如图2-67所示。

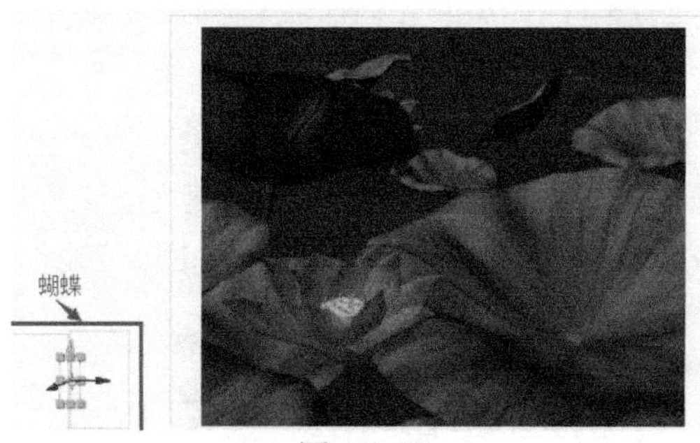

图 2-67

2）为“蝴蝶身体”图层的“Position”（位置）属性添加关键帧，制作位移动画。在第0秒0帧，将“Position”（位置）数值设置为（−131，520，−250），如图2-68所示。在第1秒让蝴蝶进入画面将“Position”（位置）数值设置为（238，481，−250），如图2-69所示。可通过“路径手柄”调整效果，如图2-70所示。

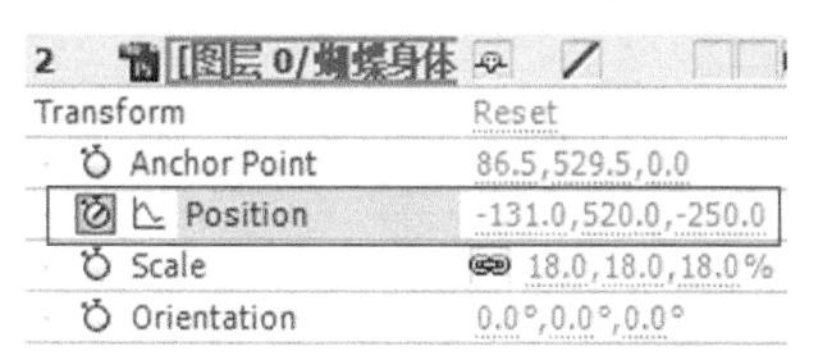

图 2-68

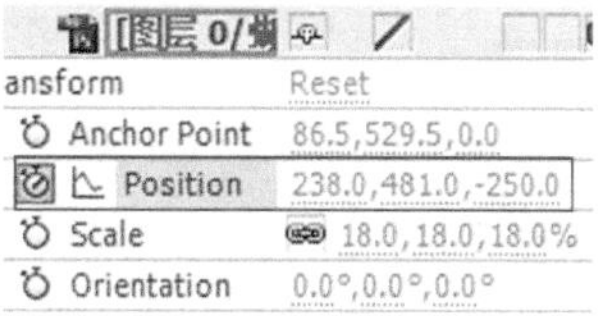

图 2-69

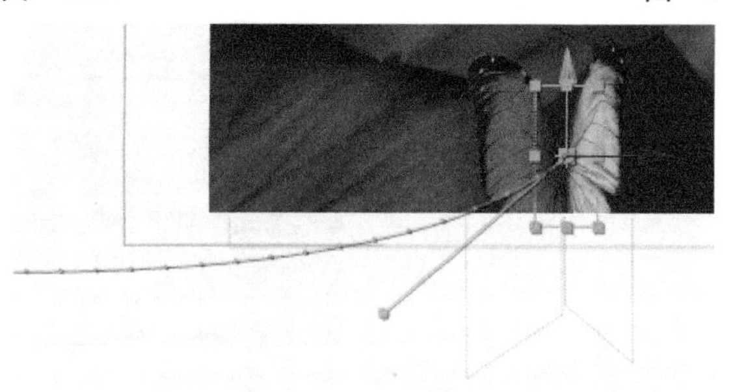

图 2-70

3）在第2秒让蝴蝶飞入花蕊时将“Position”（位置）数值设置为（228.8，360.4，−211.1），如图2-71所示。设置完成后的效果，如图2-72所示。

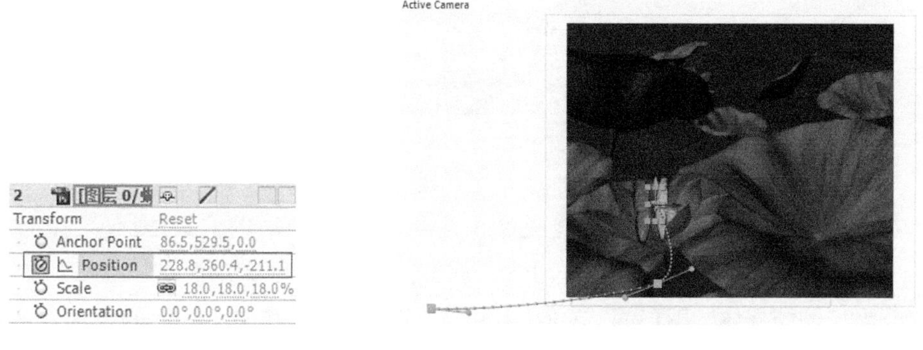

图 2-71　　图 2-72

4) 在第4秒让蝴蝶飞入花蕊中并做短暂停留，位移变化不大。因此，将“Position”（位置）数值设置为（246，352.1，-168.2），如图2-73所示。

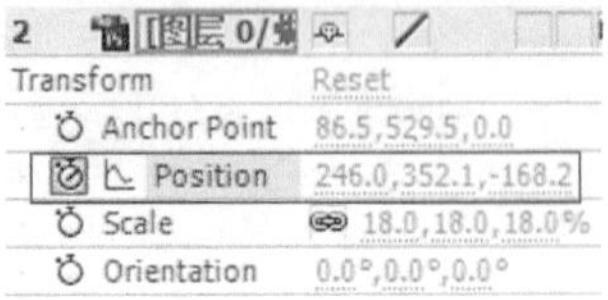

2 [图层 0/蝴
Transform Reset
Anchor Point 86.5,529.5,0.0
Position 246.0,352.1,-168.2
Scale 18.0,18.0,18.0%
Orientation 0.0°,0.0°,0.0°

图 2-73

5) 在第5秒让蝴蝶绕飞到荷花后面，顶视图参考如图2-74所示。将“Position”（位置）数值设置为（444.5，277.8，124.6），如图2-75所示。

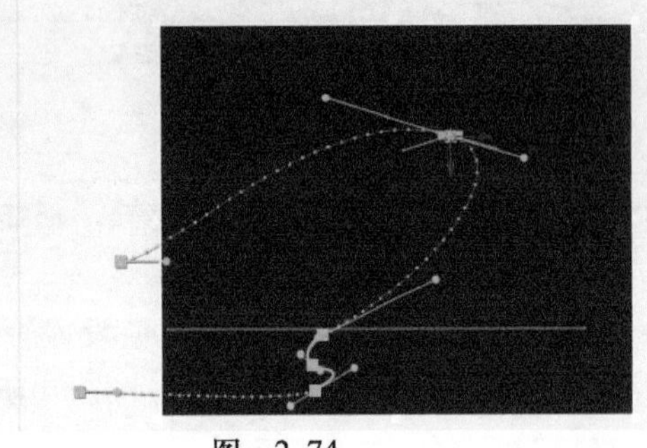

图 2-74

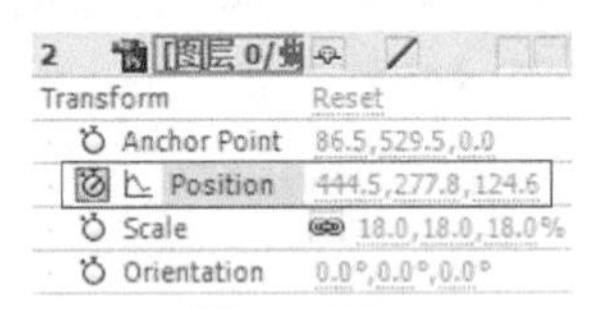

图 2-75

操作技巧：蝴蝶飞到荷花后面时可以从顶视图进行位置的调整，调整起来比较容易操作。

6) 在第5秒时，活动摄像机视图效果如图2-76所示。

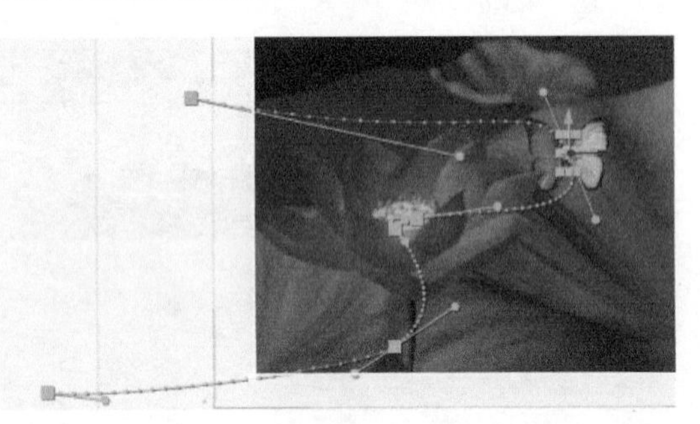

图 2-76

7) 在第6秒让蝴蝶飞出荷花，将“Position”（位置）数值设置为（-64，207，-58），如图2-77所示。

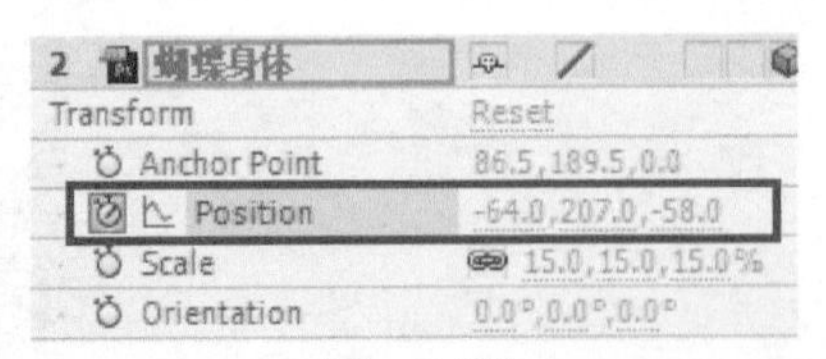

图 2-77

经验分享：蝴蝶位移发生变化时，头部的朝向并没有沿路径延伸的方向转向，因此，需要不断按照路径拐点的方向调整其Z轴和X轴进行旋转。

8) 为“蝴蝶身体”图层的“Z Rotation”（Z轴旋转）和“X Rotation”（X轴旋转）属性设置关键帧，制作旋转动画，如图2-78所示。

8)

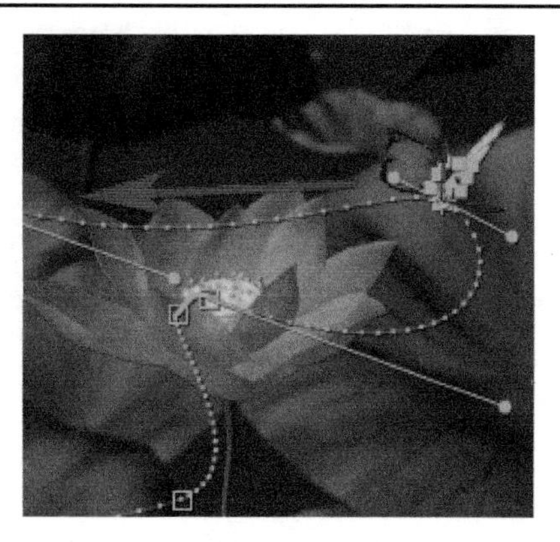

图 2-78

经验分享：蝴蝶旋转角度的大小要依照路径走向而设置，有时也需要重新调整路径或其弧度。由于路径曲度差异，本任务提供的数值仅供参考。

9) 在第0秒，设置“蝴蝶身体”图层的“Z Rotation”（Z轴旋转）数值为96°；设置“蝴蝶身体”图层的“X Rotation”（X轴旋转）数值为−136°，如图2-79所示。设置完成后的效果，如图2-80所示。

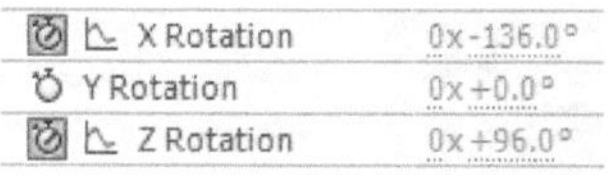

X Rotation	0x-136.0°
Y Rotation	0x+0.0°
Z Rotation	0x+96.0°

图 2-79

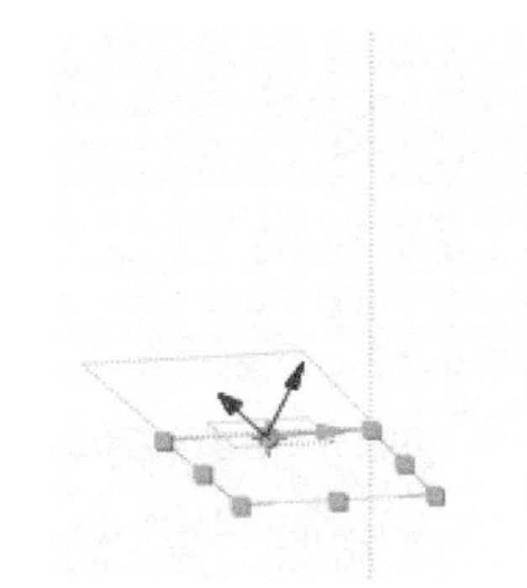

图 2-80

10) 在第2秒04帧，设置“蝴蝶身体”图层的“Z Rotation”（Z轴旋转）数值为195°，如图2-81所示。设置完成后的效果，如图2-82所示。

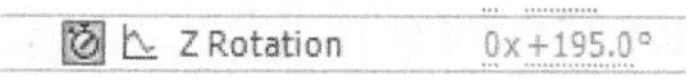

Z Rotation	0x+195.0°

图 2-81

图 2-82

11) 在第4秒01帧，设置“蝴蝶身体”图层的“Z Rotation”（Z轴旋转）数值为132°，如图2-83所示。设置完成后的效果，如图2-84所示。

11）

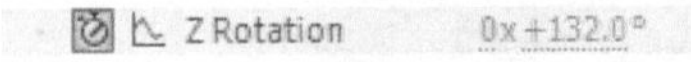

Z Rotation 0x+132.0°

图 2-83

图 2-84

12） 在第4秒24帧，设置“蝴蝶身体”图层的“Z Rotation”（Z轴旋转）数值为276°；设置“蝴蝶身体”图层的“X Rotation”（X轴旋转）数值为−112°，如图2-85所示。设置完成后的效果如图2-86所示。

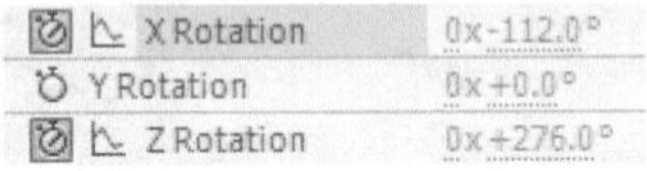

X Rotation	0x-112.0°
Y Rotation	0x+0.0°
Z Rotation	0x+276.0°

图 2-85

图 2-86

13） 第5秒11帧设置完成后的效果如图2-87所示，可以明显看出蝴蝶在荷花后飞行。

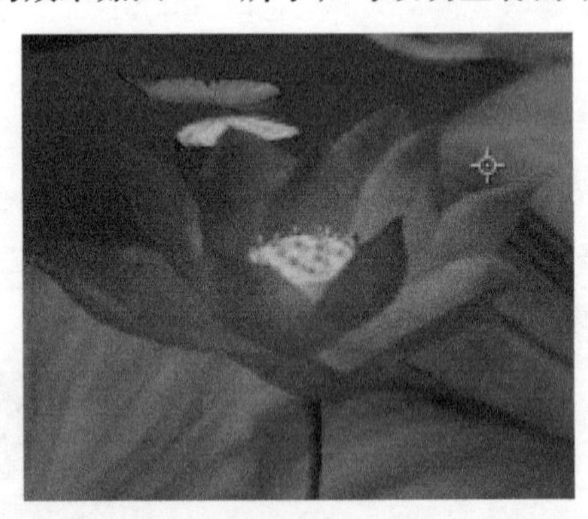

图 2-87

经验分享：蝴蝶飞行时，随着距离摄像机远近的变化会产生近大远小的透视效果。

14） 设置“蝴蝶身体”图层的“Scale”（缩放）变换动画，由于路径曲度差异，以下数值仅供参考。在第1秒01帧，设置“蝴蝶身体”图层的“Scale”（缩放）数值为15%，如图2-88所示。在第2秒13帧，设置“蝴蝶身体”图层的“Scale”（缩放）数值为12%，如图2-89所示。在第4秒24帧，设置“蝴蝶身体”图层的“Scale”（缩放）数值为12%，如图2-90所示。在第5秒20帧，设置“蝴蝶身体”图层的“Scale”（缩放）数值为8%，如图2-91所示。

14）

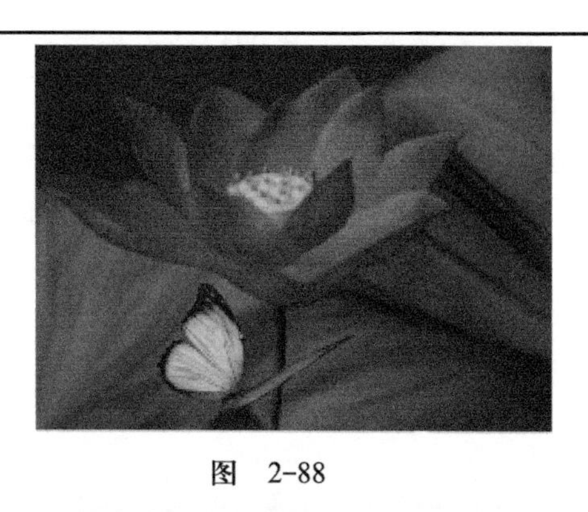

图 2-88

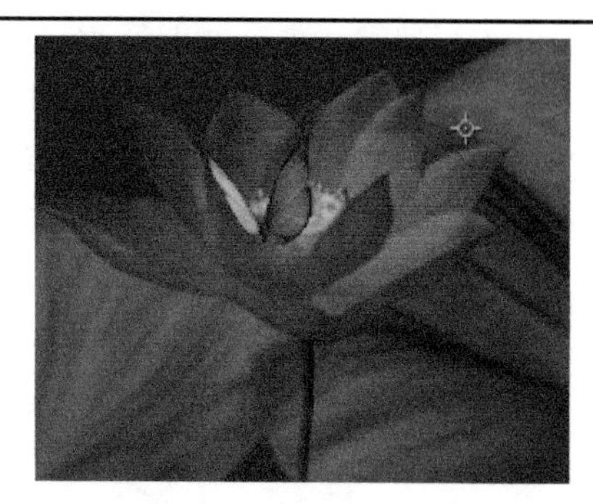

图 2-89

图 2-90

图 2-91

经验分享：要反复观察动画，查看动作的连贯性，如有不协调处应及时修改。最后还可以对蝴蝶进行调色和添加辉光的处理，局部效果如图2-92所示。

图 2-92

5. 预览、渲染输出

知识链接

1. 三维图层

After Effects CS6中除了可以通过导入三维软件渲染的场景组合成三维空间外，也可以通过三维图层模拟三维空间感觉。

普通图层只具有X、Y两个维度的属性，而三维图层具有X、Y、Z三个维度属性的图层。改变三维图层的空间位置和角度，再通过添加光、影，设置摄像机等就可以搭建出三维空间。

1）创建三维图层：在“Timeline”（时间线）面板中，单击图层中“3D Layer”（三维图层开关）按钮，如图2-93所示，就可以将一个普通的二维图层转换为三维图层。同时图层轴心点会出现绿、红、蓝3色三维坐标手柄。

2）设置三维图层：三维图层创建好后，在“Timeline”（时间线）面板中可以看到其属性中增加了针对Z维度的参数设置，以及“Material Options”（材质选项）属性参数，如图2-94所示。

图　2-93

1 米老鼠.jpg	
Transform	Reset
Anchor Point	729.0,835.2,0.0
Position	386.0,296.0,0.0
Scale	36.0,36.0,36.0%
Orientation	0.0°,0.0°,0.0°
X Rotation	0x+0.0°
Y Rotation	0x+0.0°
Z Rotation	0x+0.0°
Opacity	100%
Material Options	

图　2-94

当设置“X Rotation”（X轴旋转），“Y Rotation”（Y轴旋转），“Z Rotation”（Z轴旋转）时，可以看到明显的透视效果，如图2-95所示，再加上位移和轴心点等变化，可以随意搭建出三维空间效果。利用两个三维图层搭建的墙角效果，如图2-96所示；利用多个三维图层搭建的三维迷宫效果，如图2-97所示。

图　2-95

图　2-96

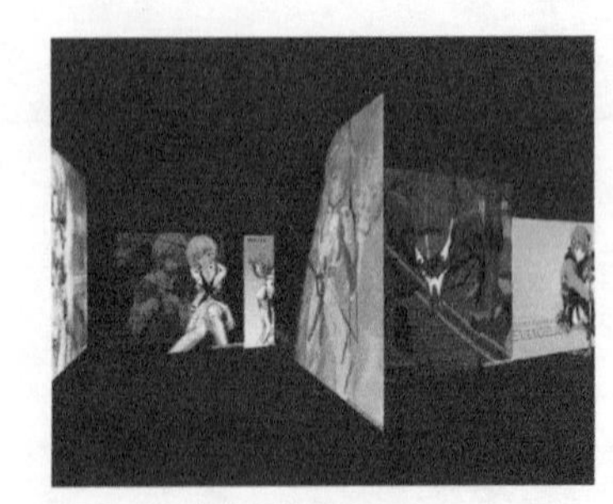

图　2-97

2．三维视图

制作三维空间效果时，需要从多个角度查看，如在Comp 2的“Composition”（合成）面板中同时展示的4个视图分别为“Top”（顶视图）、“Active Camera”（活动视图）、“Left”（左视图）、“Right”（右视图），如图2-98所示。其中“Active Camera”（活动视图）四角呈蓝色表示为当前视图。在图2-98中红框1所示区域为“3D View Popup”（3D视图）”下拉列表，图2-98中红框2所示区域为“Select View Layout”（选择视图布局）下拉列表，通过选择这两个下拉列表中的选项可以切换不同角度的视图。“3D View Popup”（3D视图）对应的列表选项如图2-99所示，可以切换当前视图；“Select View Layout”（选择视图布局）对应的列表选项如图2-100所示，可以切换视图组合的方式。

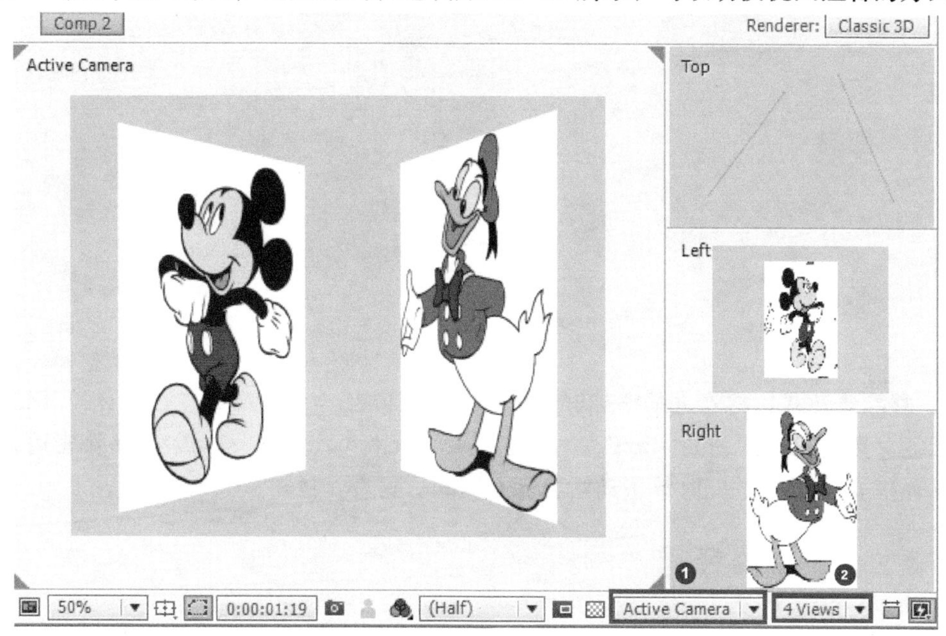

图　2-98

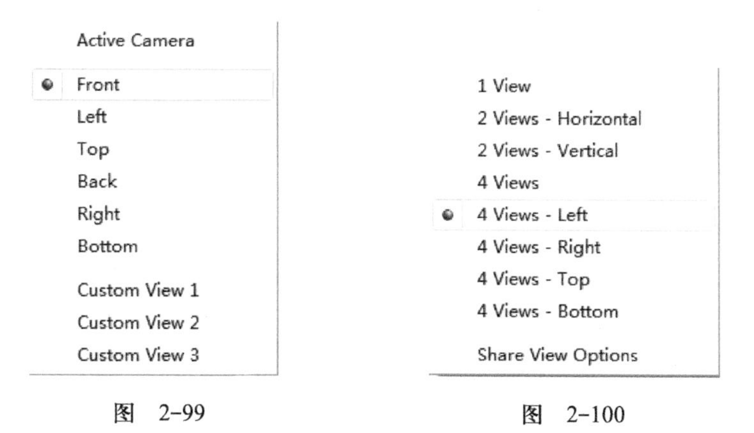

图　2-99　　　　图　2-100

3. 表达式动画

After Effects CS6允许用户应用类似编程语言的表达式来实现一些它没有直接提供的功能，或是节省一些重复性的操作。虽然这些表达式需通过JavaScript语言实现，但用户不用精通编程语法，只要通过修改简单的表达式的实例，或通过帮助指南和链接就可以创建所需的表达式了。

1）创建表达式的操作：在“Timeline”（时间线）面板中选择所需图层的某个属性，然后执行“Animation”（动画）→“Add Expression”（添加表达式）命令，或使用<Alt+Shift+=>组合键，如图2-101所示。该属性下的“Expression”（表达式）面板，单击其中的“螺旋线”按钮即可链接到其他图层的某个属性，单击三角形按钮则可以选择函数。详细说明可参看After Effects CS6帮助文件。

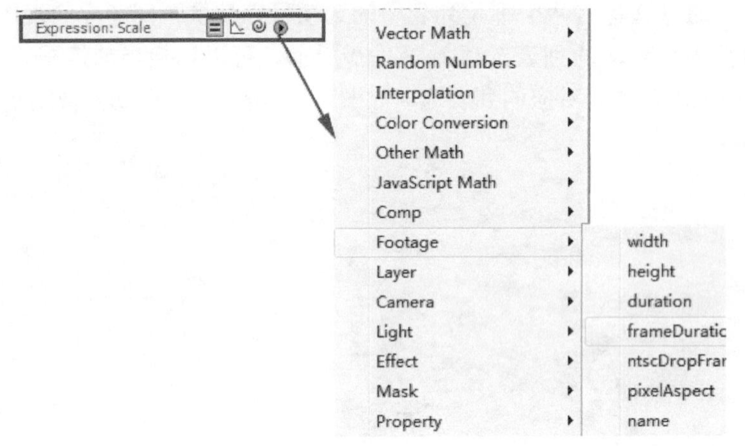

图　2-101

2）移除表达式：移除之前添加好的表达式，可以在“Timeline”（时间线）面板中选择该属性，然后执行“Animation”（动画）→“Remove Expression”（移除表达式）命令，或者在按<Alt>键的同时单击动画属性左侧的“码表”按钮。

拓展任务

制作摩托车广告，具体要求见表2-4。

表2-4　制作摩托车广告任务单

任务名称	制作摩托车广告
任务描述	
用各种素材图片制作立体柱群，并让摩托车从立体柱群前从右至左高速驶过，再瞬间急停，如图2-102所示。   图　2-102	
任务要求	
1．格式要求 1）影片的格式：制式PAL D1/DV；画面的尺寸：宽720px、高576px 2）时长：5秒 3）输出格式：AVI 4）命名要求：摩托车广告 2．效果要求 1）立体空间的搭建 2）摩托车行驶时车轮相应的转动 3）摩托车有阴影	

【制作小提示】

1）立体空间搭建可以先选择渐变色作为衬底，再用素材图片作为三维图层搭建柱体效果，如图2-103所示。

2）将摩托车的前、后轮及阴影和车身建立父子关系，如图2-104所示。

图 2-103

6 [车身/摩托车.psd] None
7 [前轮/摩托车.psd] 6. 车身/摩扌
8 [后轮/摩托车.psd] 6. 车身/摩扌
9 [阴影/摩托车.psd] 6. 车身/摩扌

图 2-104

3）摩托车行驶时车轮相应的转动。为前后车轮图层的“Z Rotation”（Z轴旋转）属性添加表达式，通过表达式中的“螺旋线”按钮将旋转值与车身X方向的位移确立关系，如图2-105所示。

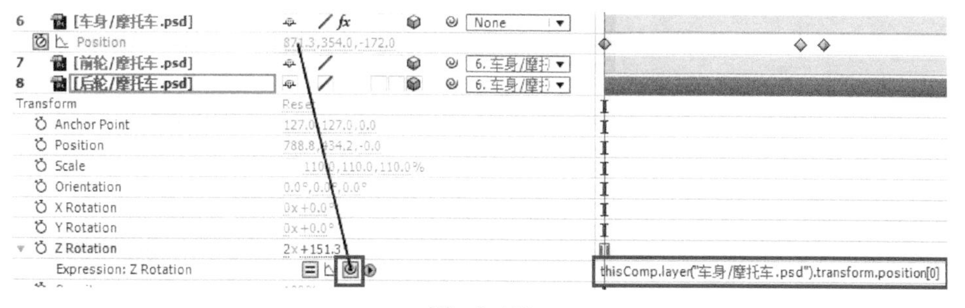

图 2-105

拓展任务评价

评价标准	能做到	未能做到
格式符合任务要求		
通过三维图层，制作背景的立体空间搭建效果		
通过表达式链接，制作摩托车行驶时车轮相应的转动动画，车轮与车身动作协调一致		
摩托车阴影与摩托车本身动作一致，适度倾斜		

任务3　制作仿真自然现象特效镜头

任务领取

从总监处领取的任务单见表2-5。

表2-5 《灵境游仙》SC7-09雷阵雨特效镜头任务单

<table>
<tr><td>任务名称</td><td>《灵境游仙》SC7-09雷阵雨特效镜头</td></tr>
<tr><td colspan="2">分镜脚本</td></tr>
<tr><td colspan="2">SC7-09镜头表现的是雷阵雨中仙子居住的小木屋的场景。本镜头使用三维软件制作了摇移镜头动画序列帧，需要在视频特效软件中制作雷阵雨效果。起初阴云密布雨开始下，而后电闪雷鸣大雨滂沱，持续一段时间后，天空渐渐晴朗雨随之停止，如图2-106所示。

图　2-106</td></tr>
<tr><td colspan="2">任务要求</td></tr>
<tr><td colspan="2">1．格式要求
1）影片的格式：制式PAL D1/DV；画面的尺寸：宽720px、高576px
2）时长：9秒
3）输出格式：AVI
4）命名要求：《灵境游仙》SC7-09雷阵雨特效
2．效果要求
1）制作天空由阴云密布到云开雾散的特效动画
2）制作闪电下劈、忽闪、消隐的动画，以及周围景物随之亮暗效果
3）制作下雨动画，以及雨的变化效果</td></tr>
</table>

任务分析

雷阵雨是一种夏日常见的天气现象，表现为大规模的云层运动，比阵雨时的云层运动要剧烈得多，还伴有放电现象。因此，场景中要体现出来阴云、闪电、雨的变化。SC7-09镜头素材是使用Maya三维软件分层渲染出来的小木屋场景的摇移镜头序列帧，由于在三维渲染时原有的天空变幻效果不明显，也不便于制作阴云动画，所以选择在导入时直接去除背景，再使用特效制作阴云动画。下雨过程中伴有雷电，通过云层中的有形闪电表现出来。雨的大小强弱，要与天空的阴晴及雷电的大小相协调。制作仿真自然现象特效镜头的操作流程如图2-107所示。

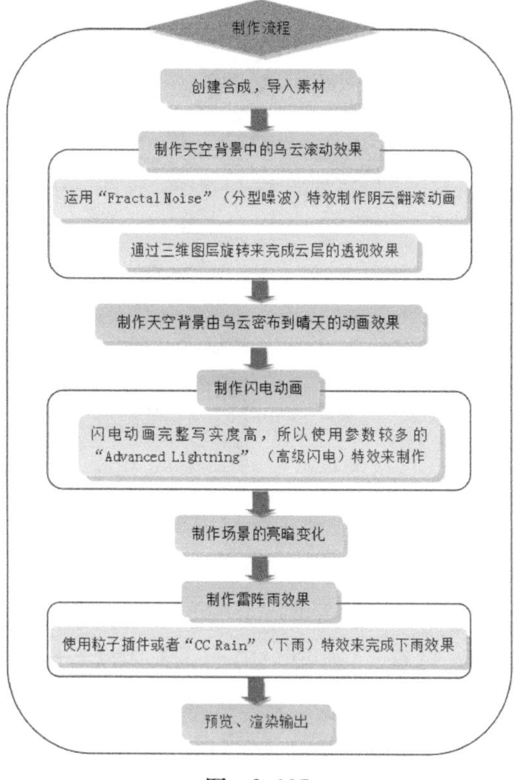

图 2-107

任务实施

说明：本任务及拓展任务所用的素材、源文件在配套光盘“学习单元2/任务3”文件夹中。

1. 创建合成，导入素材

1）启动软件，自动创建项目，按<Ctrl+N>组合键创建新合成，格式为PAL D1/DV，画面尺寸为宽720px、高576px，持续时间长度为9秒。

2）导入三维渲染的“xiaowu_CJing03_”序列帧素材，直接去除背景通道，如图2-108所示。拖入“Timeline”（时间线）面板预览，会发现在第16～20帧，有坏帧现象，如图2-109所示。

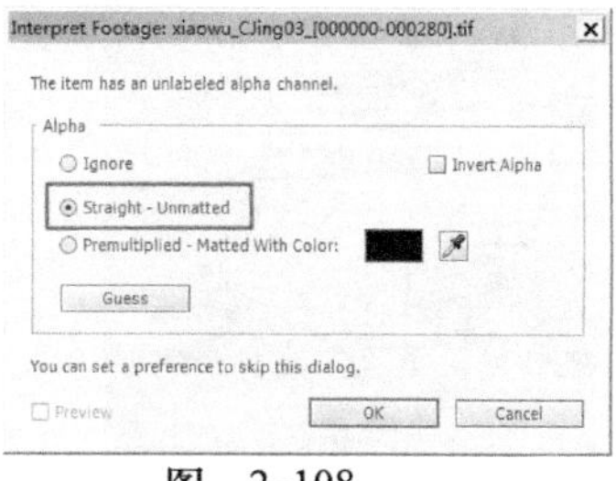

图 2-108

图 2-109

经验分享：三维动画渲染时，由于计算机软、硬件的问题会出现马赛克或半屏黑色等坏帧现象。制作特效前应先检查序列帧，如发现有坏帧等现象，应通知渲染组重新渲染坏的帧，数量少或不严重的可以用Photoshop自行修改。

2. 制作天空背景中的乌云滚动效果

1） 创建固态图层，命名为“乌云”，设置其颜色为深灰蓝色（R：28，G：38，B：45）。

2） 选中“乌云”图层，执行“Effect”（效果）→“Noise & Grain”（噪波和杂点）→“Fractal Noise”（分形噪波）命令，如图2-110所示。

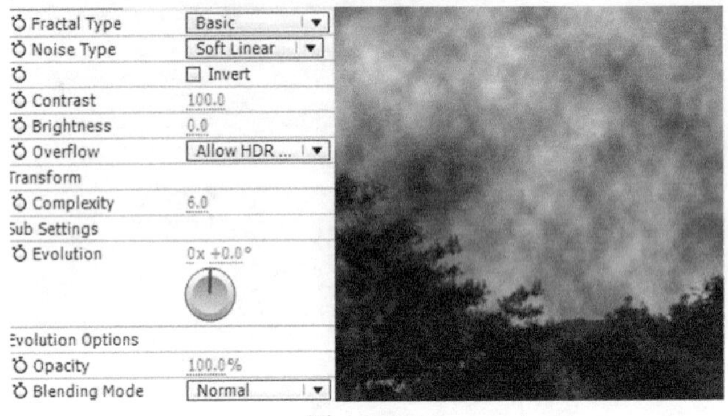

图 2-110

再调整“Fractal Noise”（分形噪波）各项参数值，如图2-111所示。

设置“Blending Mode”（混合模式）参数为“Color Dodge”（颜色减淡）使其显示出原图层的灰蓝色；设置“Complexity”（复杂度）数值为3.4，产生絮状纹理模拟乌云；不选中“Transform”（变换）中“Uniform Scaling”（锁定纵横比）复选框；设置“Scale Width”（缩放宽）数值为175；设置“Brightness”（亮度）数值为-27；设置“Contrast”（对比度）数值为92；为“Evolution”（演化）参数设置关键帧，第2秒前数值变换大些，第2～6秒数值变换小些。产生乌云滚动由快速到慢速的变化效果，如图2-112所示。

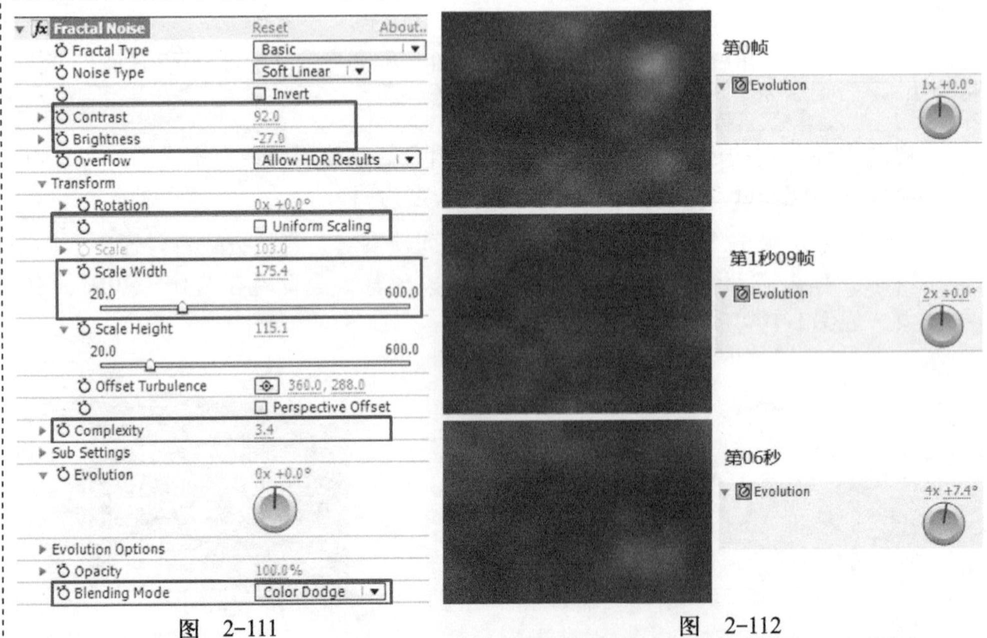

图 2-111　　图 2-112

3） 将“乌云”图层设置为三维图层，设置X轴旋转，形成一定的透视效果，如图2-113所示。

3）

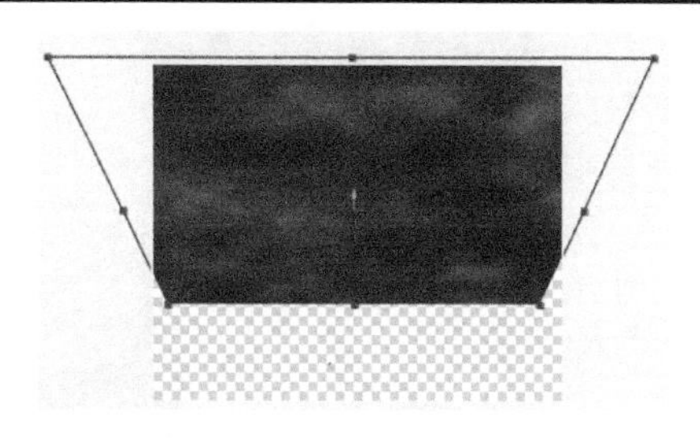

图 2-113

3. 制作天空背景由乌云密布到晴天的动画效果

1） 选择一个天空图片，导入到“Project”（项目）面板，并将其拖至“乌云”图层下，重命名为“晴天”，如图2-114所示。

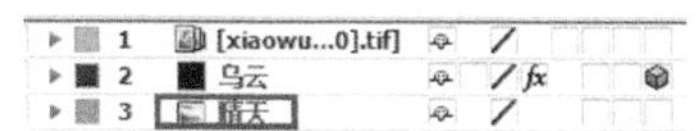

图 2-114

2） 在第6秒为“乌云”图层的“Opacity”（不透明度）属性添加关键帧动画，制作乌云淡出显露晴天的效果，如图2-115所示。

图 2-115

4. 制作闪电动画

1） 选中“乌云”图层，执行“Effect”（效果）→“Generate”（生成）→“Advanced Lightning”（高级闪电）命令，如图2-116所示。

fx Fractal Noise	Reset	Abo
fx Advanced Lightning	Reset	Abo
Lightning Type	Direction	
Origin	324.0, 28.8	
Direction	360.0, 547.2	
Conductivity State	0.0	
Core Settings		
Glow Settings		
Alpha Obstacle	0.00	
Turbulence	1.00	
Forking	25.0%	
Decay	0.30	
	☐ Decay Main Core	
	☐ Composite on Origi	
Expert Settings		

图 2-116

2） 对“Advanced Lightning”（高级闪电）特效进行设置，如图2-117所示。设置“Origin”（起点）为（211.9，-99.8）；设置“Direction”（方向）为（360，547）；设置“Glow Settings”（辉光设置）中“Glow Color”（辉光颜色）为灰蓝色；设置“Forking”（分叉）为49%；选中“Decay Main Core”（主核心衰减）和“Composite on Original”（与源图像合成）复选框。设置完成后的闪电效果如图2-118所示。

2）

Advanced Lightning	Reset	About
Lightning Type	Direction	
Origin	211.9, -99.8	
Direction	360.0, 547.0	
Conductivity State	5.5	
Core Settings		
Core Radius	2.0	
Core Opacity	100.0%	
Core Color		
Glow Settings		
Glow Radius	50.0	
Glow Opacity	50.0%	
Glow Color		
Alpha Obstacle	0.00	
Turbulence	1.00	
Forking	49.0%	
Decay	0.30	
	Decay Main Core	
	Composite on Original	
Expert Settings		

图　2-117

图　2-118

知识点拨：闪电的动作主要是下劈、晃动、忽明忽暗以及消隐。

3）通过为属性设置关键帧，制作闪电的动画。设置“Decay”（衰减）数值，生成闪电劈下的动画；设置“Conductivity State”（传导性）数值，闪电在劈下后产生晃动；设置“Core Opacity”（核心不透明度）数值，使闪电晃动后，核心主干渐渐隐退；设置“Glow Opacity”（辉光不透明度）数值，使闪电晃动后，辉光渐渐隐退。关键帧设置位置如图2-119所示，动画效果如图2-120所示。

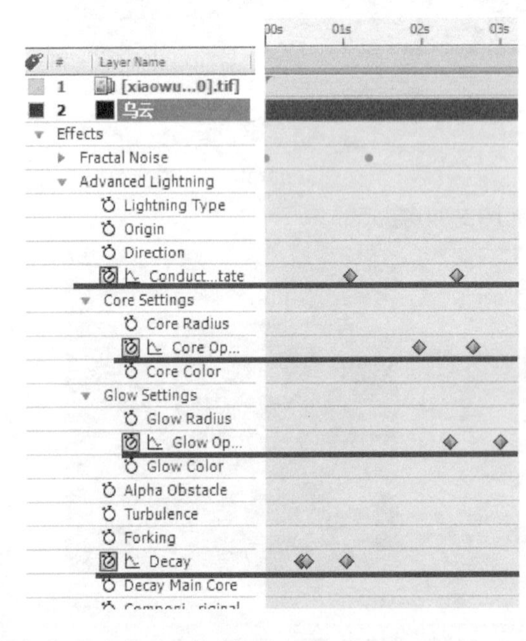

图　2-119

图　2-120

5. 制作场景的亮暗变化

1）选中“xiaowu”图层，执行“Effect”（效果）→“Color Correction”（色彩校正）→“Levels”（色阶）命令，如图2-121所示。

1）

图 2-121

经验分享：闪电出现的同时，场景的亮暗也要跟着变化，画面才显得真实。“Levels”（色阶）特效可以分开调整暗部和亮部的亮度，实现既不会使阴影部分变亮，也不会使整个画面变灰。

2）调整“Levels”（色阶）特效的“Histogram”（直方图）中“Input White”（白色输入量），来设置明暗变化，如图2-122所示。

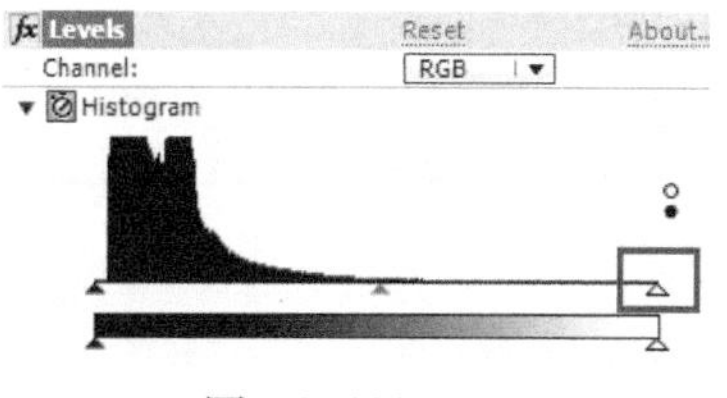

图 2-122

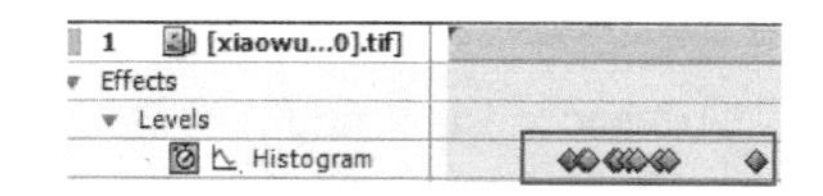

图 2-123

经验分享：闪电变化的速度非常快，场景的亮暗变化也随之加快，因此，关键帧之间的距离要很小且参数值变化明显，如图2-123所示。

6. 制作雷阵雨效果

1）将“乌云”“晴天”“xiaowu”3个图层嵌套合成，命名为“小屋场景和”。再选中这个合成产生的新图层，执行“Effect”（效果）→“Simulation”（模拟）→“CC Rain”（下雨）命令，如图2-124所示。

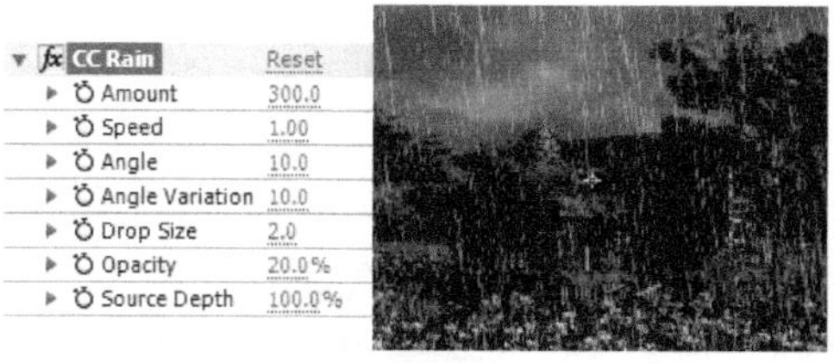

图 2-124

2）为“CC Rain”（下雨）特效中的参数设置关键帧，如图2-125所示，制作雨从小到大，而后慢慢停止的动画效果。

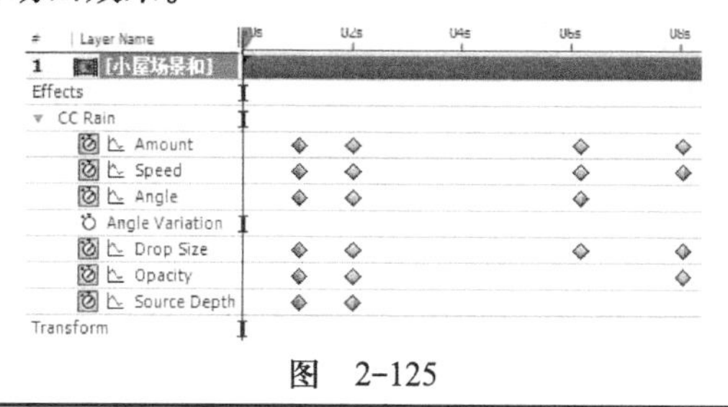

图 2-125

2) 知识点拨：“CC Rain”（CC雨）特效中的参数：

- “Amount”（雨滴数量）：设置雨滴的多少。
- “Speed”（速度）：设置单位时间内雨落下的数量。
- “Angle”（角度）：设置雨滴倾斜角度。
- “Angle Variation”（角度的变化）：设置角度的紊乱程度。
- “Drop Size”（尺寸）：设置单个雨滴的大小。
- “Opacity”（不透明度）：设置雨滴的透明度。
- “Source Depth”（景深）：设置多个远近层次的雨滴，体现出雨景的深度。

雨势的变化表现在雨滴的数量、速度、尺寸、透明度上等，如果同时伴有风，则还会有角度的变化。

7．预览、渲染输出

知识链接

1．模拟自然现象特效

（1）“Advanced Lightning”（高级闪电）

知识点拨：自然中的闪电分为有形闪电和无形闪电。有形的闪电（树枝形）效果比较写实，描绘时一定要考虑每一支闪电的方向感和粗细变化原理。一般会将闪电光带涂成白色，再用淡蓝或淡紫色使其与景物色调吻合，如图2-126所示。无形闪电，不直接描绘闪电光带，只表现闪电急剧变化的光线对某物的影响。

图 2-126

1）功能：可以生成各种不同形态的有形闪电。

2）创建方法：执行“Effect”（效果）→“Generate”（生成）→“Advanced Lightning”（高级闪电）命令。

3）参数解析。

①“Lightning Type”（闪电类型）：闪电的类型共有8种，如方向型、活跃型、阻断型、任意型、双向穿透型等。可以根据需要选择闪电形态，如图2-127所示。

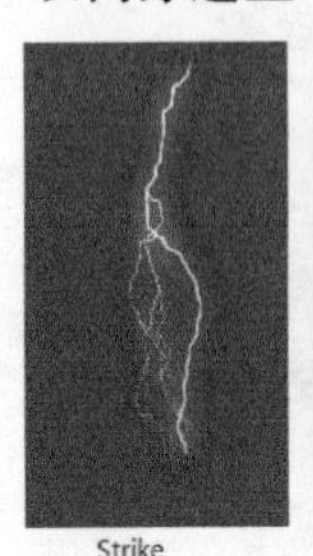

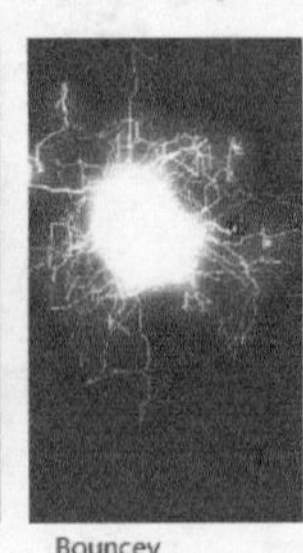

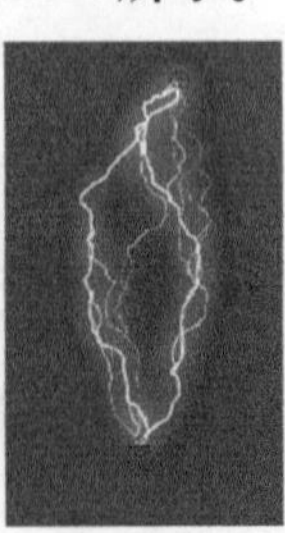

图 2-127

②“Conductivity State”（传导性）：用于调整闪电的传导性，设置不同的数值会得到不同的闪电路径，在闪电劈下后产生晃动，如图2-128所示。

③“Forking”（分叉）：可以设置闪电的分叉数量，如图2-129所示。

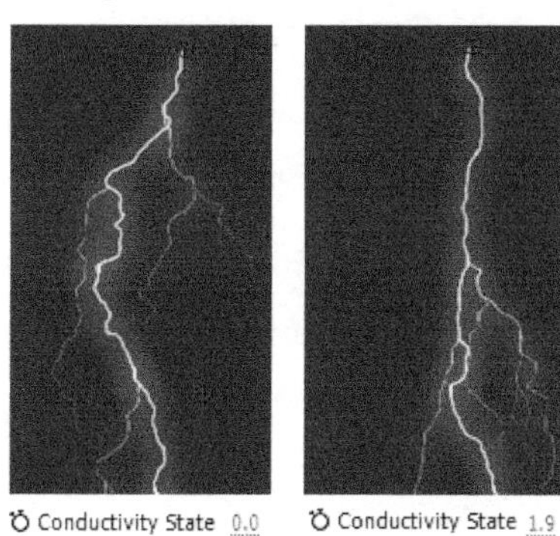

图 2-128

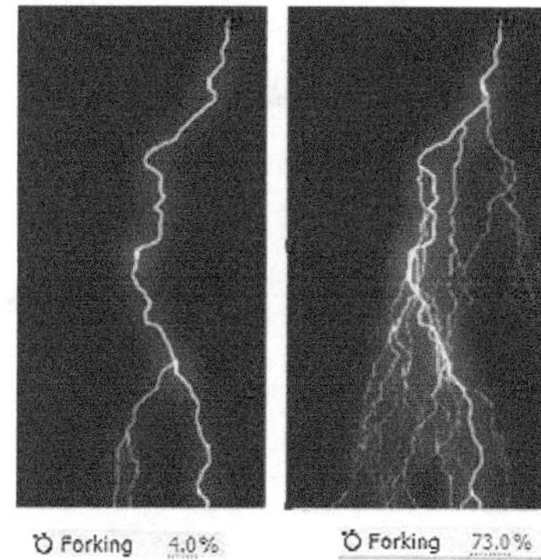
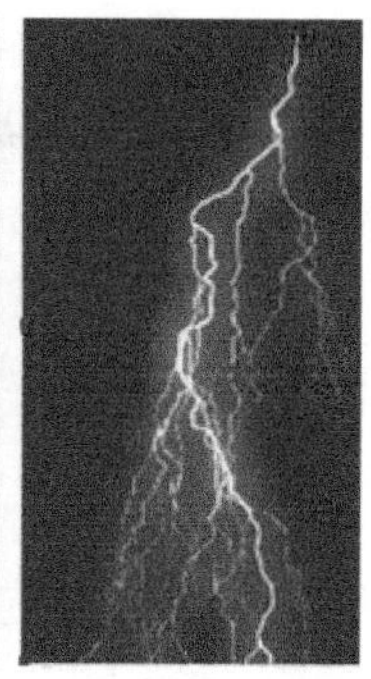
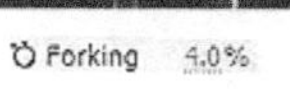

图 2-129

④“Decay”（衰减）：指定闪电强度连续衰减或消散的数量，会影响分叉不透明度开始淡化的位置。常与“Decay Main Core”（主核心衰减）配合，制作闪电劈下的动画，如图2-130所示。

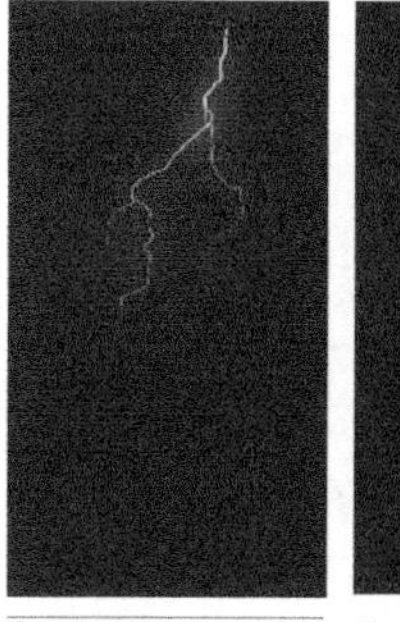

图 2-130

- “Origin”（闪电起始位置）：决定闪电起点。
- “Direction”（闪电生长方向）：决定闪电的长度和角度。
- “Core Settings”（主干设置）：决定闪雷电主干的粗细、不透明度和颜色。
- “Glow Settings”（辉光设置）：决定闪电辉光半径、不透明度和颜色。
- “Alpha Obstacle”（透明通道障碍）设置闪电受Alpha通道的影响。
- “Turbulence”（紊乱）：设置闪电的紊乱程度。
- “Composite on Original”（与源图像合成）：设置与源图像的混合模式。
- “Expert Settings”（专家设置）：闪电的高级和细节的设置，包括“Complexity”（复杂性）、“Min. Forkdistance”（最小分支距离）、“Termination Threshold”（结束阈值）、“Main Core Collision Only”（仅核心碰撞）、“Fractal Type”（分形类型）、“Core Drain”（核心消耗）、“Fork Strength”（分支强化）、“Fork Variation”（分支变化）等。

经验分享：除了制作写实的闪电，“Advanced Lightning”（高级闪电）特效还可以制作特殊光效，用来渲染紧张的对峙的氛围，如图2-131所示。还可以用来模拟血管、树根、树枝等效果，如图2-132和图2-133所示。

图 2-131

图 2-132

图 2-133

(2) “CC Rain” (CC雨)

知识点拨：自然中的雨，源自于云中的水分子互相碰撞，随着体积、重量增大，受地心引力降落下来而形成。受风的影响，雨一般都是有斜度的，由于速度较快，人们往往看见的是雨线，如图2-134所示。由于大风的影响，有时也会看见雨团。

图 2-134

1）功能：制作雨特效。

2）创建方法：执行“Effect”（效果）→“Simulation”（模拟）→“CC Rain”（CC雨）命令。

经验分享：雨是烘托气氛的一种重要手段，影视、动画中常有各种雨景，如细雨、小雨、暴雨等来表现浪漫、悲凉、紧张等氛围，如图2-135所示。例如，在制作下雨效果时，为了突出雨滴质感，经常会添加“Brightness & Contrast”（亮度和对比度）等调色效果和“Gaussian Blur”（高斯模糊）等模糊效果，让雨滴更柔和，如图2-136所示；同时在After Effects CS6中除运用“CC Rain”（CC雨）模拟雨之外，还可运用“Effect”（效果）中一些粒子效果模拟多视角的雨、雪等自然现象，例如，CC Particle、Particle playground等，但参数设置较为复杂。

图 2-135

fx Brightness & Contrast	Reset
Brightness	-35.0
Contrast	0.0
fx CC Rain	Reset
Amount	190.0
Speed	1.51
Angle	11.7
Angle Variation	24.7
Drop Size	2.7
Opacity	99.0%
Source Depth	100.0%
fx Gaussian Blur	Reset
Blurriness	9.3
Blur Dimensions	Horizont

图 2-136

(3) “CC Snow” (CC雪)

知识点拨：自然中的雪，由于低温的作用，小水滴从云层落下来未到地面时结成小冰凌，在下落过程中不断碰到其他小冰凌，结为一体，随着众多小冰凌的结合，增大面积，增加了下降的阻力，所以比雨的下降速度要慢。另一方面，由于受到风力等其他因素的影响，所以下降路线是一条不规则的曲线形状。要注意雪的运动轨迹不能太规律，要尽量打乱一些。为使降雪有深远感，至少要有3种不同大小的雪花，远处比近处略小略慢。最远处的雪一般不画到银幕下部，而是在银幕某处随意飘散，如图2-137所示。

图 2-137

1）功能：制作平视侧面视角的下雪特效。

2）创建方法：执行“Effect”（效果）→“Simulation”（模拟）→“CC Snow”（CC雪）命令。

3）参数解析。

①“Amount”（数量）：设置雪片的多少。

②“Speed”（速度）：设置单位时间内雪片落下的数量。

③“Amplitude”（振幅）：设置雪片横向晃动的幅度。

④“Frequency”（频率）：设置雪片晃动的快慢。

⑤“Flake Size”（尺寸）：设置单个雪片的大小。

⑥“Opacity”（不透明度）：设置雪片的透明度。

⑦“Source Depth”（景深）：设置多个远近层次的雪片，体现出雪景的深度，如图2-138所示。

图 2-138

（4）“Fractal Noise”（分形噪波）

知识点拨：自然中的云、雾、火、水波都可通过“Fractal Noise”（分形噪波）实现。其中云是在高空的水汽形成云，有的堆积如团状，有的一丝一缕，有的成鱼鳞状，形态各异。雾是由空气中的水汽形成，有雾的场景成不同程度的半透明状

学习单元2

态，如果有风，则雾气会呈现不均匀的丝缕、团状等。烟是由燃烧生成的微小颗粒组成，摇曳着徐徐向上。火焰与烟类似但中心颜色鲜亮，随风而动，有熊熊烈火和安静燃烧的小火等多种形式。云、雾、火、水波这4种形态都有飘渺、无定型、无规律的表面纹理等特点，在After Effects CS6中可以使用“Noise & Grain”（噪波和颗粒）效果中的“Fractal Noise”（分形噪波）特效配合其他效果模拟以上4种自然效果，如图2-139所示。

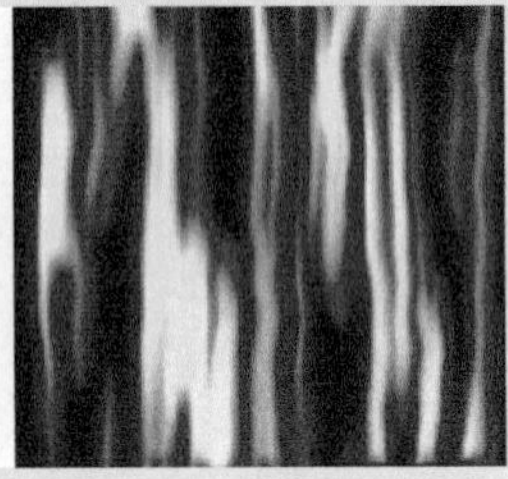

图 2-139

1）功能：可用于模拟云、雾、火、水波等自然特效或作为置换贴图和纹理使用。

2）创建方法：执行“Effect”（效果）→“Noise & Grain”（噪波和颗粒）→“Fractal Noise”（分形噪波）命令。

3）参数解析。

①“Fractal Type”（分形类型）&“Noise Type”（噪波类型）：决定噪波的形态，如图2-140所示。

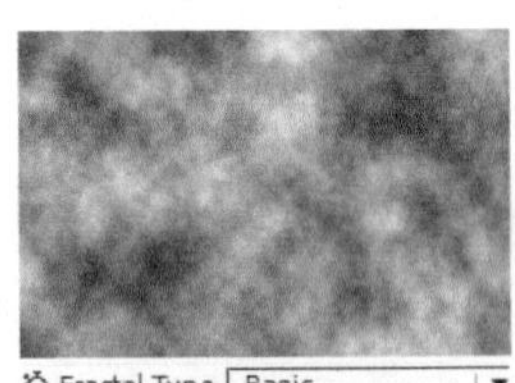

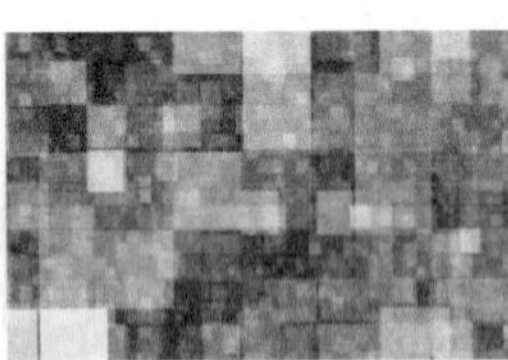

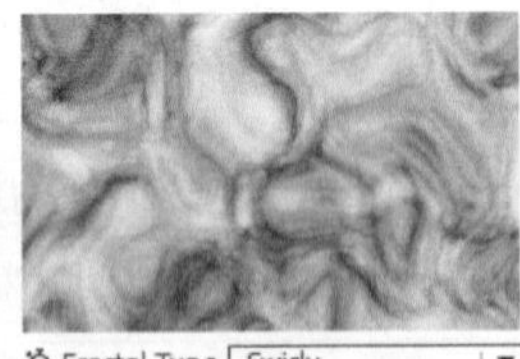

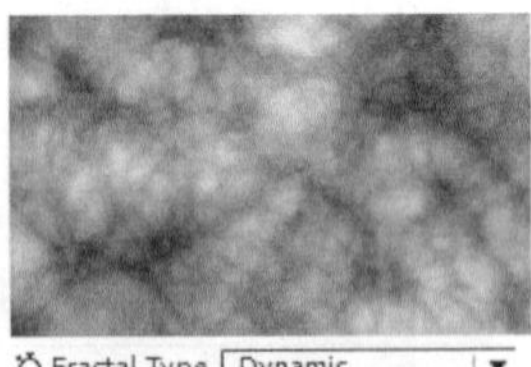

图 2-140

②“Transform”（变换）：控制着噪波的位移、缩放、旋转等，如图2-141所示。其中“Offset Turbulence”（偏移扰乱）专门设置纹理的平移。

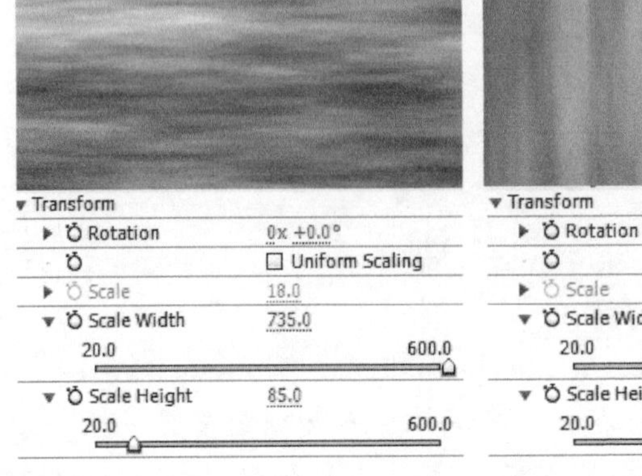

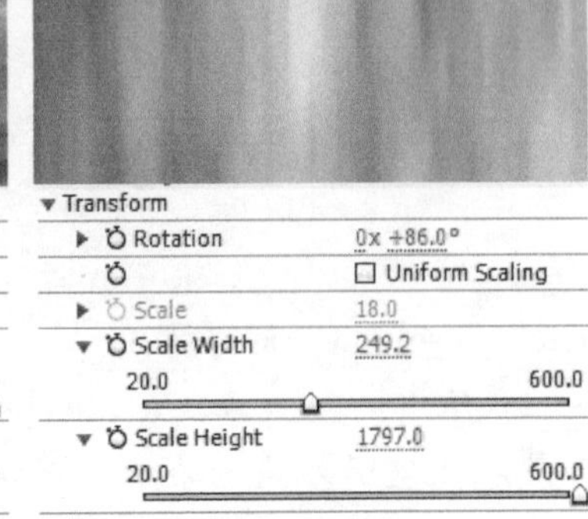

图 2-141

③“Complexity”（复杂度）：控制噪波噪点的复杂程度，数值越小复杂程度越小，反之数值越大复杂程度越大，如图2-142所示。

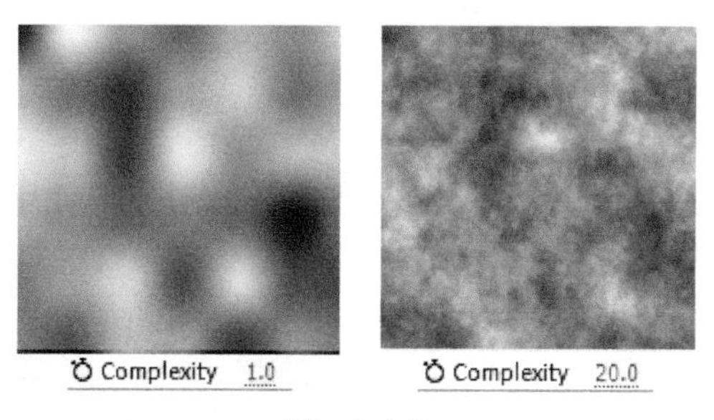

图 2-142

④“Sub Settings”（内部设置）：控制噪波子纹理的对比度和缩放，以及噪点的旋转和平移等，如图2-143所示。

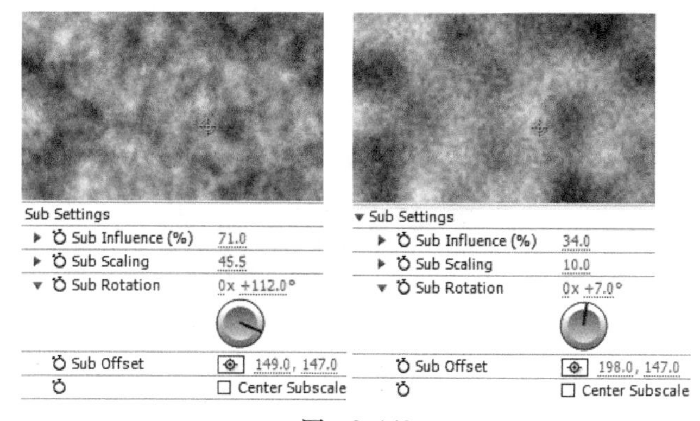

图 2-143

⑤“Evolution”（演变）：控制噪波的分形变化的相位。配合“Evolution Option”（演变选项）中的“Cycle”（旋转周期）和“Random Seed”（随机种子）可以制作出衍生幻化的动态效果，如图2-144所示。

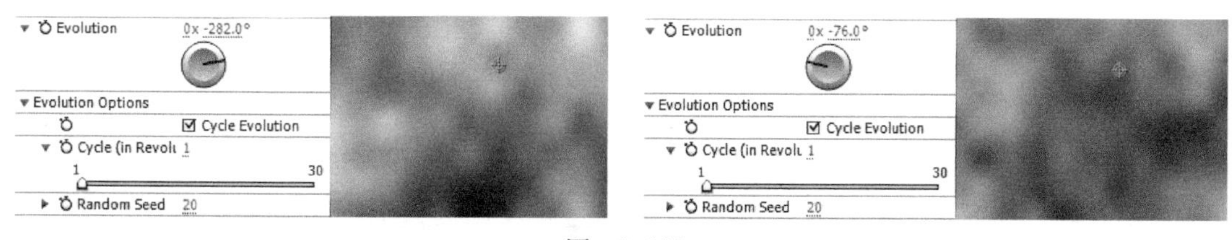

图 2-144

经验分享：

很多特效参数繁多，初学者往往上来就盲目置参数值，结果也看不出效果。因此建议一次只调整一个参数。调整数值后应立即察看“Composition”（合成）面板，观察效果。如果效果不对，则将参数调回原值；如果效果不够，则加大数值调整或再去调整下一个参数。

2. 模拟其他自然现象

1）“CC Bubbles”（CC气泡）：模拟生成气泡，能设置气泡数量、速度摇摆度等，如图2-145所示。

2）“CC Drizzle”（细雨）：模拟细雨打到水面时产生的纹理，可以设置雨滴速度、寿命、涟漪的高度、扩散等，如图2-146所示。

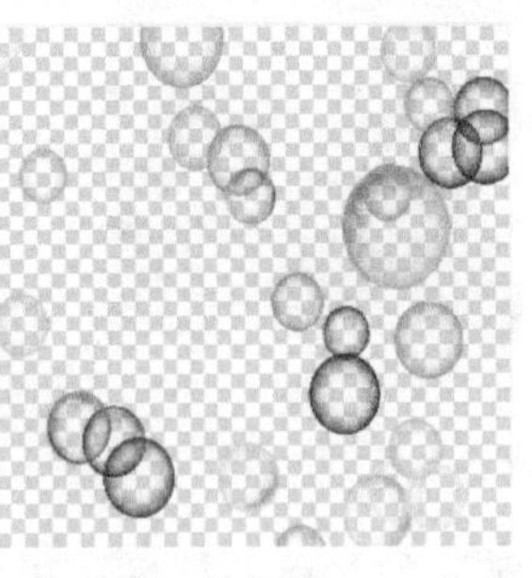

图 2-145

图 2-146

3）“CC Mr.Mercury”（CC 水银）：模拟水滴、水银滴动态效果，可以设置发射位置、方向、速度、重力等，常用来模拟雨滴打到玻璃上的效果，如图2-147所示。

图 2-147

4）“Foam”（泡沫）：模拟泡沫、水珠等效果，可以设置气泡样式、大小、速度等，如图2-148所示。

5）“Ripple”（波纹）：模拟水波在画面上产生波纹扭曲的效果，可以设置范围、幅度、高度等，如图2-149所示。

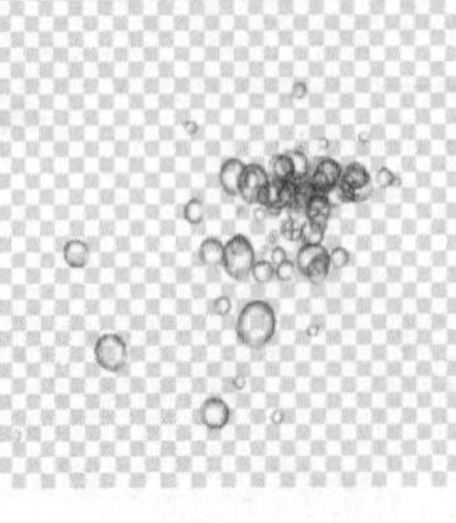

图 2-148

图 2-149

拓展任务

制作《灵境游仙》SC3-02荷塘晨雾效果，具体要求见表2-6。

表2-6 《灵境游仙》SC3-02荷塘晨雾效果任务单

任务名称	《灵境游仙》SC3-02荷塘晨雾效果
分镜脚本	
SC3-02镜头展示清晨荷塘中薄薄的雾气在水面上渐渐升起，慢慢地随风飘逸的效果，如图2-150所示。  图 2-150	
任务要求	
1. 格式要求 1）影片的格式：制式PAL D1/DV；画面的尺寸：宽720px、高576px 2）时长：5秒 3）输出格式：AVI 4）命名要求：《灵境游仙》SC3-02荷塘晨雾效果 2. 效果要求 1）雾气从无到有 2）雾气横向飘动	

【制作提示】

1）新建固态图层，命名为“雾”，放置在场景图层上。

2）为“雾”图层添加“Fractal Noise”（分形噪波）特效，参数设置如图2-151所示。为“Offset Turbulence”（偏移扰乱）属性设置关键帧动画，制作飘动效果；为“Evolution”（演化）属性设置关键帧动画，制作雾气的演化效果。

3）为了让雾气更柔和，可以为“雾”图层再添加高斯模糊效果。

4）设置“雾”图层的图层遮罩模式为“Screen”（屏幕），将雾气与场景融合。

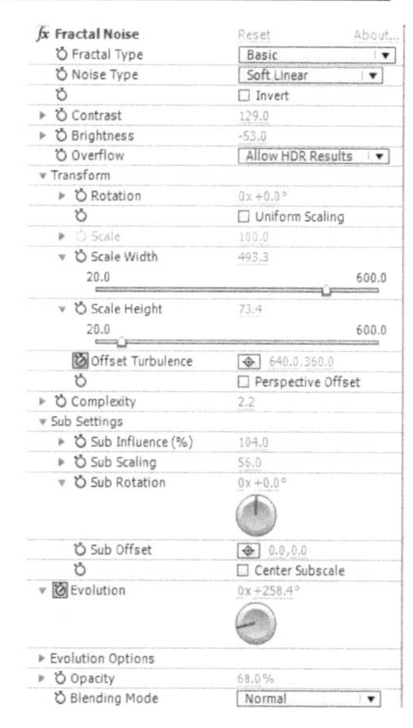

图 2-151

拓展任务评价

评价标准	能做到	未能做到
格式符合任务要求		
合理设置分形噪波各项参数，制作符合要求的轻薄的“晨雾”效果		
合理设置分形噪波参数关键帧，制作慢慢飘移的雾气		
雾气和场景协调融合		

任务4　制作三维光线特效镜头

任务领取

从总监处领取的任务单见表2-7。

表2-7 《灵境游仙》SC12-07画卷三维光线特效任务单

任务名称	《灵境游仙》SC12-07画卷三维光线特效
分镜脚本	
SC12-07镜头表现了仙子梦中一个虚幻的场景。一副神奇的卷轴在星空中慢慢展开，随之边沿发散出耀眼的光芒，卷轴展开完毕后，图上渐渐显露出一条通往魔域的路径，路径的终点亮起光斑，而后瞬间闪白，如图2-152所示。  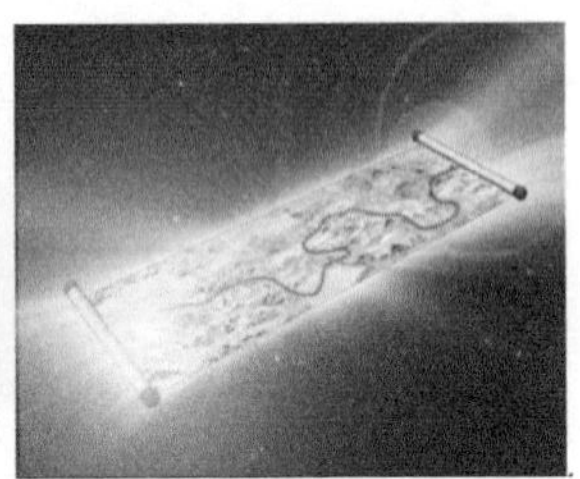 图　2-152	
任务要求	
1．格式要求 1）影片的格式：制式PAL D1/DV；画面的尺寸：宽720px、高576px 2）时长：4秒 3）输出格式：AVI 4）命名要求：《灵境游仙》SC12-07画卷三维光线特效 2．效果要求 1）制作深邃的星空效果 2）为突画卷显神奇虚幻效果，制作有立体感的放射光线 3）制作画卷地图中路径动画效果（由起点到终点） 4）通过光斑所在的位置指明路径终点，同时制作梦境结束的闪白	

任务分析

根据SC12-07镜头脚本要求，制作仙子梦中看到通往魔域地图的效果，动态的星空及卷轴动画都要虚幻神奇，这就需要靠炫目的立体光效来营造氛围。本任务使用的素材是来自三维软件Maya渲染出来的画轴展开的动画序列帧，特效中要将动画的起幅、落幅展示出来，另外画卷上本来没有路径线的显示动画，要靠描边特效制作完成。三维光线特效镜头的制作流程如图2-153所示。

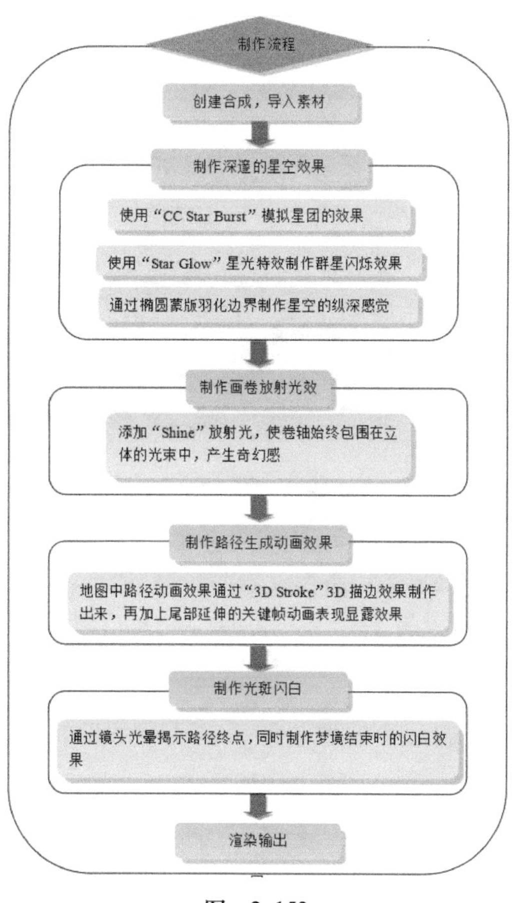

图 2-153

任务实施

说明：本任务及拓展任务所用的素材、源文件在配套光盘“学习单元2/任务4”文件夹中。

1. 创建合成、导入素材	
1)	启动软件，创建项目，根据任务单要求创建合成。设置合成背景色为深蓝色（R:3，G:43，B:76）。
2)	导入画卷序列帧素材以及画卷第1帧及最后1帧单帧图，如图2-154所示。 huajuan{1-50}.iff　IFF Seq...ce　E:\《视频特. huajuan1.iff　IFF　E:\《视频特. huajuan50.iff　IFF　E:\《视频特. 图 2-154 知识点拨：一个镜头运动结尾停止的片刻叫“落幅”，运动前静止的片刻叫作“起幅”。运动镜头和固定镜头组接，需要遵循“落幅”与“起幅”相接的规律。 经验分享：为了方便本镜头和前后镜头合成剪辑的需要，本镜头前要有“起幅”，结束前要有“落幅”。三维动画序列帧通常会再单独导入序列帧的头和尾留作“起幅”和“落幅”。

2. 制作深邃的星空效果

1) 创建白色固态图层，并命名为“星空”。

2) 选中“星空”图层，执行“Effect”（效果）→“Simulation”（模拟仿真）→“CC Star Burst”（模拟星团效果）命令，默认属性设置以及其效果，如图2-155所示。

调整其中的参数，让星团个数、体积、速度都减小，达到如图2-156所示的效果。

fx CC Star Burst	Reset
Scatter	100.0
Speed	1.00
Phase	0x +0.0°
Grid Spacing	4
Size	100.0
Blend w. Original	0.0%

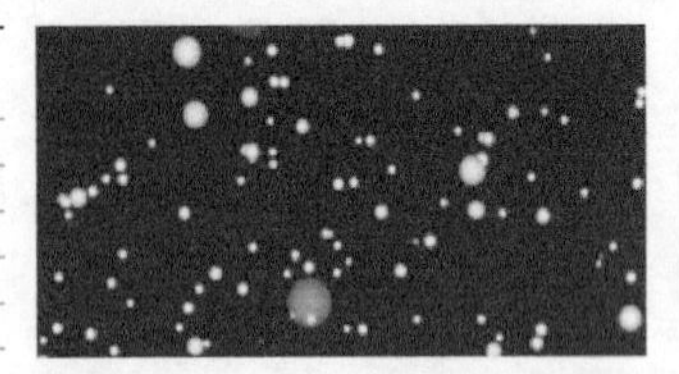

图 2-155

图 2-156

经验分享：作为背景不能在形式和速度上过于抢眼，以免喧宾夺主。

3) 选中“星空”图层，执行“Effect”（效果）→“Trapcode”（Trapcode插件组）→“StarGlow”（星光）命令，如图2-157所示。

调整其中的参数，让星星上产生柔和的光芒，达到如图2-158所示的效果。按<Space>键，预览星团动画效果，如果效果不理想则应再修改相关参数。

fx Starglow	Reset Options...
Preset	Current Setti...
Input Channel	Lightness
Pre-Process	
Streak Length	20.0
Boost Light	0.0
Individual Lengths	
Individual Colors	
Colormap A	
Colormap B	
Colormap C	
Shimmer	
Source Opacity	100.0
Starglow Opacity	100.0
Transfer Mode	Screen

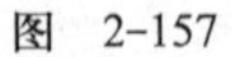

图 2-157

图 2-158

知识点拨：Trapcode是由一家瑞典公司开发的插件组，主要制作影视特效中的光效及粒子部分。在本任务的“知识链接”中详细介绍了它的3个常用插件。

经验分享：设置图层上的标志，锁定“星空”图层，以防止后续误操作。

4) 在“星空”图层上，创建一个蓝黑色固态图层，并为其添加椭圆形蒙版，调节“Mask”（遮罩）参数如图2-159所示，使其效果如图2-160所示。

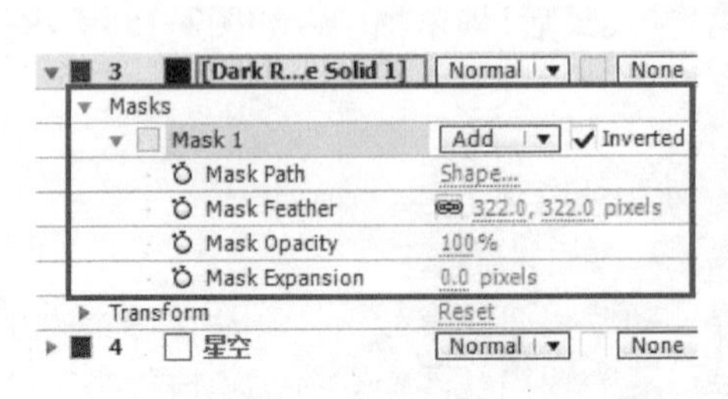

图 2-159

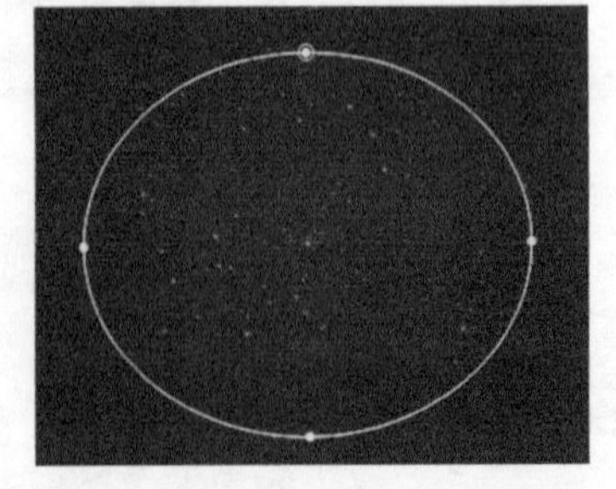

图 2-160

经验分享：通过蒙版羽化产生深洞效果，使空间有纵深感。

5) 选择“星空”和固态图层，按<Ctrl+Shift+C>组合键嵌套合成，命名为“星空背景”。

3. 制作画卷放射光效果

1） 分别导入“画卷”素材的序列帧和第1帧及最后1帧图片，将图层摆放如图2-161所示。

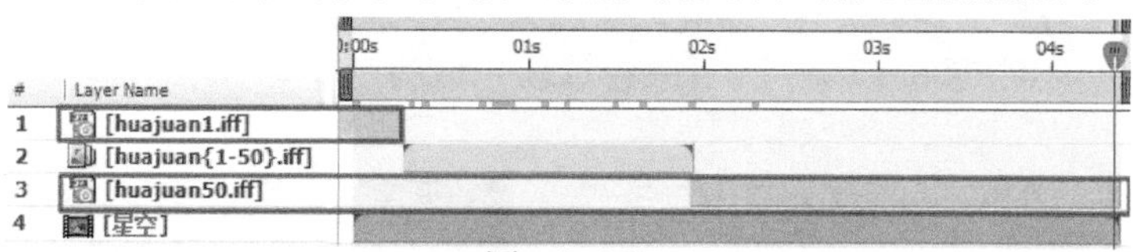

图 2-161

经验分享：阶梯状摆放可以很好地控制动画起幅和落幅的时长。

2） 选中这3个图层，按<Ctrl+Shift+C>组合键，嵌套合成，命名为“原画卷”，如图2-162所示。

图 2-162

3） 复制“原画卷”图层，命名为“原画卷2”，并将其图层混合模式改为“Add”（相加），如图2-163所示。图层叠加前、后的效果如图2-164所示。

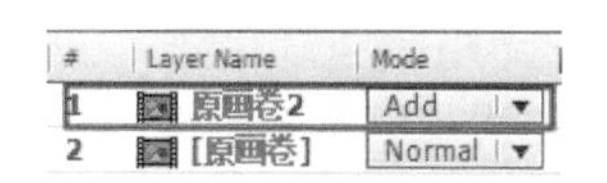

图 2-163

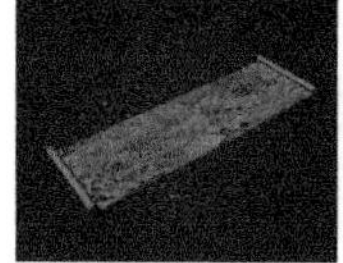

图层叠加前

图层叠加后

图 2-164

经验分享：通过两个相同内容图层的混合可以让图层中的内容色彩、亮度更突出，这是调色时常用的手法。如果觉得过于明亮，则可以为上面的图层添加“Levels”（色阶）效果。

4） 将“原画卷”“原画卷2”图层嵌套合成，命名为“画卷放射光”。执行“Effect”（效果）→“Trapcode”（Trapcode插件）→“Shine”（放射光）命令，为“画卷放射光”图层添加放射状的光芒，如图2-165所示。

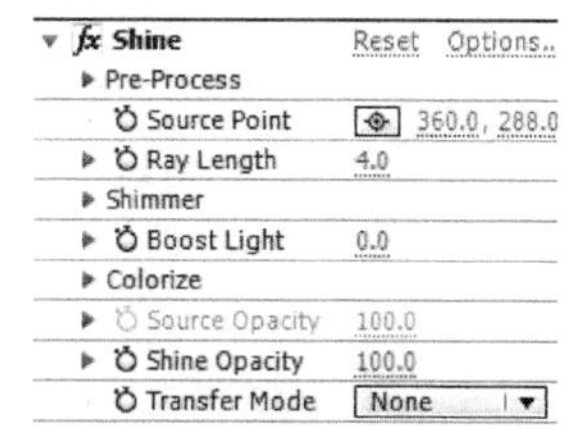

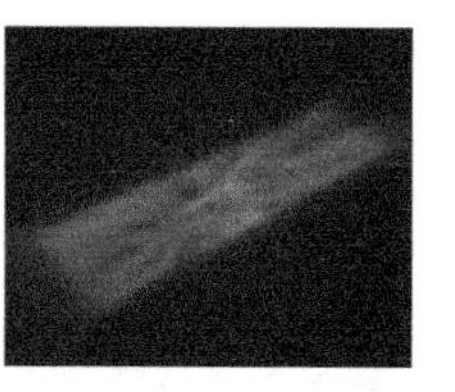

图 2-165

5） 复制“画卷放射光”图层，命名为“画卷”，如图2-166所示。并在“Effect Controls”（效果控制）面板删除其“Shine”（放射光）特效，如图2-167所示。

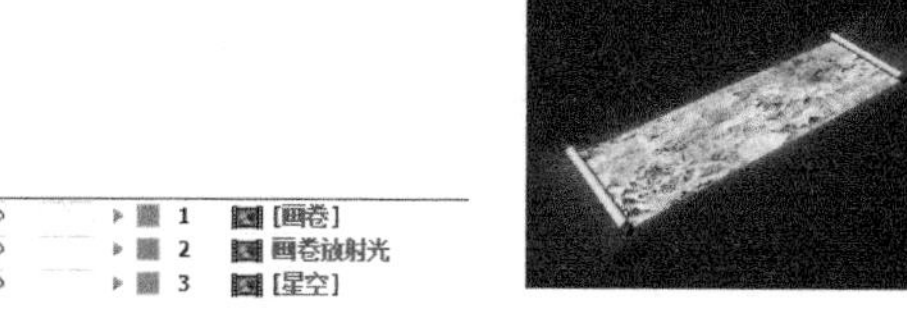

图 2-166　　图 2-167

经验分享：添加“Shine”（放射光）特效后原图层的内容就被光线取代，因此，复制一个原样图层叠放在上面，可使原图层的内容更清晰。

6）	选择“画卷放射光”图层，修改其“Shine”（放射光）特效参数，如图2-168所示。设置“Ray Length”（光线长度）数值为5.0；设置“Shimmer”（微光）数值为500；设置“Detail”（细节）数值为2.5；设置“Boost Light”（增强灯光）数值为3.2；设置“Colorize…”（颜色预设）值为“Heaven”。

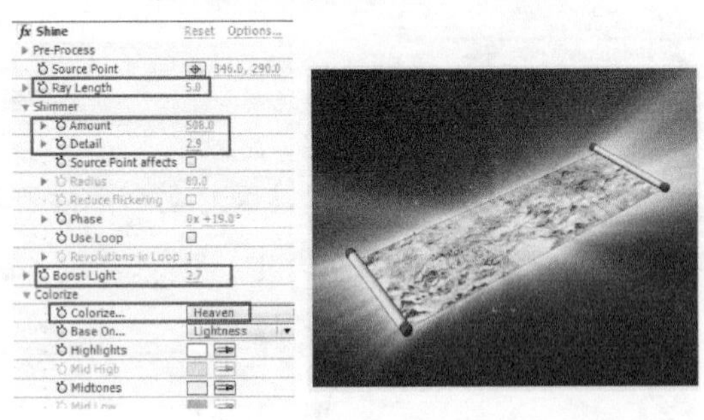

图 2-168

4. 制作路径生成动画效果

1） 在“画卷”图层上，添加一个黑色固态图层，命名为“路径”，并将其图层混合模式改为“Add”（相加），如图2-169所示。

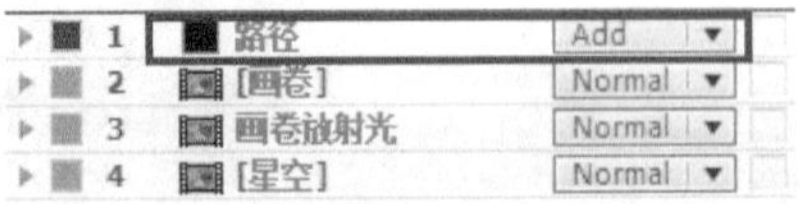

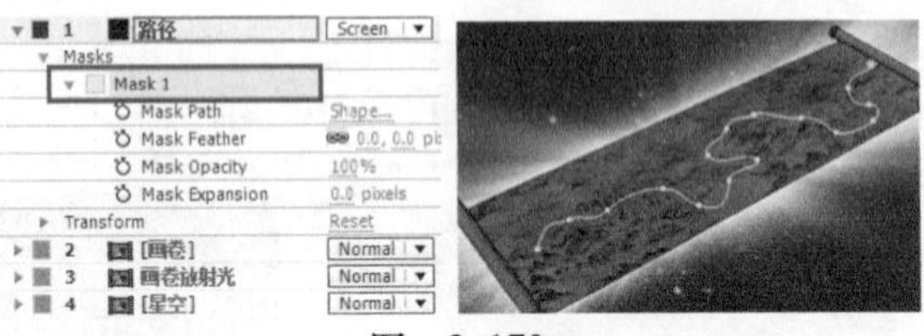

图 2-169

经验分享：用“钢笔工具”在固态图层绘制蒙版时，不方便查看底下图层，可降低固态图层的透明度或调整固态图层与下面的图层混合模式。

2） 在“路径”图层中，使用“钢笔工具”，绘制一个曲线蒙版，如图2-170所示。

图 2-170

3） 选中“路径”图层，执行“Effect”（效果）→“Trapcode”（Trapcode插件组）→“3D Stroke”（3D描边）命令，如图2-171所示。再将“路径”图层混合模式改回“Normal”（正常）。

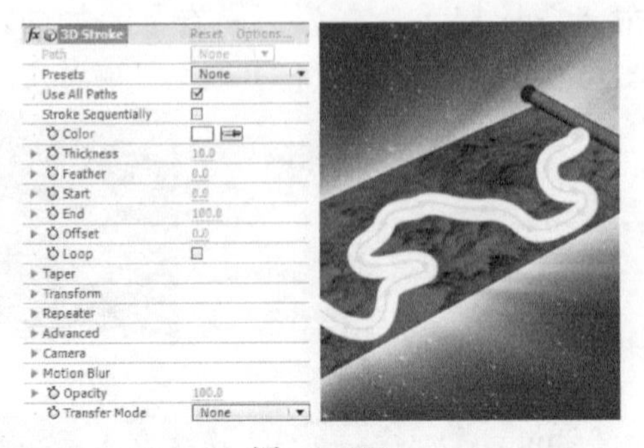

图 2-171

知识点拨：在“知识链接”中将详细介绍“3D Stroke”插件。

4) 设置“3D Stroke”（3D描边）特效中的参数。设置“Color”（颜色）为红色（R:217，G:4，B:39）；设置“Thickness”（厚度）数值为2.1；“Adjust Step”（调整步幅）数值为873；为“End”（结束）添加关键帧，第1秒17帧关键帧数值为0，第3秒08帧数值为100，如图2-172所示。设置完成后，观看动画效果，画卷完全展开后，点状路径由右及左，蜿蜒出现，醒目且美观，如图2-173所示。

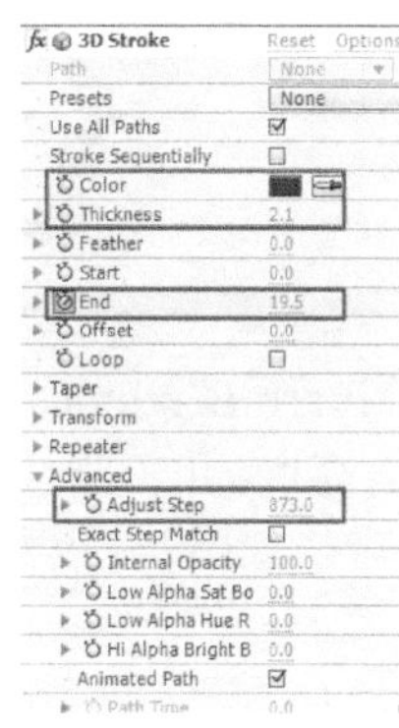

图 2-172

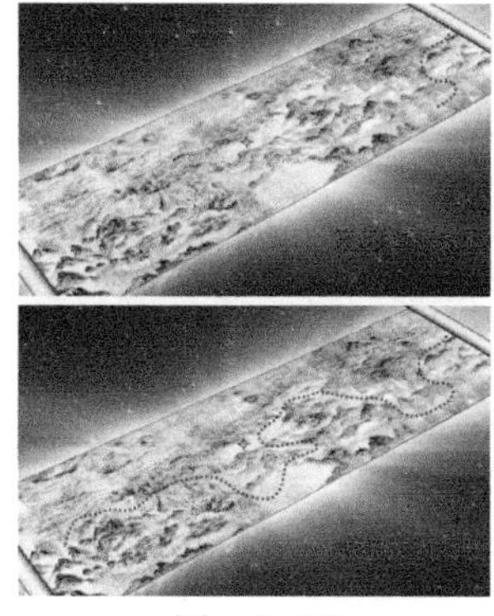

图 2-173

5) 选中“路径”图层，执行“Effect”（效果）→“Perspective”（透视）→“Drop Shadow”（投影）命令。再执行“Effect”（效果）→“Stylize”（风格化）→“Glow”（辉光）命令，使路径上的点更立体突出，如图2-174所示。

图 2-174

5. 制作光斑闪白

1) 新建黑色固态图层，命名为“光斑”，并设置其图层混合模式为“Screen”（屏幕），如图2-175所示。

#	图层名称	模式
1	光斑	Screen
2	路径	Normal
3	[画卷]	Normal
4	画卷放射光	Normal
5	[星空]	Normal

图 2-175

2) 选择“光斑”图层，执行“Effect”（效果）→“Generate”（生成）→“Lens Flare”（镜头光斑）命令，如图2-176所示。

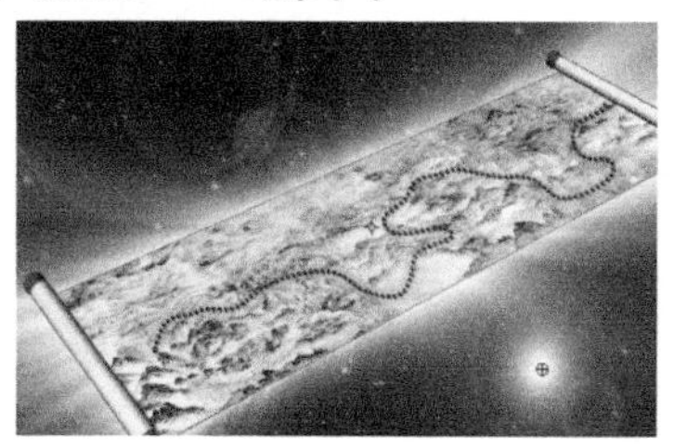

图 2-176

经验分享：“Lens Flare”（镜头光斑）特效，可以模拟强光照射在镜头上形成的光斑，增加场景的炫目感。

3) 选择“Lens Flare”（镜头光斑）特效中的“Flare Center”（光斑中心位置），如图2-177所示，设置关键帧，制作光斑绕画卷一周，并且最终停留在路径终点的运动动画，如图2-178所示。

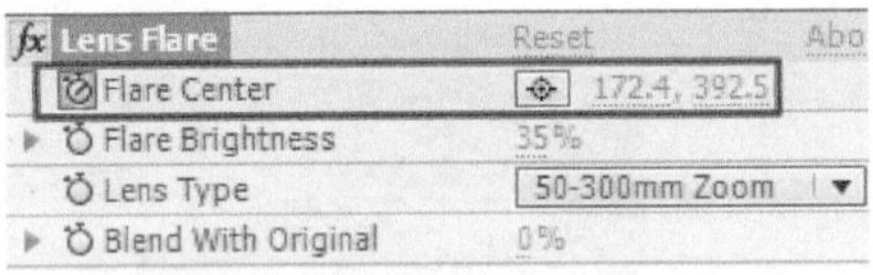

图 2-177

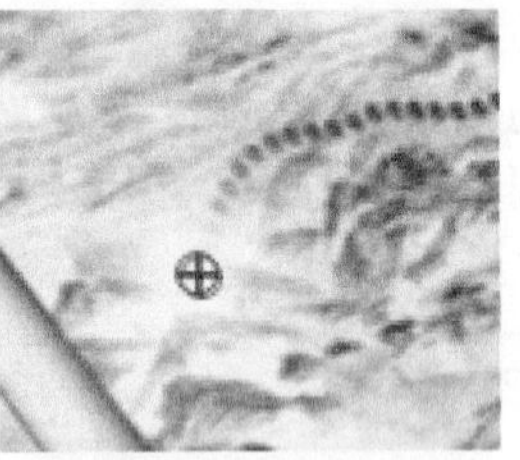

图 2-178

4) 选择“Lens Flare”（镜头光斑）特效中的“Flare Brightness”（光斑亮度），如图2-179所示，设置关键帧，使其在画卷展开前亮度为0，路径显示过程中亮度保持中等，当光斑停留在路径终点时，亮度忽明忽暗，如图2-179所示。

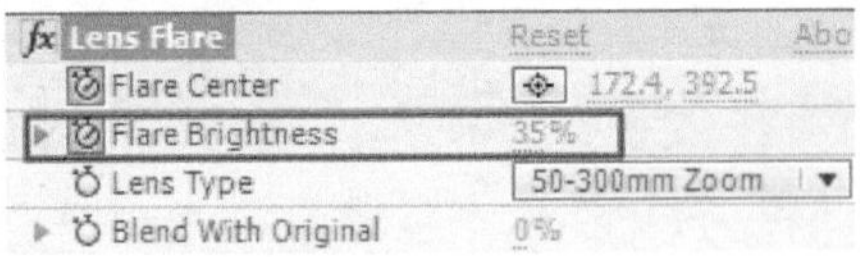

图 2-179

经验分享：“Lens Flare”（镜头光斑）特效光晕亮度忽明忽暗的快速变化，可以达到突出重点，引导观众视觉的作用。

5) 最后两个关键帧的设置如图2-180所示，使光斑亮度由最弱到最强，并出现闪白效果，如图2-181所示。

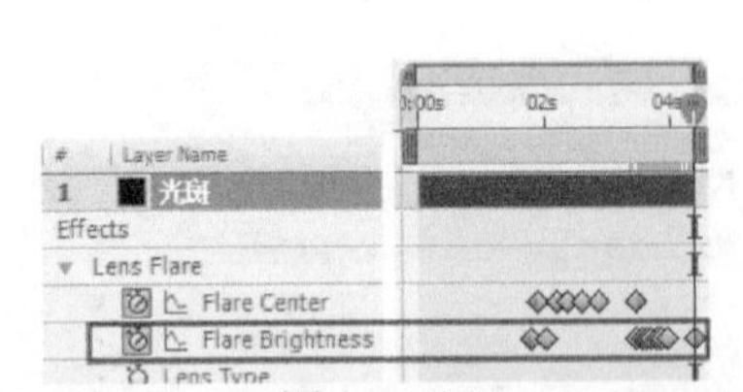

图 2-180

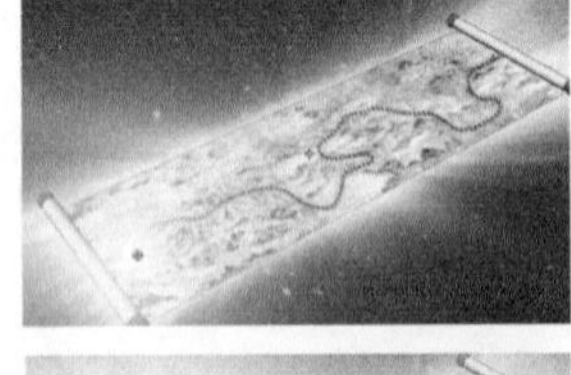

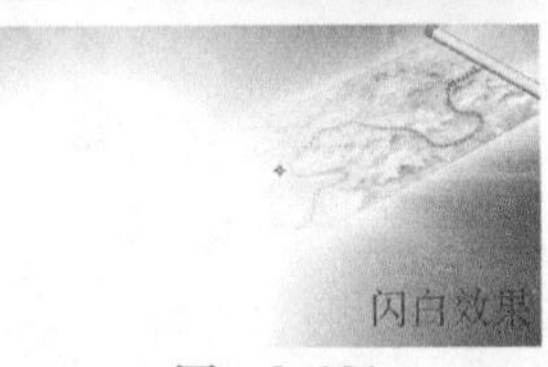

图 2-181

知识点拨：“闪白”也称“白闪”，是画面切换过程中场景出现空白。“白闪”能够制造出照相机拍照、强烈闪光、打雷、大脑中思维片段的闪回等效果，它是一种强烈刺激，能够产生速度感，并且能够把毫不关联的画面接起来而不会太让人感到突兀。

6. 预览、渲染输出

预览合成，保存好项目文件，按任务单要求渲染输出影片。

知识链接

1. 插件

插件是一种遵循一定规范的应用程序接口编写出来的程序。插件是专门为了开发实现原应用软件平台不具备的功能的程序，其只能运行在程序规定的应用程序平台下（可能同时支持多个平台），而不能脱离指定的平台单独运行。由于插件开发也是一种知识产权，所以有的插件是需要缴费注册才能使用，否则即使选用了，也不会产生相应的特效。

After Effects CS6官方软件本身特效数量有限，一些公司开发了各种效果插件，方便用户实现各种After Effects自身不能实现的效果。比较有名的插件有“Trapcode”“灯光工厂”“Digieffects Delirium”等。After Effects CS6的插件均安装在其安装路径中的“Support Files/Plug-ins”文件夹中。而安装完成后的插件会直接出现在“Effect”（效果）菜单里。

2. Trapcode插件组

Trapcode是由一家瑞典公司开发的光效及粒子插件组，被广泛地应用于各类影视特效制作中。Trapcode插件包括“Shine”“Starglow”“3D Stroke”“Particular”等。下面介绍最常用的三种特效插件。

（1）“Shine”插件

1）功能：主要用来制作各种炫目的放射光效果，最常见的应用就是三维字或者各类标志的扫光效果，如图2-182所示。

图 2-182

2）参数解析。

①“TransferMode”（转换模式）：可决定图层原始内容和放射光效的混合模式，如图2-183所示。

②“Source Point”（光线源点位置）：用于设置光线起点位置，它决定了光线的方向，如图2-184所示。通常为此参数设置关键帧，制作光线扫动效果。

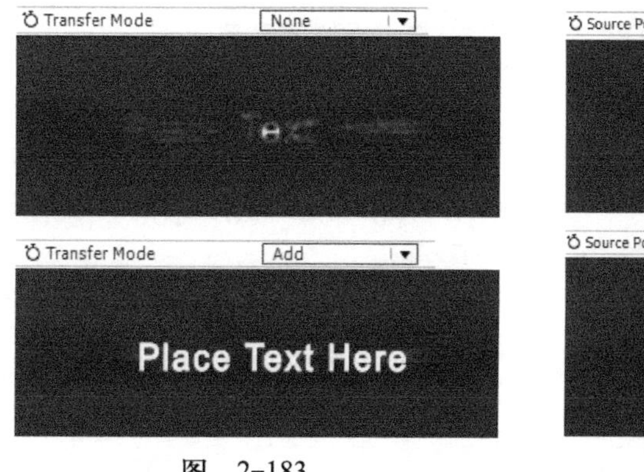

图 2-183

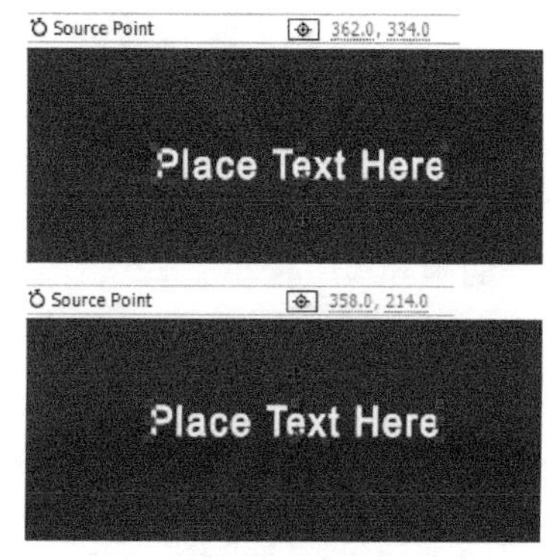

图 2-184

③“Boost Light”（增强灯光）：用来调整从光源中心开始的光晕的明暗，如图2-185所示。

④“Colorize”（光线色彩）：即可以选择预设效果，又可以分层次改变光线色彩，如图2-186所示。

图 2-185

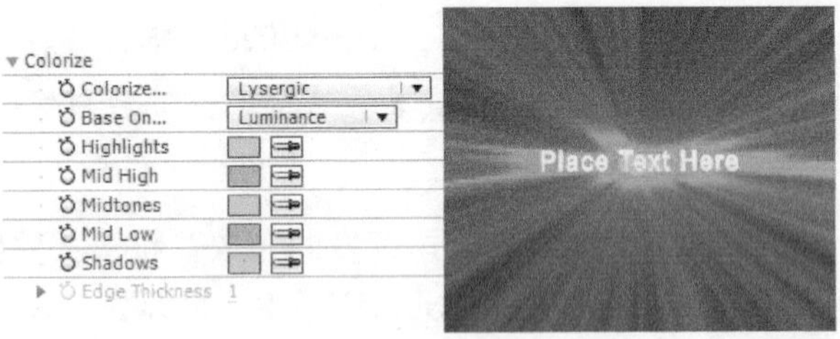

图 2-186

⑤“Ray Length”（光线长度）：决定光线的长短。

⑥“Shimmer”（微光）：可以做出光线闪动的动画效果，其中“Amount”（数量）用来控制光芒的数量，增加光芒的细节，“Detail”（细节）用来制作光线晃动的效果。

（2）3D Stroke插件

1）功能：用于在空间中描边画线，在实际使用中，经常利用这个插件做出流动光效效果，如图2-187所示。

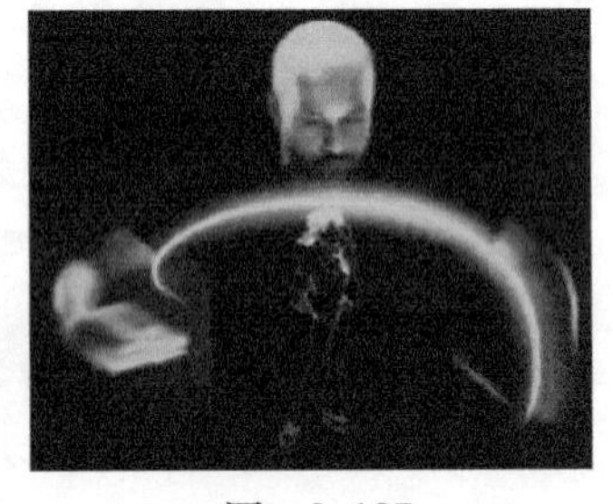

图 2-187

2）参数解析。

①“Color”（颜色）：选择光线颜色。

②“Thickness”（宽度）：调节光线粗细。

③“Feather”（羽化）：控制边缘模糊虚化效果，如图2-188所示。

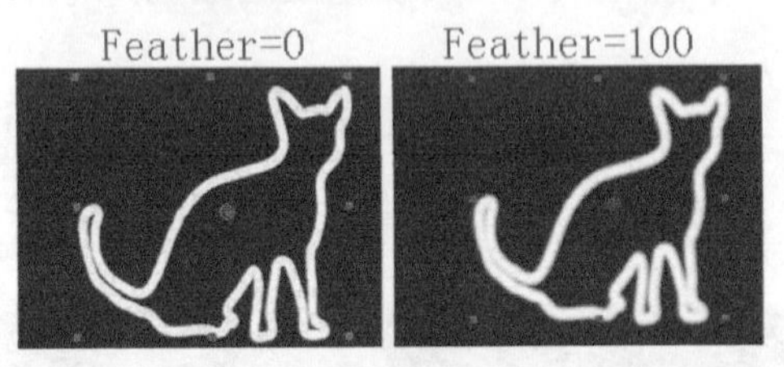

图 2-188

④“Start”（开始）&“End”（结束）：这两个参数设置光线起点和终点，决定光线长度。

“Start”的数值为0时，“End”数值为10、20、50、80、100光线的长度，如图2-189所示。

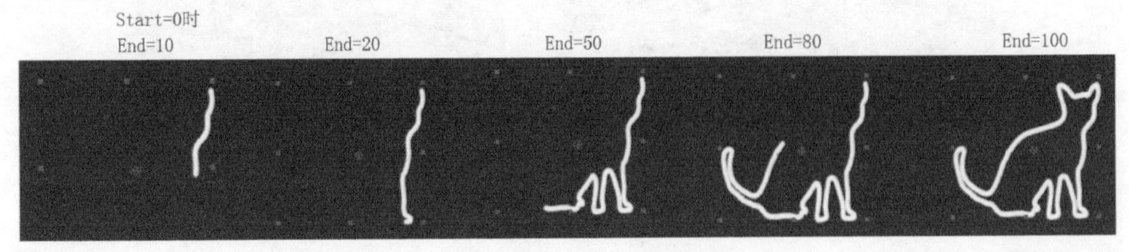

图 2-189

⑤“Offset”（偏移）：可制作光线沿着路径运动的动画。当“Start”的数值为0时，

"End"数值为50时，"Offset"分别为-50和50的效果，如图2-190所示。

⑥"Taper"（锥度）：选中其"Enable"（可用）选项后，设置参数，可改变光线两端粗细度。选中"Enable"后，StartShape为1和EndShap为1，StartShape为3和EndShape为3的效果对比，如图2-191所示。

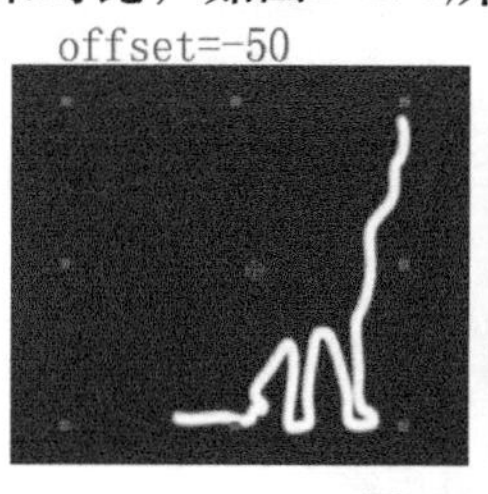

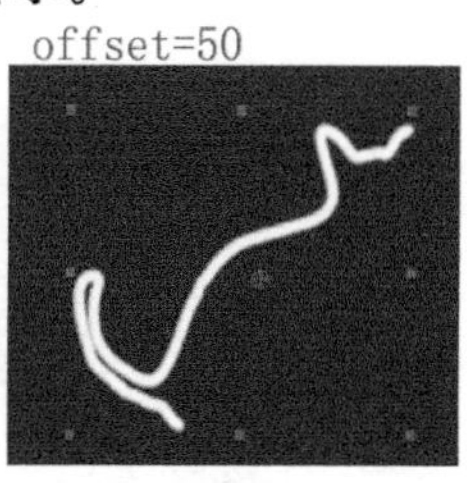

图 2-190

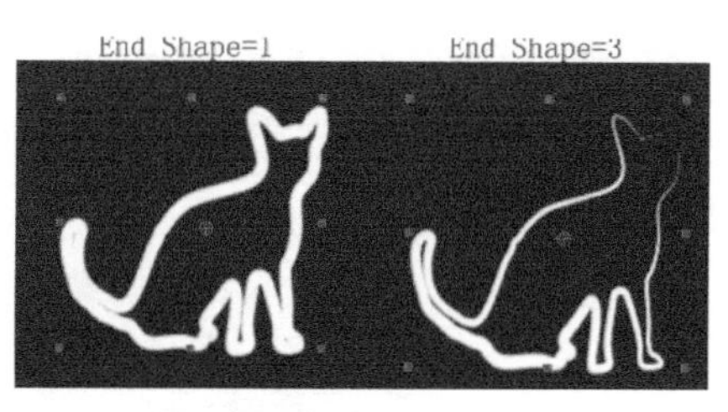

图 2-191

⑦"Repeater"（复制）：能根据需要产生大小、位置不同的复制光线，如图2-192所示。通过调节"X Displace"（X轴距离）、"Y Displace"（Y轴距离）、"Z Displace"（Z轴距离）可实现三维空间的位置调整，如图2-193所示。

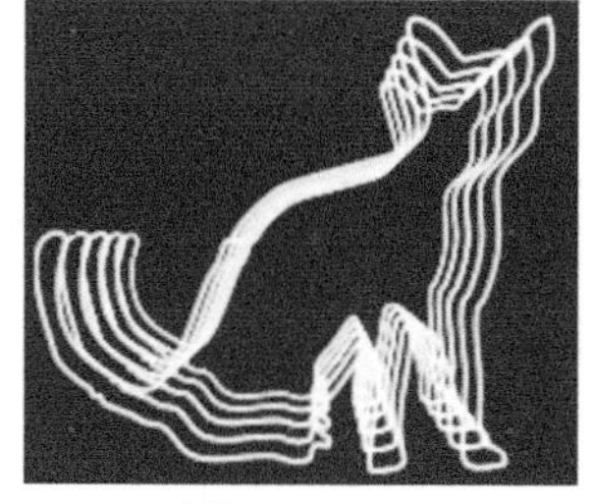

图 2-192

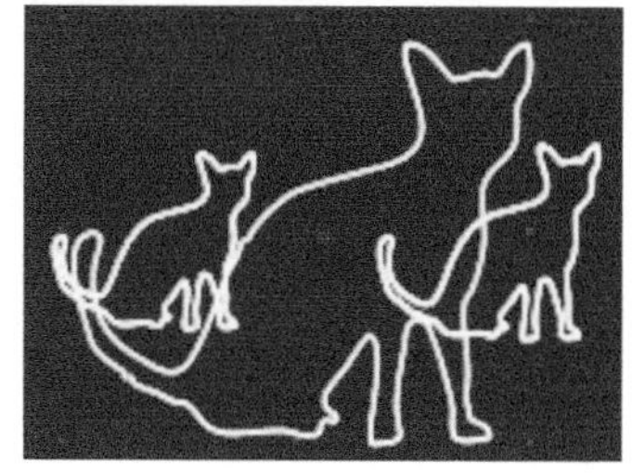

图 2-193

⑧"Camera"（摄像机）：可以使用合成图层中的摄像机实现三维透视效果。

（3）"Starglow"（星光）插件

1）功能："Starglow"（星光）是一个能在After Effects CS6中快速制作星形辉光效果的滤镜插件，它能在影像中高亮度的部分加上星形的光芒和辉光效果，而且可以分别指定八个光芒的方向、颜色和长度。

2）参数解析："Starglow"（星光）设置比较简单，Preset（预设）中预置了多种星光效果，如图2-194所示。

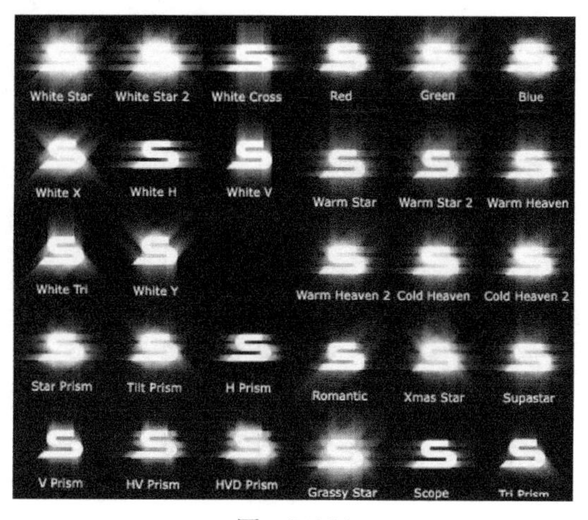

图 2-194

3. 镜头光斑

镜头光斑也称作“镜头光晕”，在摄影方面称为“鬼火”或者“镜头冲光”，是由于摄像机逆光造成的一种光学现象，对于制作出美的景象有着很大的优势。After Effects CS6中“Lens Flare”（镜头光斑）以及“灯光工厂”插件是专门制作镜头光斑的插件。

（1）“Lens Flare”（镜头光斑）

1）功能：用于打造梦幻特效，一张普通的场景添加镜头光斑后就会使整个画面富有灵动的气息，如图2-195所示。

添加镜头光斑前

添加镜头光斑后

图　2-195

2）参数解析。

①“Flare Center”（光斑中心位置）：确定光斑具体的位置，通常用此参数设置光斑位移动画。

②“Flare Brightness”（光斑的亮度）：通过它可以调节镜头光斑的明暗。

③“Lens Type”（镜头类型）：镜头类型分为三种，分别为50-300Zoom、35mm prime、105mm prime，可以根据需求选用不同的样式，如图2-196所示。

50-300Zoom

35mm prime

105mm prime

图　2-196

（2）“Knoll Light Factory”（灯光工厂）

“Knoll Light Factory”（灯光工厂）是一个非常棒的光源效果插件，该滤镜提供了25种光源与光晕效果，以及实时预览功能，方便观看效果。另外，这25种效果可互相搭配，并且可以将搭配好的效果储存起来，下次可直接调用，不须重新调配，十分方便。“Knoll Light Factory”（灯光工厂）显示效果如图2-197所示。

图　2-197

拓展任务

制作《SESTAR》广告片尾，具体要求见表2-8。

表2-8 《SESTAR》广告片尾任务单

任务名称	《SESTAR》广告片尾
分镜脚本	
片尾展示出品牌名称，为突出品牌的影响力、震撼力，需要显示出夺目、有力度等感觉，如图2-198所示。  图 2-198	
任务要求	
1．格式要求 1）影片的格式：制式PAL D1、DV；画面的尺寸：宽720px、高576px 2）时长：5秒 3）输出格式：AVI 4）命名要求：《SESTAR》广告片尾 2．效果要求 1）品牌标识要有扫光效果 2）扫光过后，背景瞬间碎裂	

【制作小提示】

1）扫光效果需要使用“Shine”插件，需设置“Source Point”（光线源点位置）、“Ray Length”（光线长度）、“Boost Light”（增强灯光）、“Colorize”（光线颜色）等参数。为“Source Point”（光线源点位置）参数设置关键帧可以产生光线扫动动画。

2）背景破碎动画可以使用“Shatter”（爆炸破碎）特效，它可以模拟各种破碎和爆炸效果。执行“Effect”（效果）→“Simulation”（模拟仿真）→“Shatter”（爆炸破碎）命令。

经验分享：“Shatter”（爆炸破碎）特效中有一个参数“View”（显示方式）其值有“Rendered”（实体）或“Wireframe”（线框），建议先用线框模式调参数，动态效果调整好后再切换回实体模式，这样可以在渲染时节省内存空间。

拓展任务评价

评价标准	能做到	未能做到
格式符合任务要求		
合理设置放射光特效的各项参数，制作的扫光效果符合要求		
合理设置爆炸破碎特效参数，制作具有震撼力的爆炸效果		
扫光和背景动画节奏协调，色彩融合		

任务5　制作空间粒子特效镜头

任务领取

从总监处领取的任务单见表2-9。

表2-9 《灵境游仙》SC19-01 空间粒子特效任务单

<table>
<tr><td>任务名称</td><td>《灵境游仙》SC19-01 空间粒子特效</td></tr>
<tr><td colspan="2">分镜脚本</td></tr>
<tr><td colspan="2">SC19-01镜头表现客观视角。傍晚森林的湖边，仙子听到召唤，身披五彩霞光出现，如图2-199所示。

图　2-199</td></tr>
<tr><td colspan="2">任务要求</td></tr>
<tr><td colspan="2">1. 格式要求
1）影片的格式：制式PAL D1/DV；画面的尺寸：宽720px、高576px
2）时长：5秒
3）输出格式：AVI
4）命名要求：《灵境游仙》SC19-01空间粒子特效
2. 效果要求
1）实现仙子身后放射状和环状的光芒
2）实现仙子头后的高亮，以衬托仙子的妆容
3）实现仙子手中魔棒的粒子光芒
4）实现仙子身前灵动的粒子光效</td></tr>
</table>

任务分析

SC19-01镜头素材是Maya三维软件渲染出的背景图片和仙子全身像，为了凸显仙子的身份以及威力，要为其制作炫目、大气的复合粒子光效果，光效包括由其背部的彩翅幻化出的五色光芒，显示其气场和威力的环状光芒，衬托妆容的高亮效果以及手中魔棒产生的灵动的颗粒状的光斑光点效果。空间粒子特效镜头的制作流程如图2-200所示。

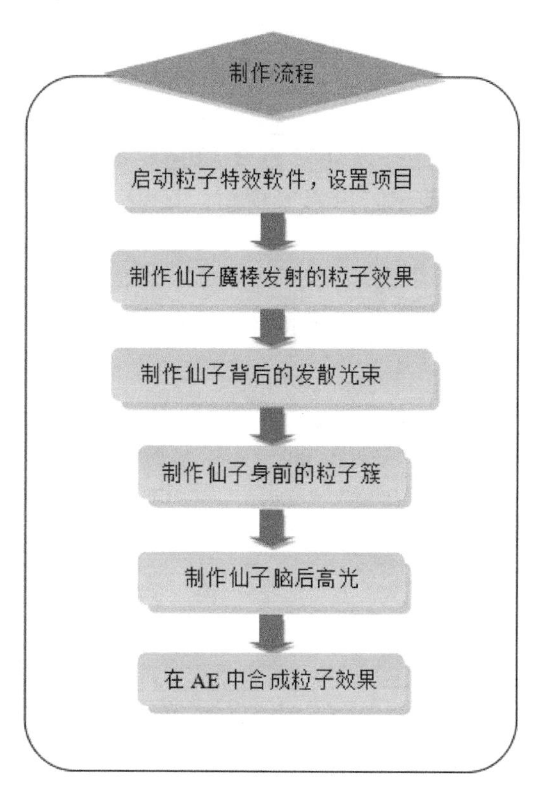

图 2-200

任务实施

说明：本任务及拓展任务所用的素材、源文件在配套光盘“学习单元2/任务5”文件夹中。

1. 启动粒子特效软件、设置项目

1） 双击桌面particleIllusion图标，启动软件，如图2-201所示。软件窗口界面，如图2-202所示。

图 2-201

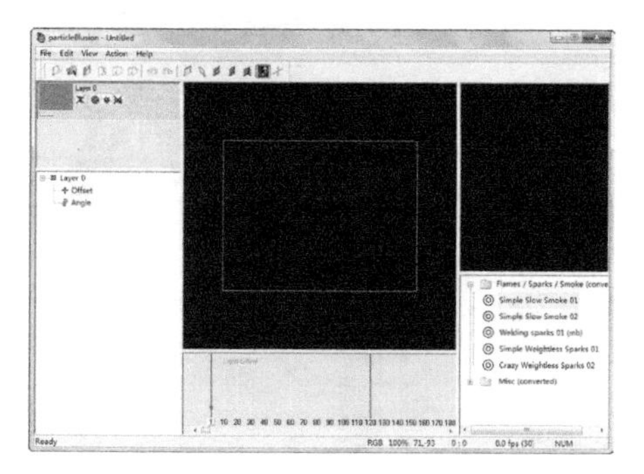

图 2-202

知识点拨：关于particleIllusion的详细介绍请参见本单元“知识链接”相关内容。

2) 执行“View”（视图）→“Project Setting”（项目设置）命令，弹出“Project Settings”（项目设置）对话框。在“Motion Blur”（运动模糊）列表框内选择“Enable”（可用）复选框；设置“Frame rate”（帧频）为25；设置“Stage Size”（舞台尺寸）为宽720px、高576px，并按右侧“+”按钮，添加进列表框，再选中。设置完成后，单击“OK”按钮确定，如图2-203所示。

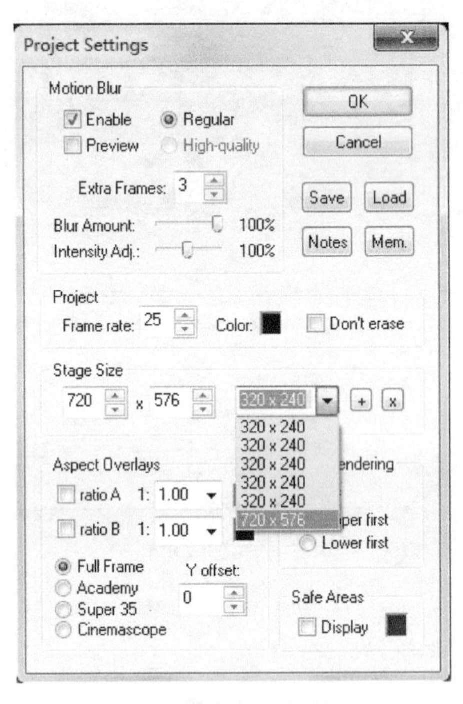

图 2-203

操作技巧：按<Alt+P>组合键，可以直接打开“Project Setting”（项目设置）对话框。

2. 制作仙子魔棒发射的粒子效果

1) 在窗口右侧的粒子库面板空白处单击鼠标右键，从弹出的快捷菜单中，选择“Load Library”（载入库）命令，如图2-204所示。

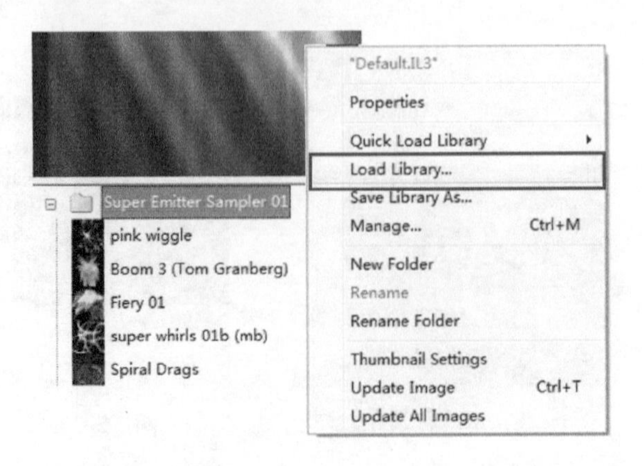

图 2-204

2） 在“打开”对话框中，选择所需粒子库，如图2-205所示。

图 2-205

操作技巧：可以参看对话框下方的粒子效果图来选择。

3） 在粒子库中选中粒子名称，并查看粒子效果，如图2-206所示。
选中粒子后，使用鼠标在舞台中间单击。将粒子效果放置在舞台上，如图2-207所示。

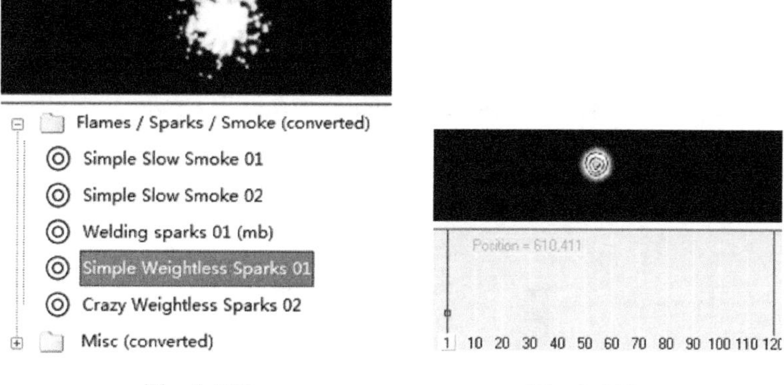

图 2-206　　图 2-207

操作技巧：在粒子库上面的视窗中拖动鼠标可以观看粒子的动态效果。
操作技巧：在时间线面板中拖动红色时间指针可以查看舞台上粒子生长的动态效果。

4） 单击工具栏中的“Save Output”（保存输出）按钮，如图2-208所示，在弹出的“另存为”对话框中，选择保存类型为“TGA”，命名文件后，单击“保存”按钮，如图2-209所示。

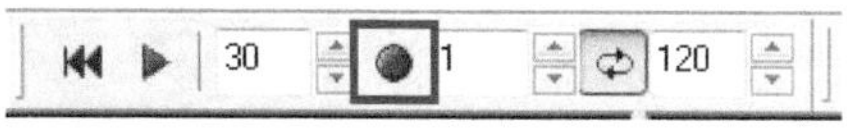

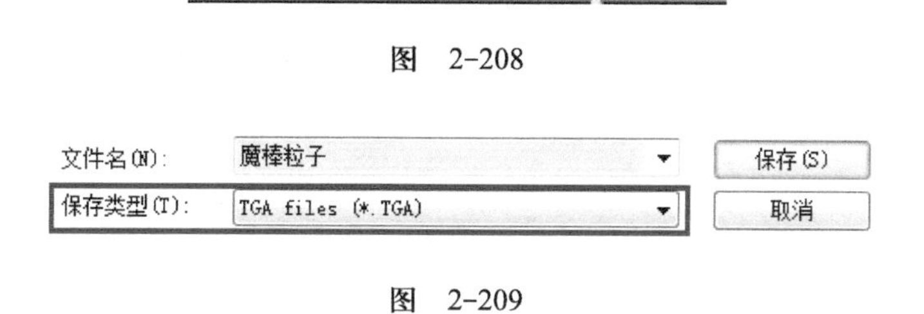

图 2-208

图 2-209

5) 在弹出的“Output Options”（输出选项）对话框中，设置“Start frame”（开始帧数）、“End frame”（结束帧数），“Save Alpha”（保存Alpha通道）属性，如图2-210所示。生成的序列帧文件渲染出来，保存在指定文件夹中，如图2-211所示。

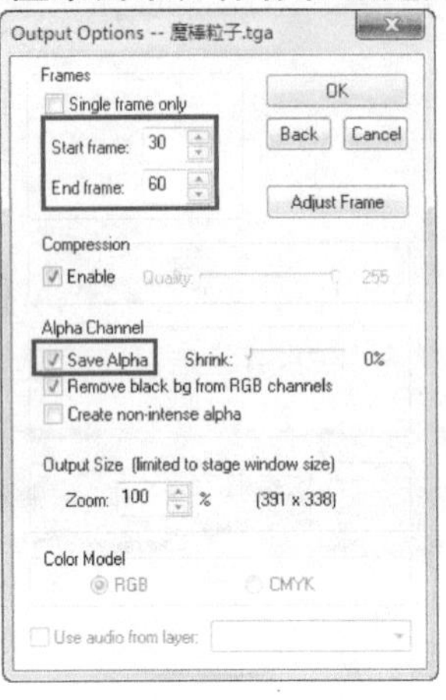

图 2-210

图 2-211

经验分享：由于不需要粒子最初生成的动态，可以选择从中间开始渲染。TGA格式保留Alpha透明通道，可以在After Effects CS6里使粒子更好地与前景和背景接合。

3. 制作仙子背后发散的光束

1) 设置项目，导入所需粒子库。本次可以导入Emitter Libraries目录中“Emitter_03_10.il3\Elvis Deane”文件夹下的shining light，如图2-212所示。

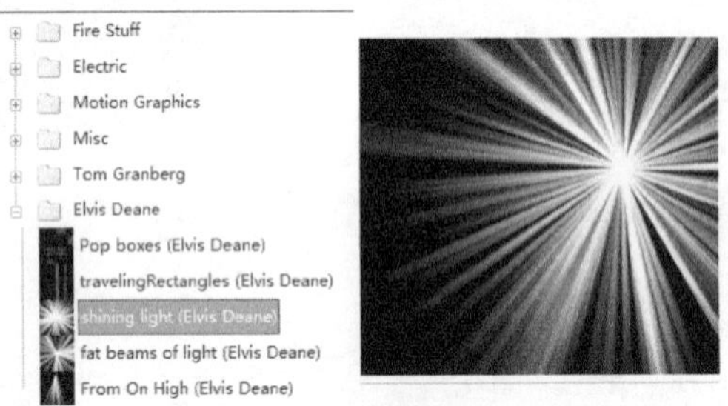

图 2-212

2) 在舞台上单击，将粒子置于舞台上，执行“View”（视图）→“Zoom”（缩放）命令，拖动鼠标，调整舞台大小，如图2-213所示。从左侧粒子属性窗口中可以看出，粒子被置于“Layer 0”图层。

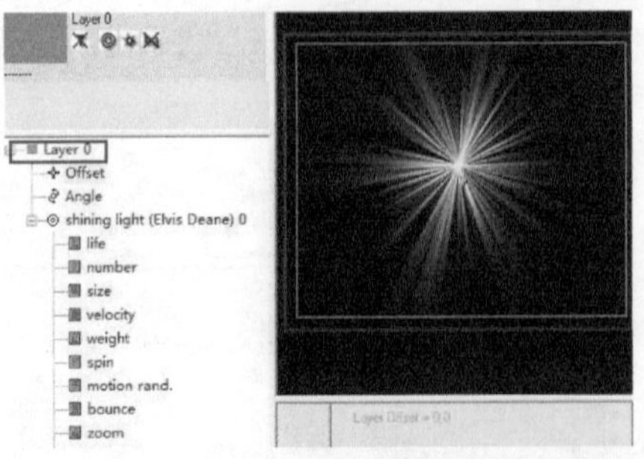

图 2-213

操作技巧：如果720×576px的舞台太大，不便于操作，则可以缩小舞台。缩放舞台快捷键为<Z>键，按<Z>键的同时拖动鼠标完成缩放操作。

3） 在左侧“粒子属性”面板选中“Shining Light”中的“size”（尺寸），在“Timeline”（时间线）面板第1帧出现关键帧，用鼠标向下拖动它，使粒子适当变小，如图2-214所示。

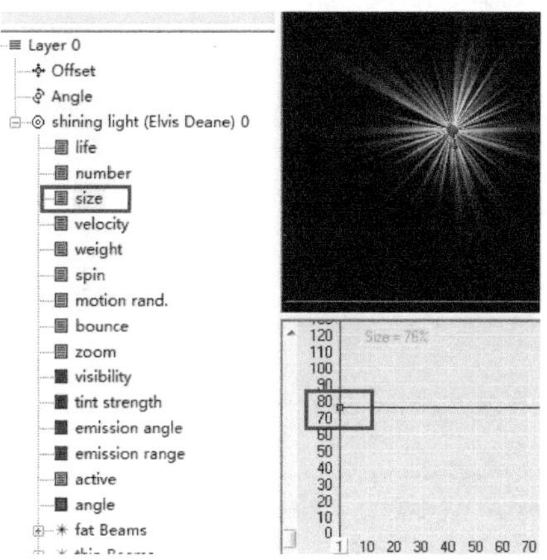

图　2-214

操作技巧：按<Space>键播放粒子动画效果。

4） 选择“Shining Light”中的“thin Beams”（小光束）的“number”（数量），如图2-215所示。

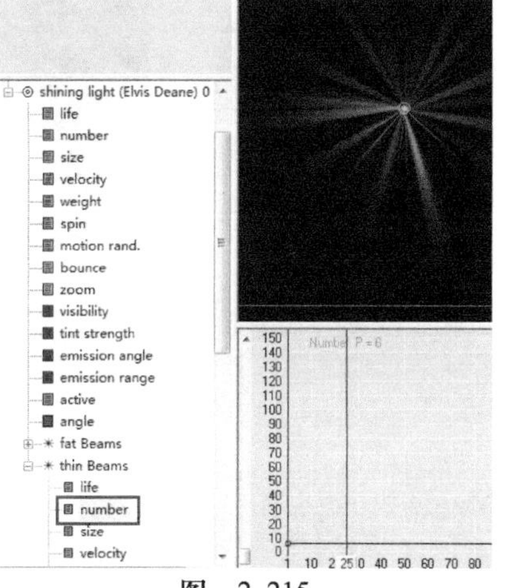

图　2-215

经验分享：如果整个粒子光束有点尖锐生硬，则减少小光束的数量。

5） 在粒子库中选中“fat beams of light”，插入到舞台，如图2-216所示。

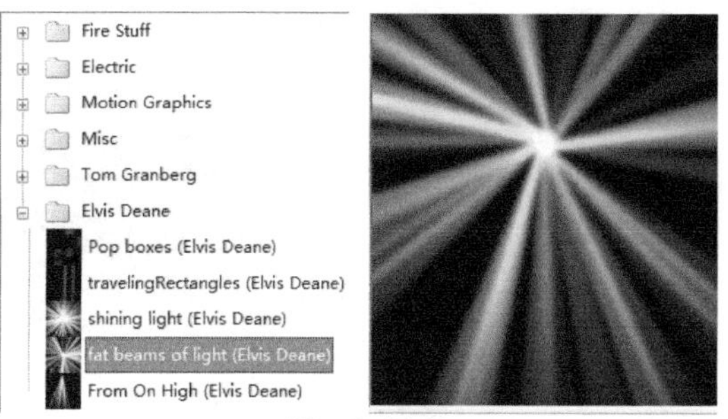

图　2-216

经验分享：为了使粒子光束更灵动美观，可适当增加层次感和色彩。

6) **将时间指针移至第1帧，在“粒子属性”面板中将“Fat beams of light”粒子移至“Shining light”下，如图2-217所示。**

图　2-217

经验分享：图层中粒子的前后叠加顺序可以通过拖动其在“粒子属性”面板中的位置而确定。

7) **依次修改“Fat beams of light”粒子的“number”（数量）、“size”（尺寸）、“visibility”（可见度）等参数，使蓝色光束少于红色光束，不要抢主光的效果，如图2-218所示。**

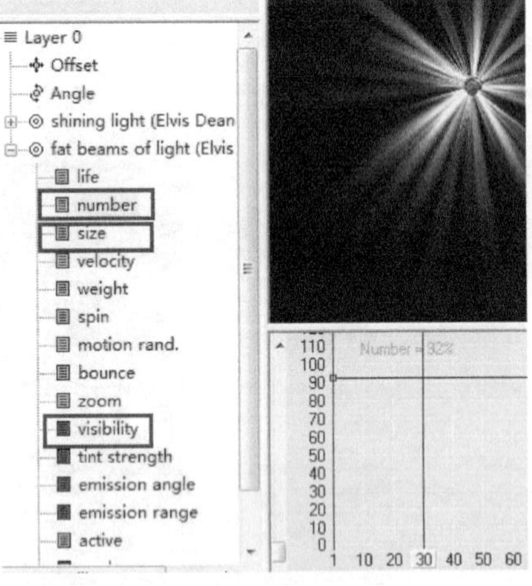

图　2-218

8) **在粒子库中选中“Magic 2010”中的“Magic Heal1”，拖入到舞台，如图2-219所示。调整其“number”（数量）、“size”（尺寸）、“visibility”（可见度）等参数，使其成为发散光的补充。**

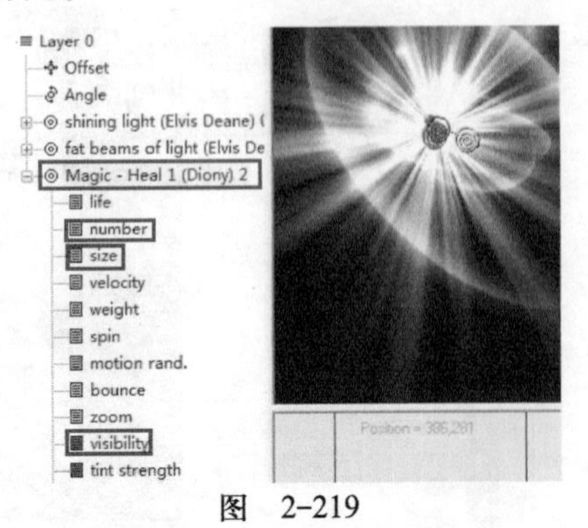

图　2-219

9) **播放预览效果。同“步骤2”第“4）”“5）”步，输出第20～120帧的图像，保存为TGA格式序列帧。**

4. 制作仙子身前的粒子簇

1）设置项目，在粒子库中选中“Sparkles”中的“Star Trail2”，插入到舞台，如图2-220所示。

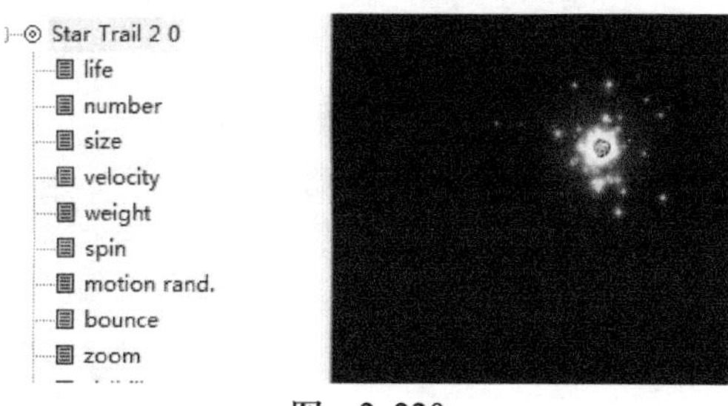

图 2-220

2）将时间指针移至第30帧，使用工具栏中的“Select”（选择工具），拖动粒子到下一个位置，再将时间指针移至第60帧，拖动粒子到下一个位置，生成一条折线轨迹，如图2-221所示。

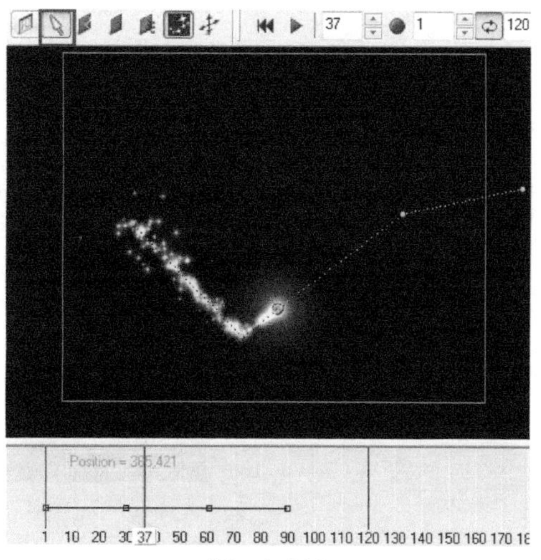

图 2-221

3）在每一个拐点处单击鼠标右键，从弹出的快捷菜单中选择“Curved”（曲线）命令，如图2-222所示。在相应的点上，出现手柄，类似于Photoshop中“钢笔工具”的手柄，调整手柄使折线变化为曲线，如图2-223所示。

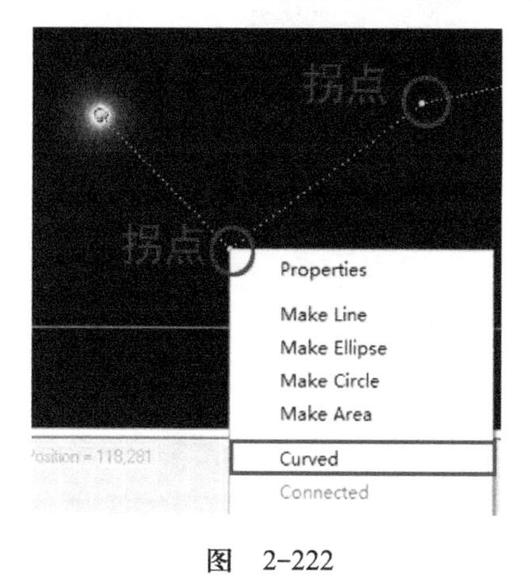

图 2-222

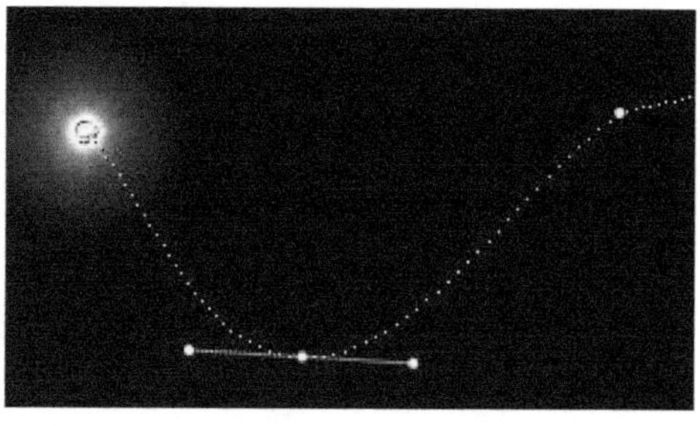

图 2-223

4)	调整“Star Trail”粒子的“Life”（生命）值为500，如图2-224所示。使粒子的星形拖尾维持足够长的时间。 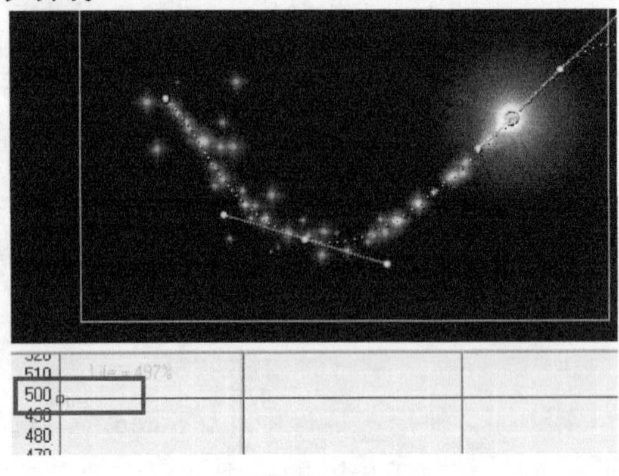 图 2-224
5)	播放预览效果。输出第90～180帧的图像，保存为TGA格式序列帧。
5. 制作仙子脑后高光	
1)	设置项目，在粒子库中选中“emitters_04_10”中的“Energy Ball 2”，插入到舞台，如图2-225所示。 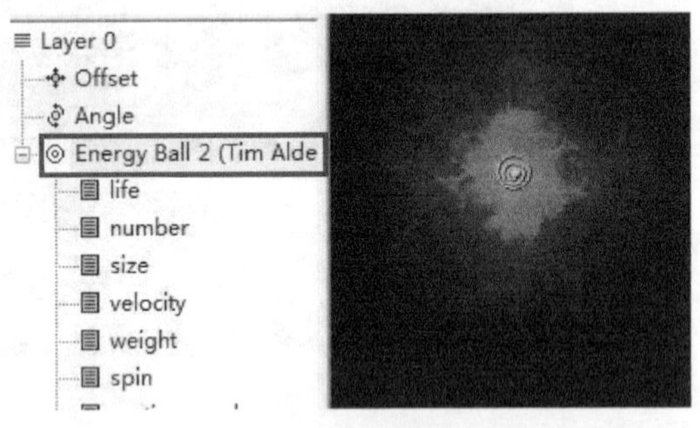 图 2-225
2)	调整“Energy Ball 2”粒子的“tint strength”（着色强度）值为0，如图2-226所示，使粒子色彩出现层次。 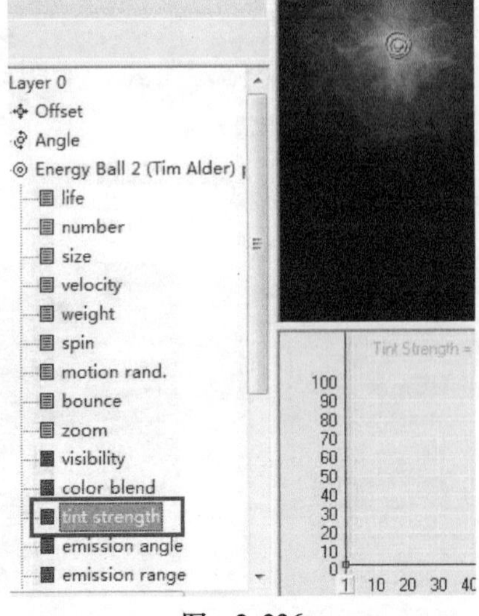 图 2-226

学习单元2

3） 在舞台上选中粒子并单击鼠标右键，从弹出的快捷菜单中选择“Properties”（属性）命令，如图2-227所示。弹出“Emitter Properties”（粒子属性）对话框，如图2-228所示。

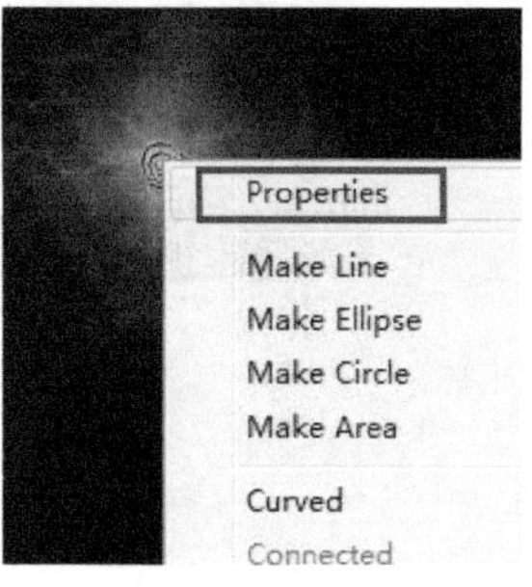

图 2-227

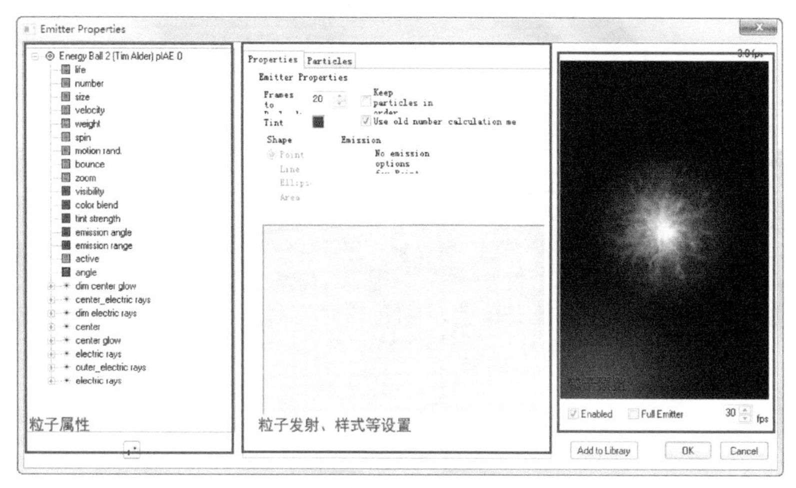

图 2-228

4） 单击“Particles”（粒子）选项卡可以对粒子的“Behavior”（行为）、“Change Shape”（改变形态）、“Colors”（颜色）等参数进行设置。单击“Change Shape”（改变形态）选项卡，从列表框中选择形状“Spark 2”，单击“Make Active”（激活）按钮查看粒子效果，如图2-229所示。

单击“Properties”（属性）选项卡察看粒子整体效果，如图2-230所示。

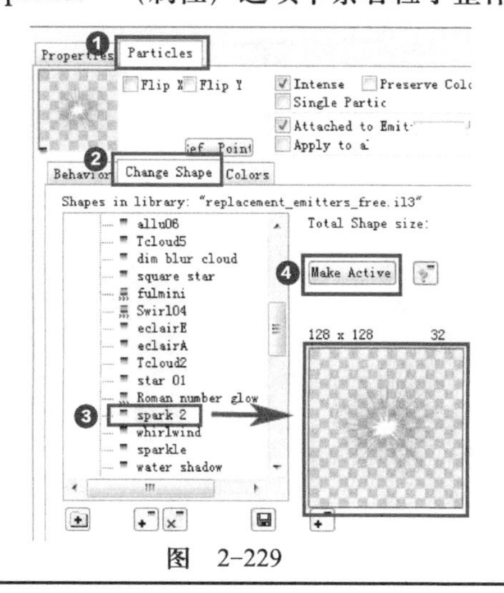

图 2-229

图 2-230

5) 回到窗口界面，调整“Energy Ball 2”粒子的“Visibility”（可见度）属性的值，设置关键帧动画，如图2-231所示，使粒子忽隐忽现。

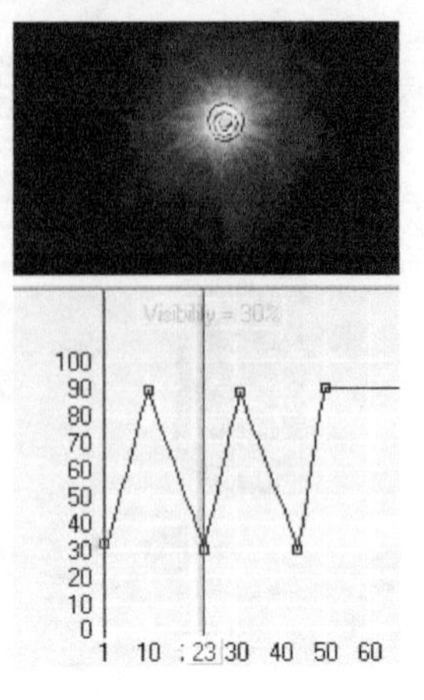

图 2-231

操作技巧：在时间指针上直接拖拽即可形成关键帧，拖动关键帧即可以调整关键帧的时间与值。

6) 输出粒子动画的第1～44帧。

6. 在After Effects中合成粒子效果

1) 启动After Effects，按照任务单要求创建项目与合成，导入之前渲染好的粒子动画序列帧、仙子图片以及场景图片，如图2-232所示。

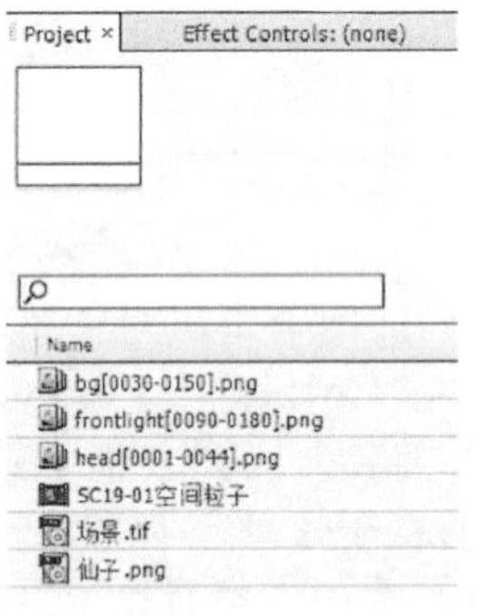

图 2-232

2) 将仙子图片以及场景图片拖入“Timeline”（时间线）面板，调整其大小、位置，如图2-233所示。为场景图层添加“Levels”（色阶）或“Brightness & Contrast”（亮度和对比度），使其亮度变暗突出前景，如图2-234所示。

图 2-233

图 2-234

学习单元2

3）依次将作为背景、头部背景、魔棒粒子、身前粒子的素材拖入时间指针，摆放位置调整大小，如图2-235所示。由于粒子动画持续时间不一致，可以在“Project”（项目）窗口中修改素材循环次数。

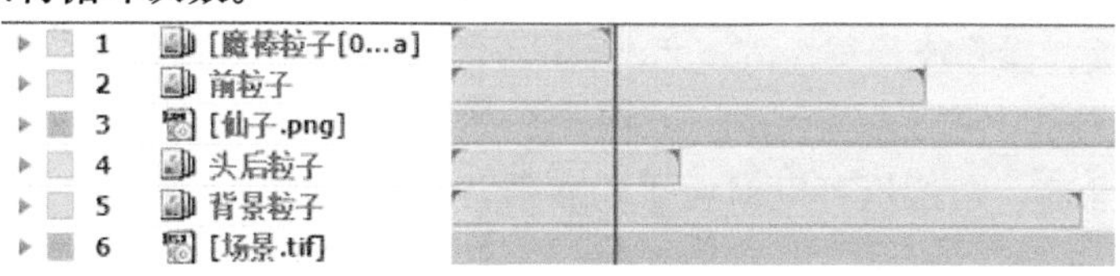

图 2-235

4）为了增强粒子光的色彩和亮度，可以为粒子图层添加调色效果，或者添加图层混合模式，如图2-236所示。最终效果，如图2-237所示。

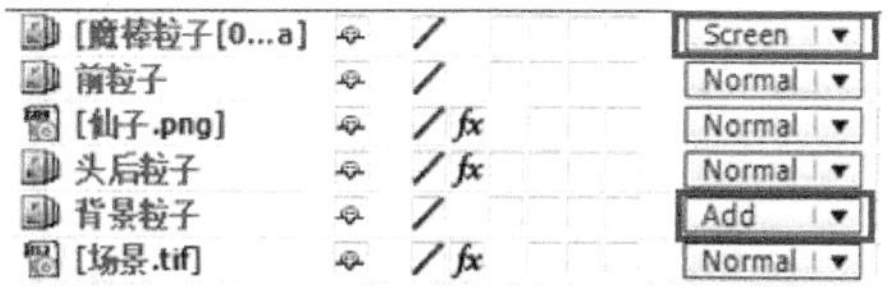

图 2-236

图 2-237

5）制作仙子显现出来的动画。选中除“场景”图层之外的所有图层，将其嵌套合成为“仙子出现”，为其“Opacity”（不透明度）属性添加关键帧动画，如图2-238所示。

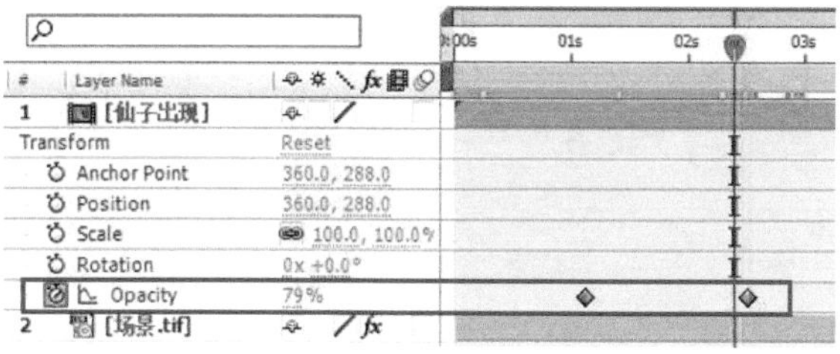

图 2-238

7. 预渲染，查看无问题后，按要求渲染输出

知识链接

1. Particle Illusion简介

Particle Illusion是一个富有创造性的二维后期处理软件，且操作简单，启动画面如图2-239所示。Particle Illusion可以制作出粒子光、水、火焰、动感文字等含有三维感觉的奇妙效果，被大量应用在电视制作、电影特效上。

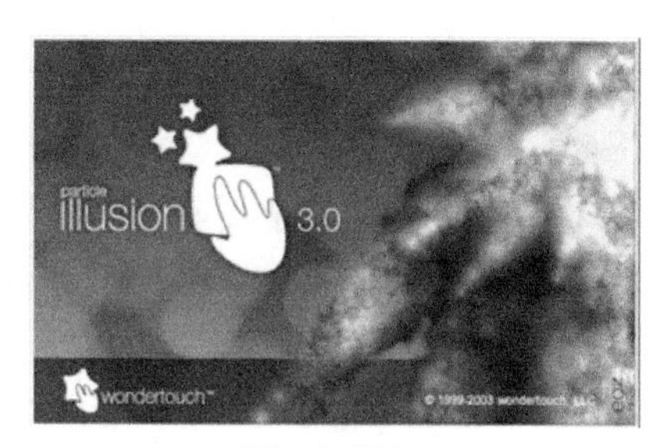

图 2-239

2. Particle Illusion软件界面

界面窗口中主要可以分为8个区域，如图2-240所示。

1）菜单。

2）工具按钮：可以完成操作，如项目的创建、打开、保存，在场景中创建粒子、添加蒙版、反射板、力场，对场景中的粒子进行移动，播放场景和渲染输出等。

3）层面板：操作流程与Adobe Photoshop和Adobe After Effects的操作类似，都是以层的方式进行的。

4）粒子设置：在这里可以对粒子的参数进行详细的设置，如一个粒子的发射数量，大小等。

5）“场景”面板或称作舞台：用于显示最终的输出结果。

6）时间面版：显示当前的时间范围，参数的动画曲线，其中时间指针指示当前时间。

7）“粒子预览”面板：在粒子库中选择一个粒子后，将在这里显示粒子的形态。

8）粒子库：当前库中的所有粒子都以树状方式显示在这里。

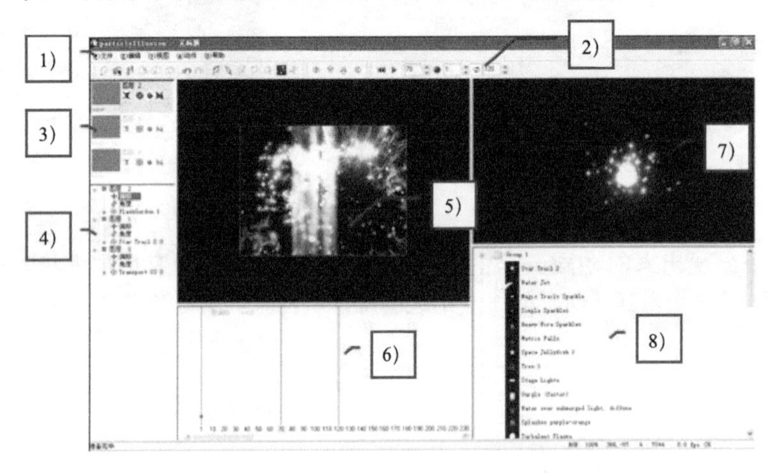

图　2-240

3. 常用操作

1）设置场景。根据输出的影片类型，在制作粒子特效之前要设置项目，在工具栏中单击“设置”按钮，打开“项目设置”对话框。在这个对话框中可以分别对场景的运动模糊、帧频、尺寸、场序、安全框等进行设置，如图2-241所示。

2）创建粒子并设置位置。

在粒子库中选中一个粒子，将鼠标移动到场景窗口中，确认鼠标是两个同心圆的形状，在“场景”面板中单击鼠标，就添加了一个粒子效果。单击工具栏中的“选择工具”按钮，可以在场景中调节粒子的位置。单击工具栏中的“四向箭头工具”按钮，可以使粒子吸附在鼠标上，再次单击鼠标可以直接将粒子放置在新的位置。

3）设置简单的粒子动画。粒子的属性参数，如图2-242所示，常用的属性参数有：

①“Life”（寿命）：控制粒子自产生后存在的时间，单位是帧。

②“Number”（数量）：产生粒子的数量。

③“Size”（尺寸）：产生的粒子的尺寸。

④“Velocity”（速度）：粒子运动的速度。

⑤“Weight”（重力）：控制粒子受重力影响的程度。

⑥“Spin”（旋转速度）：控制粒子自转的速度。

⑦“Motion rand”（随机抖动）：控制粒子发射后随机抖动的幅度。

⑧“Bounce”（弹力）：粒子在接触到反射板时的弹力。

⑨“Zoom”（缩放）：粒子整体的缩放。

⑩“Visibility”（可见度）：粒子在场景中的透明度。

⑪“Tint strength”（色彩浓度）：控制粒子在彩色与灰度之间的变化。

⑫“Emission angle”（发射角度）：控制粒子发射的角度。

⑬“Emission range”（发射范围）：控制粒子发射点角度的大小。通常与“emission angle”（发射角度）配合使用。

⑭“Active”（活跃期）控制粒子显示的起始和终止帧数。

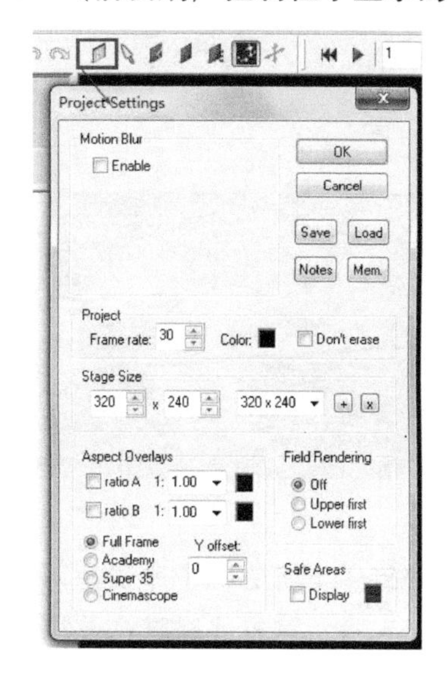

图 2-241

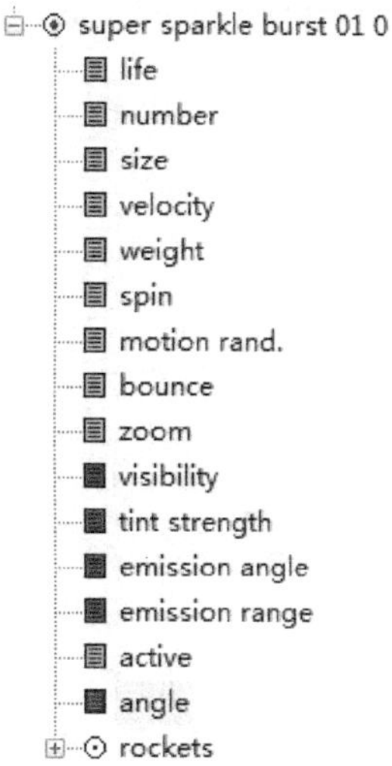

super sparkle burst 01 0
life
number
size
velocity
weight
spin
motion rand.
bounce
zoom
visibility
tint strength
emission angle
emission range
active
angle
rockets

图 2-242

在实际工作中只设置粒子属性参数值是不够的，还需要对粒子的各个属性参数进行关键帧动画设置，如粒子的大小、开始结束时间等。有时还需要根据场景的变化对蒙版、反射板等辅助物体进行动画设置。选择属性参数就可以在“Time line”（时间线）面板中拖动鼠标，确定关键帧的数值和时间位置，如图2-243所示，产生控制这个参数的动画关键帧。如果想制作粒子运动动画，则需要在工具栏中使用“移动工具”，再将时间指针固定，将粒子移动到另外一个位置即可。

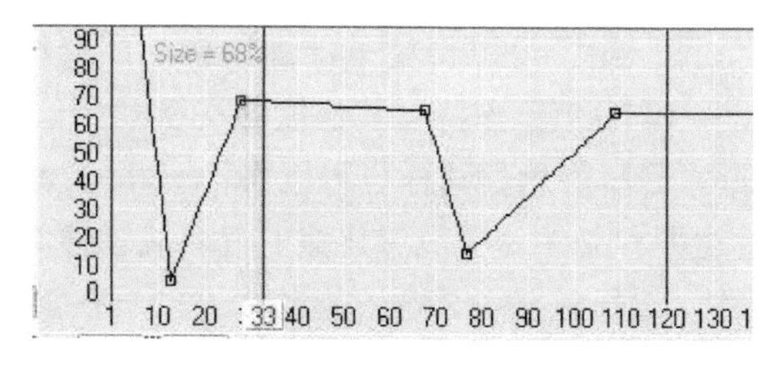

图 2-243

操作提示：在关键帧上单击鼠标右键，在弹出的快捷菜单中选择“Delete”命令，就可以删除这个关键帧；选择“Reset”，可以删除所有的关键帧。

4．设置粒子发射形式

在Particle Illusion中默认设置下，粒子以点的方式发射，但是这种发射方式在某些情况下是不能满足需要的，比如，制作光环。其实，在Particle Illusion中提供了5种粒子发射形式，除了上面接触过的“点反射方式”以外，在场景中添加粒子后，还可以用“选择工具”选中粒子后使用快捷菜单命令，如图2-244所示，另外四种放射方式分别是“Make Ellipse”（椭圆形发射方式）、“Make Circle”（圆形发射方式）、“Make Line”（线发射方式）、和“Make Area”（面积发射方式）。其中，点发射方式和椭圆形发射方式的效果对比，如图2-245所示。

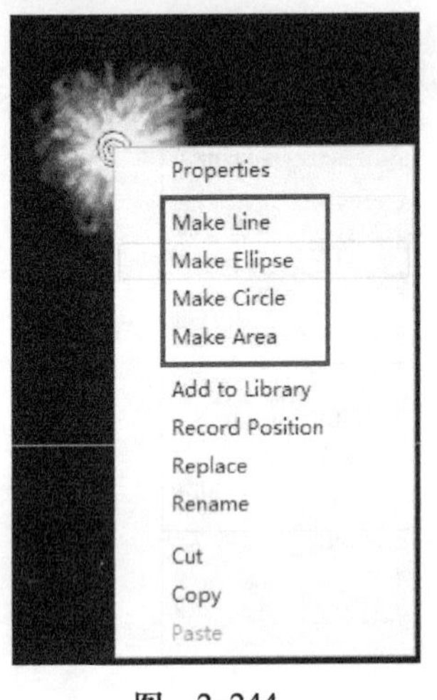

图 2-244

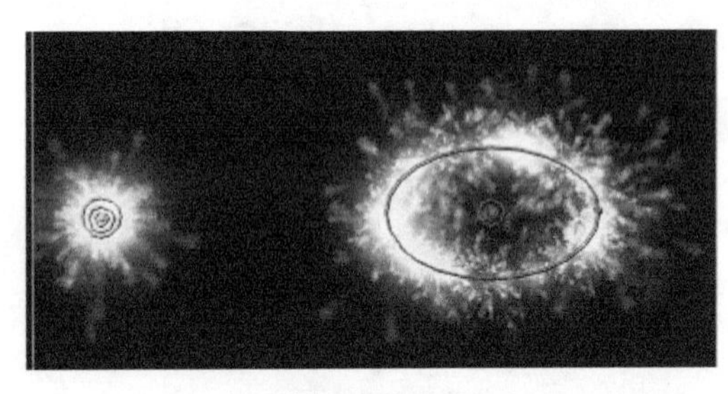
图 2-245

1）修改粒子属性。Particle Illusion为用户提供了丰富的粒子库资源，但实际工作中可能还会有特定需要，例如，独特的粒子颜色、样式等。这就要通过修改粒子本身的属性来完成。例如，粒子Spinners的动画效果和颜色都是用户所需要的，但形态不符合要求，如图2-246所示。因此，在场景中选中该粒子并单击鼠标右键，在弹出的快捷菜单中，选择“Properties”（属性）命令，打开“Emitter Properties”（发射属性）面板。

在“Emitter Properties”（发射属性）面板中，既可以设置粒子的各种参数，又可以设置“Emitter Properties”（发射属性）和“Particles”（粒子形态）。例如，为粒子Spinners修改性状，可以选择“Particles”（粒子形态）选项卡，并选择其中的“Change Shape”（改变形状）选项卡，在列表框中选择所需形状。单击“Make Active”（激活）按钮后粒子的效果出现变化，如图2-247所示。

2）导入与导出动画信息。除了可以将粒子动画渲染成序列帧或视频等方式再导入后期特效软件中之外，Particle Illusion还支持与其他软件交换动画信息。如在Particle Illusion中可以导入After Effects的关键帧信息。同样也可以将Particle Illusion中的动画路径输出给After Effects或者另存为运动脚本文件，实现与其他主流合成软件的无缝连接。

在“粒子设置”面板中，选择任意一个粒子或者粒子的一个参数，单击鼠标右键，在弹出的快捷菜单中执行“Import”（导入）→“Position Data”（位置数据）命令和“Export”（导出）→“Position Data”（位置数据）命令，分别用于导入和导出动画信息。

执行“Import”（导入）→“Position Data”（位置数据）命令，自动弹出“运动信息导入设置”对话框。在该对话框的下拉菜单中可以选择导入的运动信息的来源。Particle Illusion

中支持3种运动信息来源，分别是After Effects 5.0，After Effects 4.0和运动脚本文件。

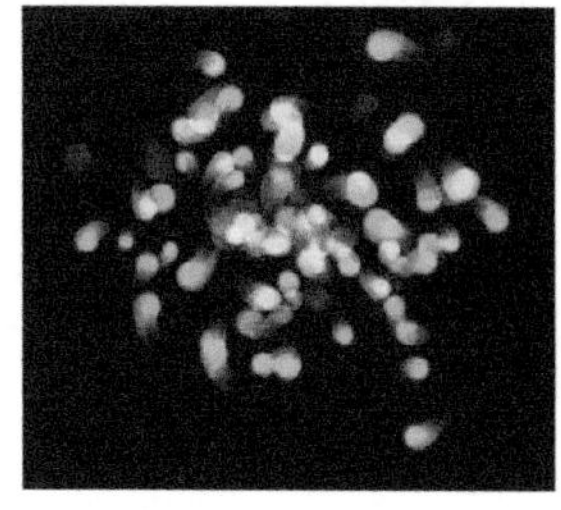

图 2-246

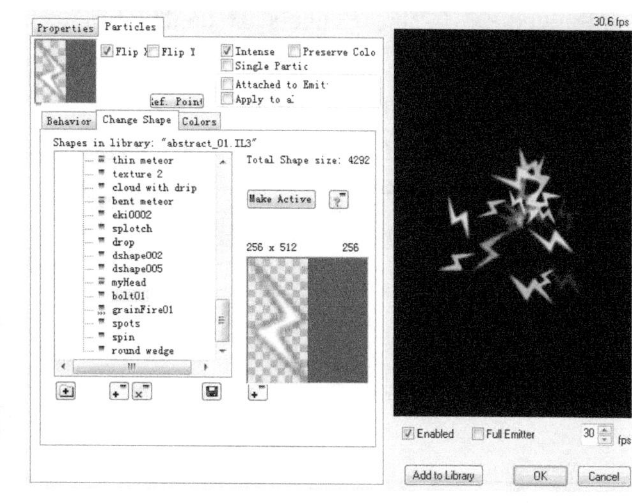

图 2-247

拓展任务

制作《欢乐嘉年华》礼花绽放的夜景效果，具体要求见表2-10。

表2-10 《欢乐嘉年华》礼花绽放的夜景效果任务单

任务名称	《欢乐嘉年华》礼花绽放的夜景效果
分镜脚本	
《欢乐嘉年华》广告中的夜景效果拍摄已经结束，如图2-248a所示。为了节约成本，礼花绽放的效果要在后期特效中实现，要求有多种颜色、不同位置、高度、形态的礼花和焰火，以衬托欢乐、喜庆、祥和的气氛，如图2-248b所示。  a) b) 图 2-248	
任务要求	
1．格式要求 1）影片的格式：制式PAL D1/DV Widescreen Square Pixel；画面的尺寸：宽1050、高576px 2）时长：9秒 3）输出格式：AVI 4）命名要求：《欢乐嘉年华》礼花绽放的夜景效果 2．效果要求 1）制作颜色、样式、角度、高度不同的全方位立体空间感的焰火、礼花效果 2）将礼花与拍摄的实景结合	

【制作小提示】

1）在Emitters_03_07.il3、Emitters_03_06.il3、Emitters_03_07.il3、Emitters_03_12.il3等粒子库中都有Fireworks目录，其中有很多烟花、礼花效果。

2）在Particle Illusion软件可以设置礼花绽放的起始、结束时间、大小、形态等，但透视的效果无法实现。因此需要在After Effects CS6中制作，可以通过三维图层或执行“Effect”（效果）→“Distort”（扭曲）→“Corner Pin”（四角定位）命令实现透视效果。

3）礼花有多个层次、样式、绽放的起始时间、结束时间各有不同。

4）夜景水面上应该有礼花倒影。

拓展任务评价

评 价 表

评价标准	能 做 到	未能做到
格式符合任务要求		
礼花样式丰富颜色艳丽		
多层礼花和背景搭配合理、有近大远小和透视效果		
水面倒影合乎常理		

任务6　制作三维空间文字特效

任务描述

从总监处领取任务单见表2-11。

表2-11　制作《灵境游仙》片头三维空间文字任务单

任务名称	《灵境游仙》片头三维空间文字
分镜脚本	
片头以荷塘和仙子为背景，展示标题“灵境游仙”。片头和片名要突显中国元素，符合影片整体的玄幻、空灵的风格，如图2-249所示。	

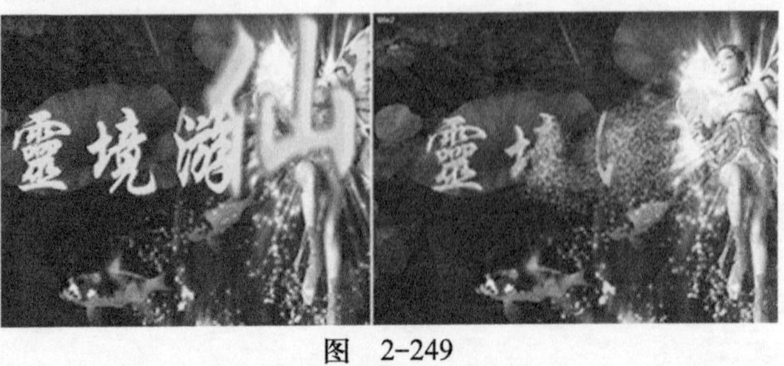

图　2-249

（续）

任务要求
1．格式要求 1）影片的格式：制式PAL D1/DV；画面的尺寸：宽720px、高576px 2）时长：10秒 3）输出格式：AVI 4）命名要求：《灵境游仙》片头 2．效果要求 1）标题文字以中国书法字体展示、有立体感和光泽 2）文字动画要求文字逐一显现、退出时呈碎片状飞出

任务分析

片头要激发观众对片中故事的兴趣，而且要在色彩、韵律、效果等方面与其后镜头保持统一。字体、字体颜色突显中国古韵特色，同时为了突出显示，字体要有立体感和光感。片名出现时要给人循序渐进的感觉，因此，要逐字显现，退出时则变成碎片随风飞去，尽显飘逸虚幻的效果。制作三维空间文字特效的具体流程如图2-250所示。

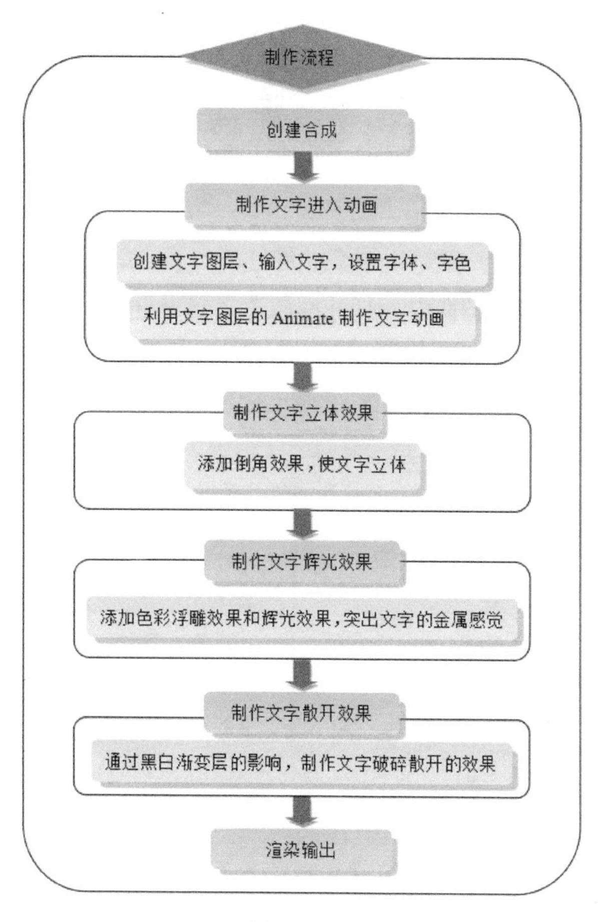

图 2-250

任务实施

说明：本任务及拓展任务所用的素材、源文件在配套光盘“学习单元2/任务6”文件夹中。

1. 创建合成

启动软件，创建项目，按<Ctrl+N>组合键创建新合成，命名为“Title”，其他按任务单中的格式要求进行设置。保存项目文件，命名为“《灵境游仙》片头.aep”。

2. 制作文字动画

1）使用“文字工具”在合成中新建一个文字图层并输入文字“灵境游仙”，文字字体、大小、颜色设置如图2-251所示。设置完成后的文字效果，如图2-252所示。

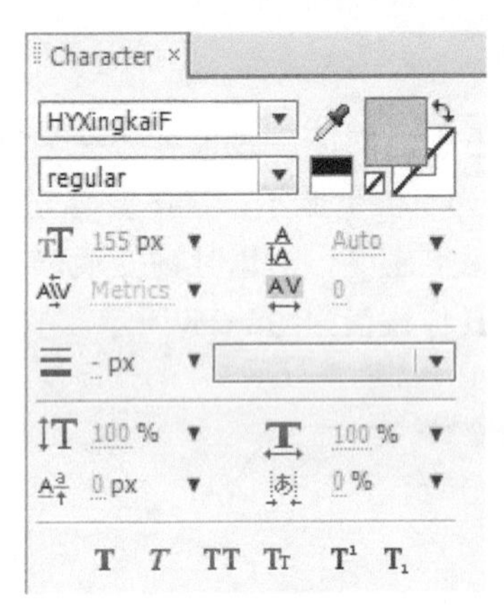

图 2-251

图 2-252

经验分享：文字尽量选择接近中国书法的样式，这样和本场景搭配更加融洽。

2）图层“Text”（文字）属性中，打开动画选择器 Animate: ，选择“Scale”（缩放）命令，如图2-253所示。此时“灵境游仙”图层中增加了“Animator 1”（动画1）及其属性，设置“Animator 1”中“Scale”（缩放）为1000%如图2-254所示。

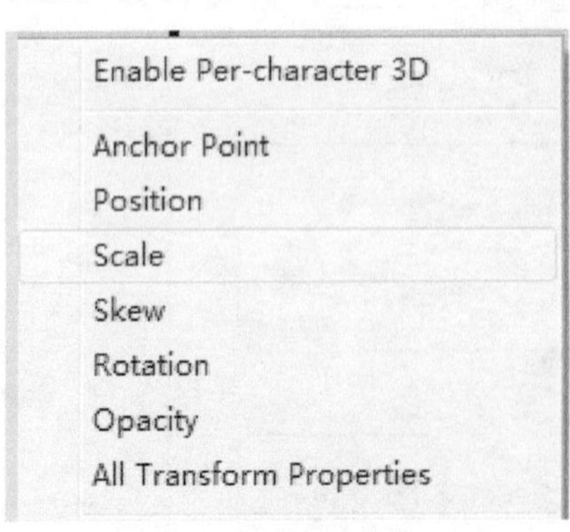

图 2-253

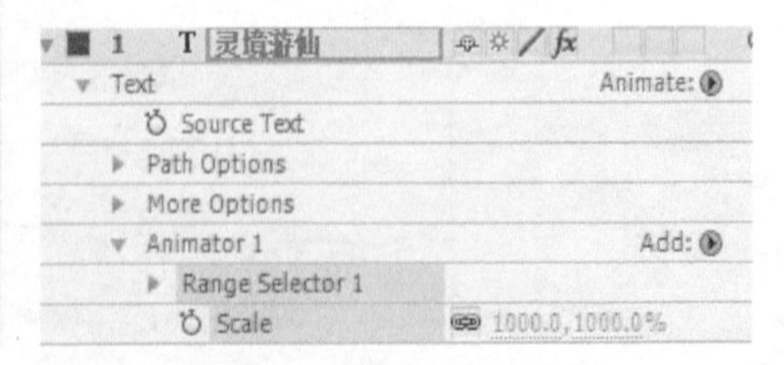

图 2-254

操作技巧：将“Scale”（缩放）的数值设置的稍大一些，这样文字变化更加明显、更震撼。

3）为“Range Selector1”（范围选择器）中的“Start”（开始）设置关键帧动画。设置在第0帧时值为0%，如图2-255所示；在第3秒时值为100%，如图2-256所示。

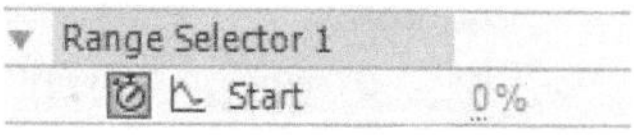

Range Selector 1
Start 0%

图 2-255

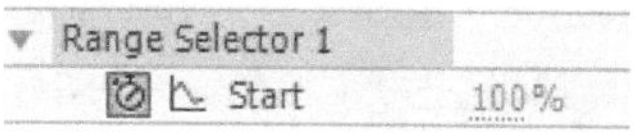

Range Selector 1
Start 100%

图 2-256

设置完成后，文字的动画效果是依次由大缩到初始大小，如图2-257所示。

图 2-257

4）在此图层的属性中，再打开动画选择器 Animate: ，选择“Opacity”（不透明度）命令，如图2-258所示，在此图层中会增加“Animator 2”（动画2）及其属性。设置“Animator 2”（动画2）中“Opacity”（不透明度）为0%，如图2-259所示。

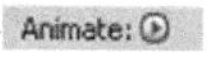

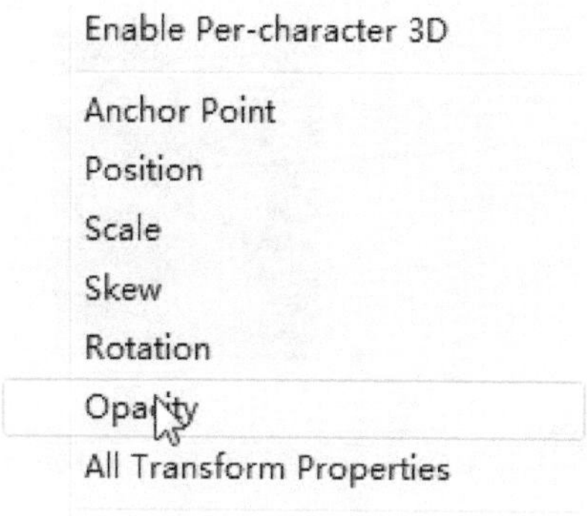

Enable Per-character 3D
Anchor Point
Position
Scale
Skew
Rotation
Opacity
All Transform Properties

图 2-258

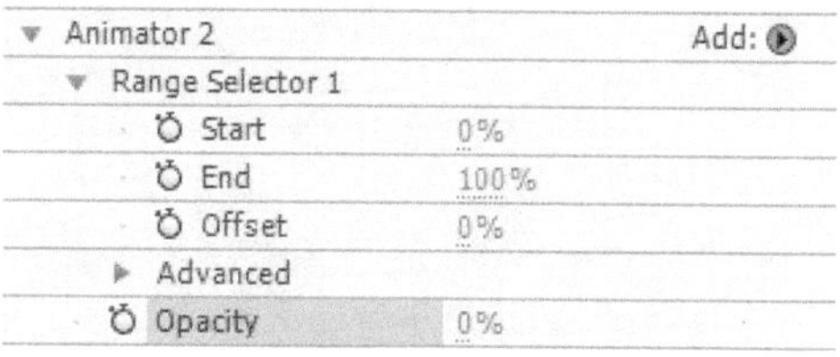

Animator 2 Add:
Range Selector 1
Start 0%
End 100%
Offset 0%
Advanced
Opacity 0%

图 2-259

5）为“Animator 2”（动画2）的“Range Selector1”（范围选择器1）中的“Start”（开始）设置关键帧动画。设置在第0帧时值为0%，如图2-260所示；在第3秒时值为100%，如图2-261所示。

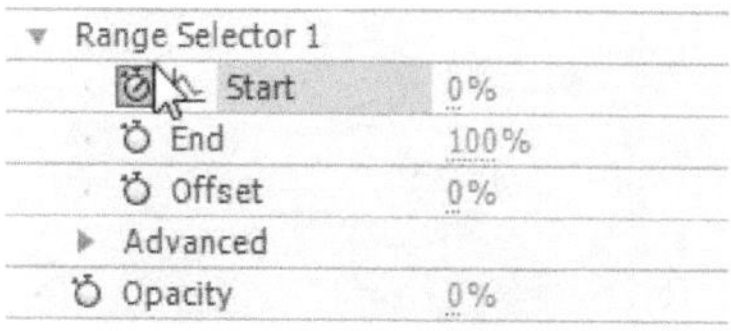

Range Selector 1
Start 0%
End 100%
Offset 0%
Advanced
Opacity 0%

图 2-260

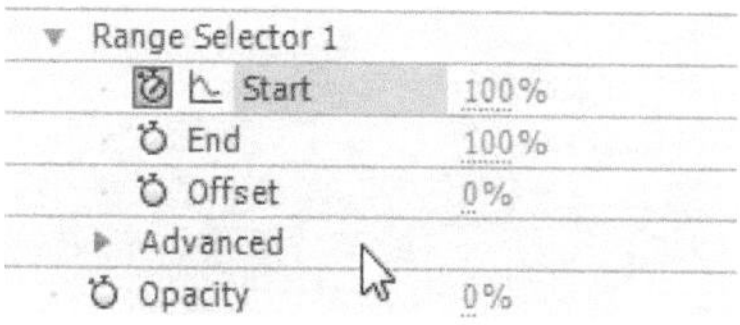

Range Selector 1
Start 100%
End 100%
Offset 0%
Advanced
Opacity 0%

图 2-261

设置完成后，文字动画效果是依次缩小的同时透明度越来越低，如图2-262所示。

图 2-262

6） 同理，从动画选择器 Animate: 中，再选择“Blur”（模糊）命令，在此图层中会增加“Animator 3 ”（动画3）及其属性。设置“Blur”（模糊）值为56，如图2-263所示，再为“Range Selector 1”（范围选择器1）中的“Start”（开始）设置关键帧动画。设置在第0帧时值为0%，在第3秒时值为100%，设置完成后，效果如图2-264所示。

图 2-263　　图 2-264

经验分享：透明度和模糊度的变化可以让文字更加柔和。

3. 制作文字立体效果

选择文字图层，执行“Effect”（效果）→“Perspective”（透视）→“Bevel Alpha”（Alpha倒角）命令，参数设置如图2-265所示。设置完成后的文字效果如图2-266所示。

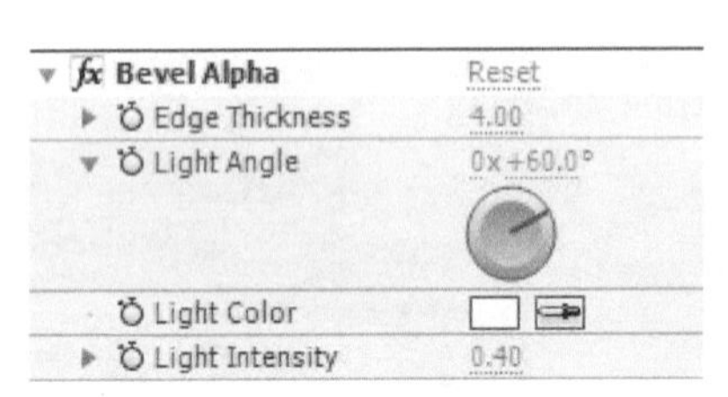

图 2-265

图 2-266

经验分享：“Bevel Alpha”（倒角）命令常用于立体文字的制作。“Edge Thickness”（边沿厚度）可以调整文字立体的效果。

4. 制作文字辉光效果

1） 新建合成，命名为“Title2”，时长10秒，将合成“Title”拖动到合成“Title2”中，如图2-267所示。

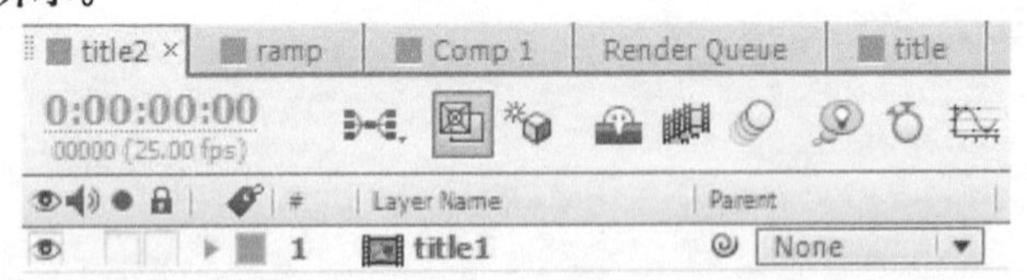

图 2-267

2） 选择“Title”图层，执行“Effect”（效果）→“Stylize”（风格化）→“Color Emboss”（彩色浮雕）命令，设置参数如图2-268所示，设置完成后的文字效果如图2-269所示。

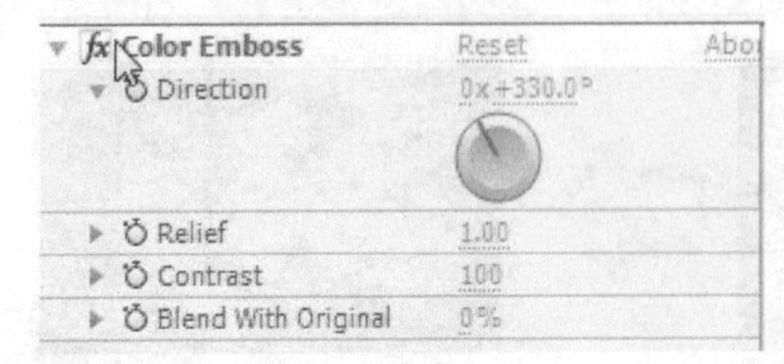

图 2-268

图 2-269

经验分享：“Color Emboss”（彩色浮雕）命令可以使文字光感更加强烈。

3）选择“Title”图层，执行“Effect”（效果）→“Stylize”（风格化）→“Glow”（辉光）命令，设置参数如图2-270，设置完成后的文字效果如图2-271所示。

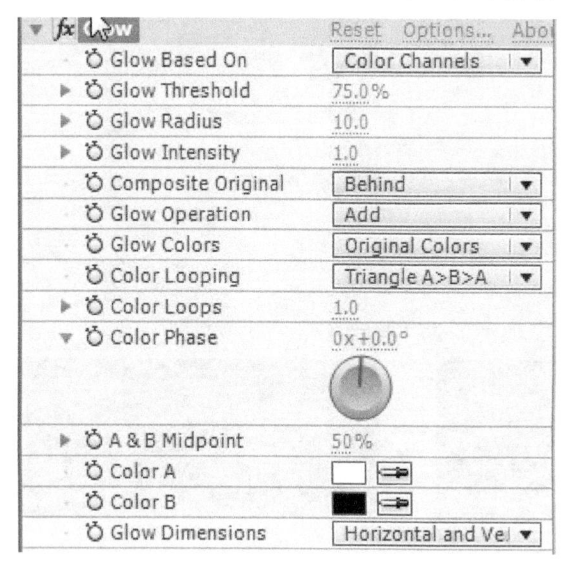

图 2-270

图 2-271

4）选择“Title”图层，执行“Effect”（效果）→“Perspective”（透视）→“Drop Shadow”（投影）命令，设置参数如图2-272所示，设置完成后的文字效果如图2-273所示。

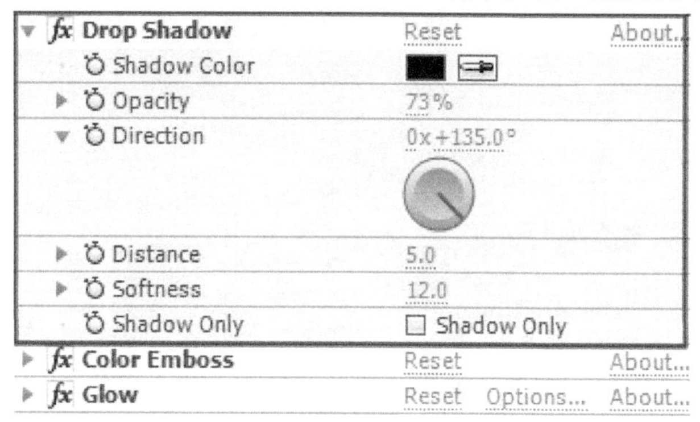

图 2-272

图 2-273

经验分享：使用“Drop Shadow”（投影）命令可以增强文字的立体感。注意特效的顺序，阴影在最上方。

5．制作文字散开效果

1）在合成“Title”中，选择文字图层，执行“Effect”（效果）→“Simulation”（模拟仿真）→“CC Scatterize”（CC散发）命令，设置参数如图2-274所示。

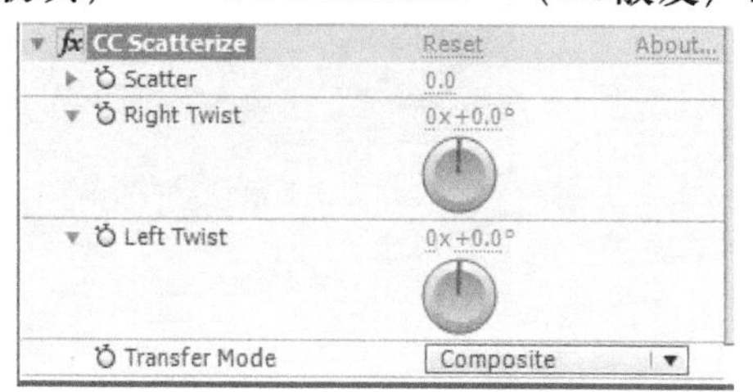

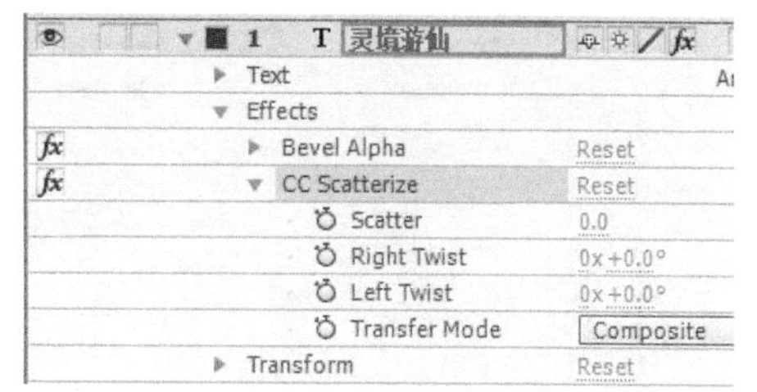

图 2-274

2） 制作散发动画，为“Scatter”（散发）属性设置关键帧。在第6秒时添加关键帧，设置“Scatter”（散发）数值为0，如图2-275所示；在第10秒时设置数值为200，如图2-276所示。

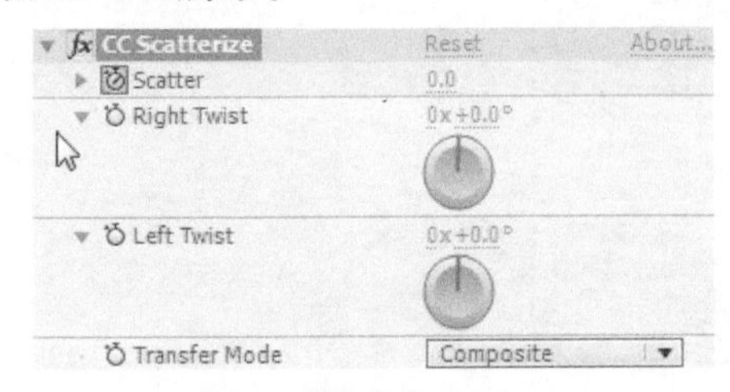

图 2-275

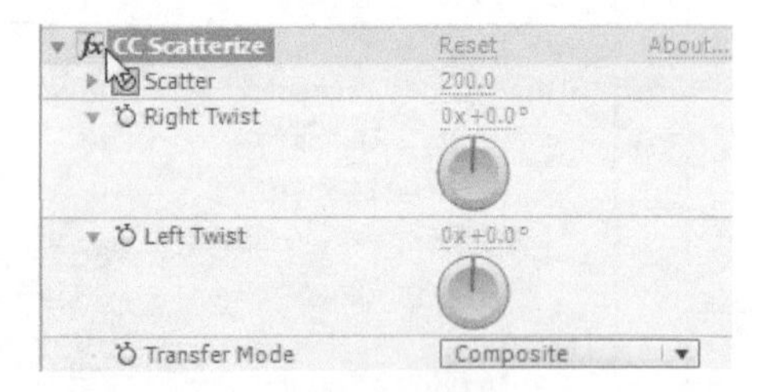

图 2-276

在第6s09帧和第8s时发散效果，如图2-277所示。

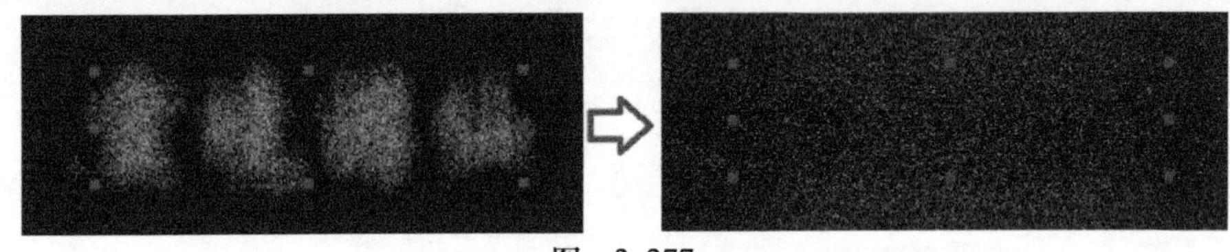
图 2-277

3） 新建合成，命名为“Ramp”，格式与任务单一致，时长10秒。

经验分享：此合成的作用是影响文字碎片散开的效果。

4） 在“Timeline”（时间线）面板空白处单击鼠标右键，从快捷菜单中执行“New”→“Solid”命令，创建黑色固态图层，如图2-278所示。

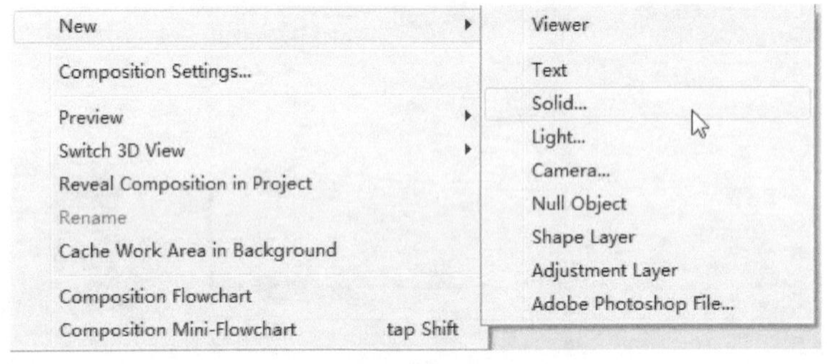

图 2-278

5） 选择固态图层“Dark Red Solid 1”，执行“Effect”（效果）→“Generate”（生成）→“Ramp”（渐变）命令，设置参数如图2-279所示，合成效果如图2-280所示。

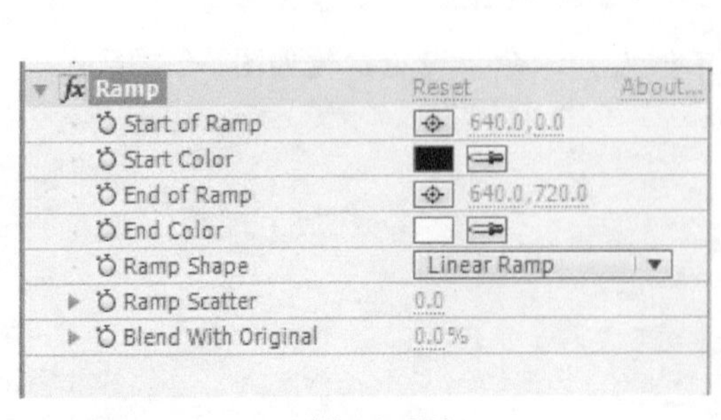

图 2-279

图 2-280

6）	修改“Start Center”（开始中心）和“End Center”（结束中心）的位置，参数设置如图2-281所示，设置完成后的效果如图2-282所示。

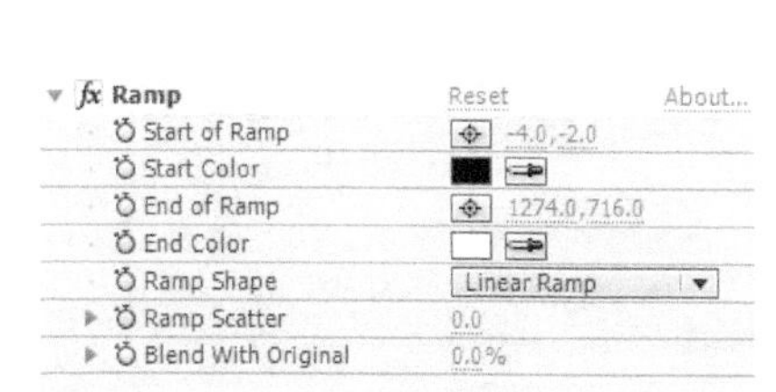

图 2-281

图 2-282

7）	制作渐变动画为“Start of Ramp”（渐变起点）和“End of Ramp”（渐变终点）属性设置关键帧。在第6秒时设置“Start of Ramp”（渐变起点）值为（356，270），“End of Ramp”（渐变终点）值为（708，556），如图2-283所示。在第9秒29帧时“Start of Ramp”（渐变起点）值为（-8，-80），“End of Ramp”（渐变终点）值为（128，104），如图2-284所示。

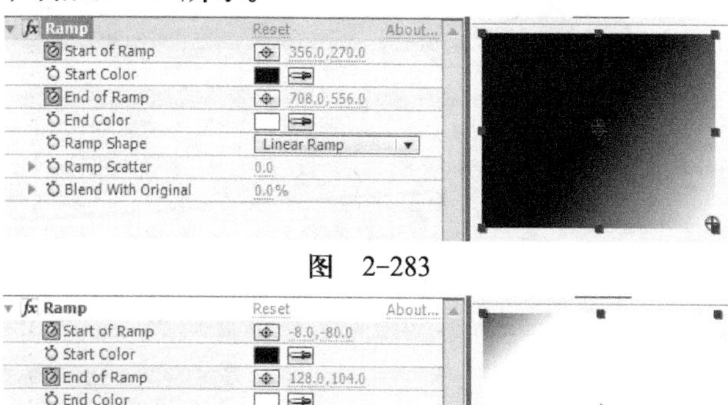

图 2-283

图 2-284

8）	切换到合成“Title2”中，按<Ctrl+D>组合键复制“Title”图层，重命名为“Title1”，将合成“Ramp”拖拽到“Title”图层下方并隐藏，如图2-285所示。

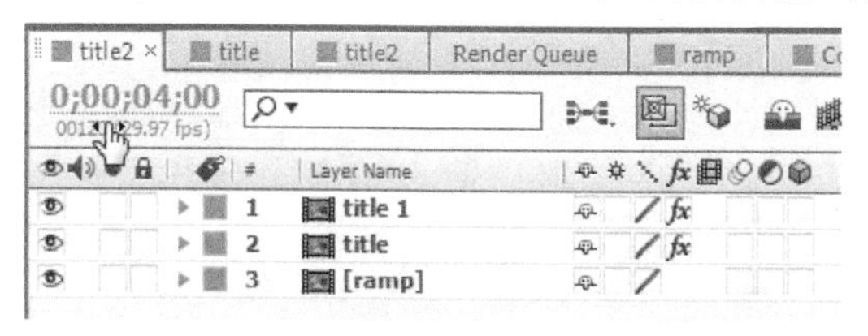

图 2-285

9）	选择“Title1”图层，在第5秒处，按<Alt+]>组合键，切掉第5秒以后的内容。选择“Title”图层在第5秒处，按<Alt+[>组合键，切除第5秒以前的内容，如图2-286所示。

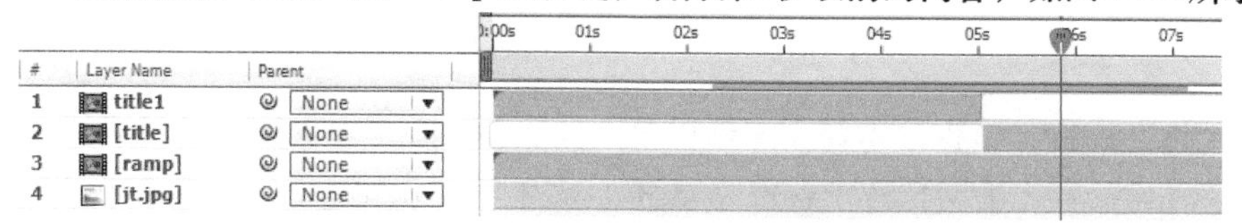

图 2-286

经验分享：这样做的目的是让渐变图层只能影响第5s后的文字动画效果。

10）选择“Title”图层，执行“Effect”（效果）→“Time”（时间）→“Time Displacement”（时间置换）命令，设置参数如图2-287所示。

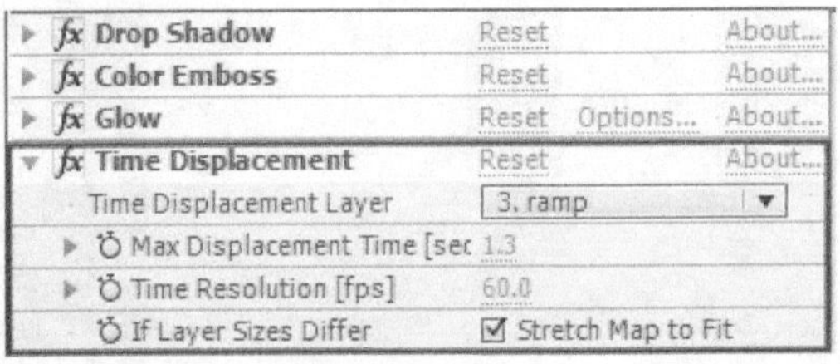

图 2-287

第6秒16帧的文字动画效果，如图2-288所示。

图 2-288

知识点拨：Time Displacement”（时间置换）参数中，最重要的一项“Time Displacement Layer”（时间置换图层）设置为用来影响本图层动画的图层。

6. 添加背景

1）导入图片“jt”，将“jt”移动到“Time line”（时间线）面板，调整大小到合适，图层顺序置底，如图2-289所示。调整文字位置到合适标题出现，如图2-290所示。

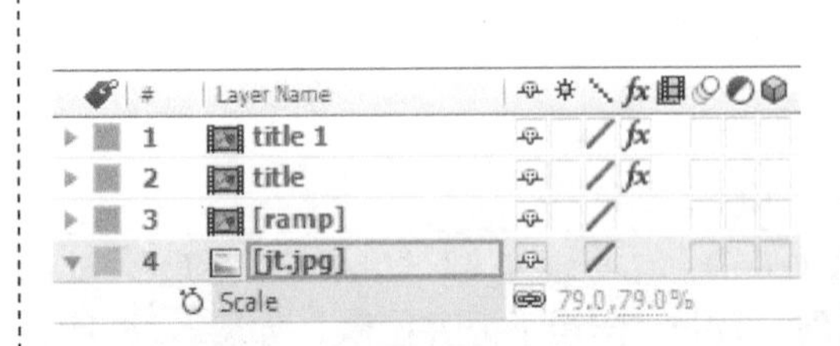

图 2-289

图 2-290

2）选择“Title”图层，为图层的“Opacity”（不透明度）属性设置关键帧，在第6s时设置数值为100，在第9s24帧时数值为0，制作碎片隐退效果。

7. 预览、渲染输出

知识链接

1. 文字动画

无论在广告、影视、动画还是栏目中，文字都是必不可少的信息传播工具和构成画面的重要元素。在之前的任务中就曾经使用过After Effects CS6创建和设置文字图层并使用预设文字动画操作，创建过简单的文字动画。要做出更为复杂新颖的动画效果，则需要设置多种属性参数来实现。

（1）文字图层的属性

新建的文字图层属性如图2-291所示，包括如下几项。

①“Source Text”（源文字）：设置文字内容，可以通过关键帧实现多幅文字的切换。

②“Path Options”（路径选项）：可以使用“钢笔工具”绘制“Mask”（遮罩）作为路径，如图2-292所示。其中相关参数有“Reverse Path”（反转路径）、“Perpendicular To Path”（路径垂直）、“Force Alignment ”（均匀分布）、“First Margin”（起始边界）、“Last Margin”（结束边界）。

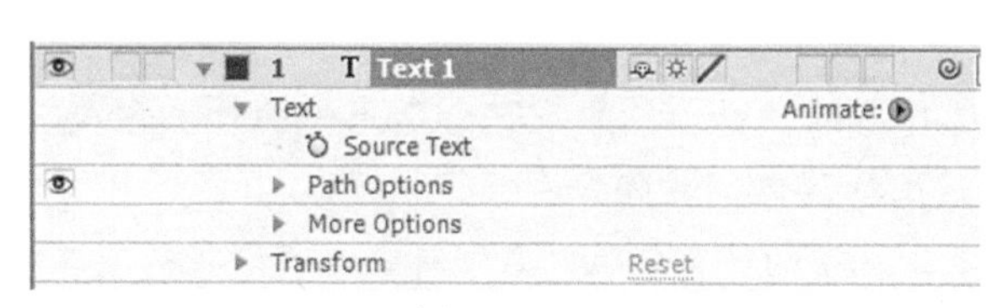

图 2-291

图 2-292

③“More Options”（更多选项）：“Anchor Point Grouping”（锚点组）、“Grouping Alignment”（对齐）、“Fill & Stroke”（填充和描边）、“Inter Character Blending”（字符间融合）。

④“Animate”（动画）：是文字图层最强大的功能，使用它可以对文字的各个属性作动画处理，也可以对多个属性同时设置关键帧动画。

（2）文字动画设置

添加文字动画的操作比较复杂，下面将通过几个例子来说明。

例1 让一行文字标题逐字变换色相最终色调统一。

1）新建文字图层，执行“Animate”（动画）→“Fill Color”（填充颜色）→“Hue”（色相）命令，如图2-293所示。

2）该文字图层添加了“Animator 1”的属性，其中包含“Range Selector 1”（范围选择器1）、“Advanced”（高级）、“Fill Hue”（填充色相）展开“范围选择器”。

3）设置参数值如图2-294所示，并为“Range Selector 1”（范围选择器1）中的“Offset”（偏移）设置关键帧，第0秒值为0%，第10秒值为100%。

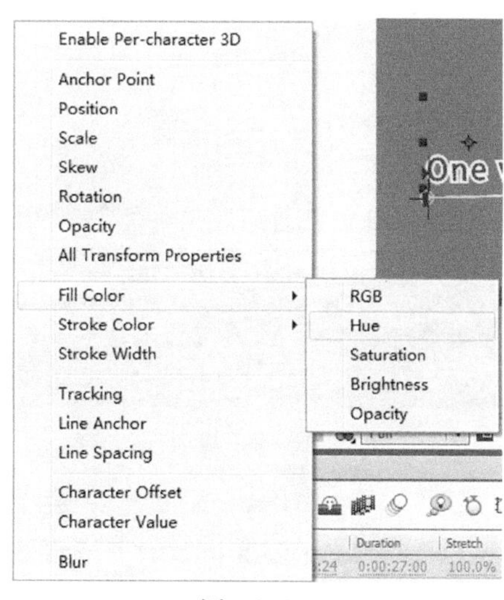

图 2-293

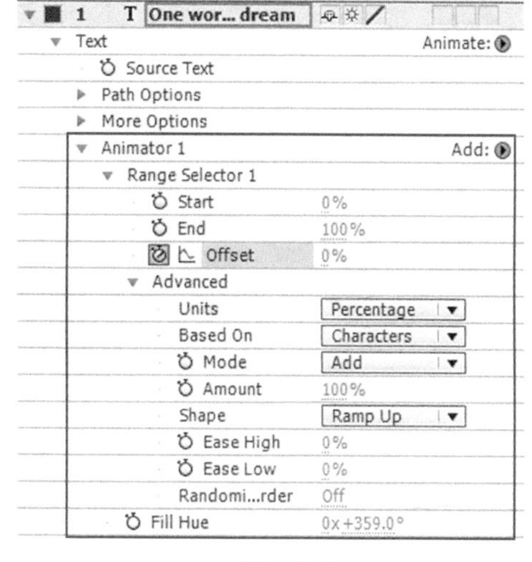

图 2-294

4）第1s11帧文字动画效果如图2-295所示。第9s07帧文字动画效果如图2-296所示。

图 2-295

图 2-296

知识点拨：

范围选择器参数包括：“Start”（开始）、“End”（结束）、“Offset”（偏移）

“Advanced”（高级属性）中参数如下。

①“Units”（单位）：指定选择器的开始、结束及偏移所采用的计算方式。

②“Mode”（模式）：和其他选择器之间的组合关系。

③“Based on”（基于）：指定文本中的计算单位，是字符或无空格字符或单词或整行。

④“Amount”（数量）：动画对字符影响的大小，0%为无影响，100%为完全影响。

⑤“Shape”（形状）：在被选字符与未被选字符之间以什么形状过渡。

⑥“Smoothness”（柔和高/低）：设置变化过程的柔和度。

⑦“Randomized order”（随机顺序）：可以打乱动画的作用范围。

例2　让一行文字标题逐字变清晰并变换色相，最终色调统一。

1）在“例1”的基础上，单击“Animate”后的折叠按钮，选择“Blur”（模糊）命令，此时该文字图层添加了“Animator 2”的属性，如图2-297所示。

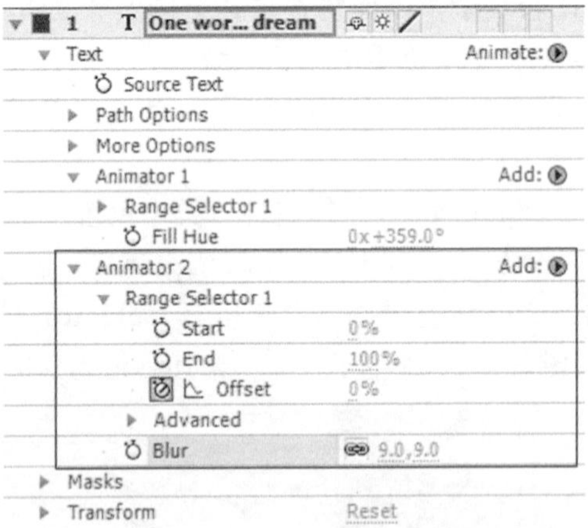

1 T One wor... dream
Text　Animate:
Source Text
Path Options
More Options
Animator 1　Add:
Range Selector 1
Fill Hue　0x+359.0°
Animator 2　Add:
Range Selector 1
Start　0%
End　100%
Offset　0%
Advanced
Blur　9.0,9.0
Masks
Transform　Reset

图 2-297

2）第1秒11帧文字动画效果如图2-298所示，第9s07帧文字动画效果如图2-299所示。

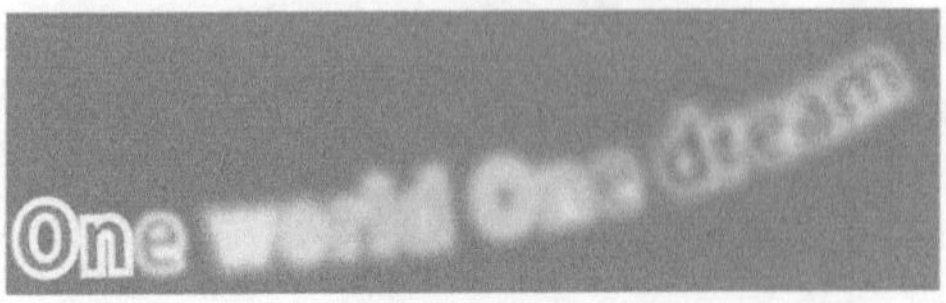

图 2-298

图 2-299

知识点拨：

需要文字的多个属性协同制作动画效果，可以添加多个“Animator*”或者在一个“Animator*”中选择“Add”（添加）后的折叠按钮，选择“Property”（属性）项目即可。

例3　让一行文字标题随机变换色相。

在“例2”的基础上，删除“Animate 2”和“Animate 1”中的“Range Selector1”（范围选择器1），单击“Animate 1”后的“Add”选项折叠按钮，执行“Selector”（选择器）→“Wiggly”（抖动）命令，如图2-300所示。“Animate 1”中即添加了“Wiggly Selector 1”（抖动选择器1），如图2-301所示。

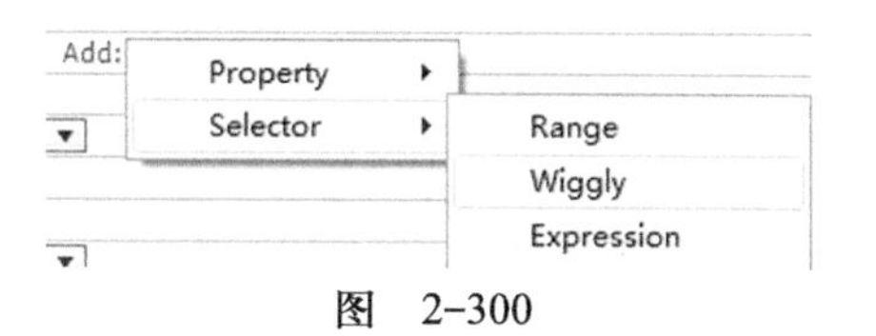

图　2-300

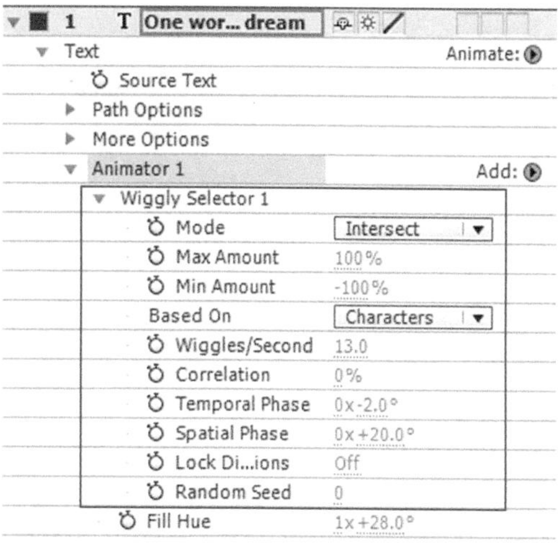

1 T One wor... dream
Text　Animate:
Source Text
Path Options
More Options
Animator 1　Add:
Wiggly Selector 1
Mode　Intersect
Max Amount　100%
Min Amount　-100%
Based On　Characters
Wiggles/Second　13.0
Correlation　0%
Temporal Phase　0x-2.0°
Spatial Phase　0x+20.0°
Lock Di...ions　Off
Random Seed　0
Fill Hue　1x+28.0°

图　2-301

此时不用设置关键帧，第1秒11帧文字动画效果如图2-302所示，第9秒07帧文字动画效果如图2-303所示。

图　2-302

图　2-303

知识点拨：

选择器的种类分为“Range”（范围）、“Wiggly”（抖动）、“Expression”（表达式）3种。

范围选择器：通过设置动画的控制范围产生动画效果，如开始、结束、偏移等。

表达式选择器：通过数学公式控制文字动画范围。

抖动选择器：为字符添加随机运动效果，其中参数介绍如下。

①“Mode”（模式）：和其他选择器之间的组合关系。

②“Max Amount”（最大值）&“Min Amount”（最小值）：确定随机变化的范围。

③“Wiggles/Second”（波动/秒）：指定每秒变化的次数。

④“Correlation”（相关性）：设置随机动画和其他动画的关联程度。若为100则所有字符会一起移动，若为0则每个字符会完全不同。

⑤“Temporal Phase”（时间相位）&“Spatial Phase”（空间相位）：调节随机变化的时间和空间的相位。

⑥“Lock Dimensions”（锁定尺寸）：使字符不会变形。

⑦“Random Seed”（随机种子）：随机算法开始计算的第一个值。

2. “Bevel Alpha”（Alpha倒角）特效

1）功能：能在图像的Alpha通道区域出现倒角外观，通常用来为2D元素增添3D外观。“Bevel Alpha”（Alpha倒角）特效常用来制作文字或图形倒角，呈现立体的效果。原始图像与应用“Bevel Alpha”（Alpha倒角）效果后的效果对比，如图2-304所示。

图　2-304

2）创建方法：选中图层，执行“Effect”（效果）→“Perspective”（透视）→“Bevel Alpha”（Alpha倒角）命令。

3）参数解析。

“Bevel Alpha”（Alpha倒角）特效参数，如图2-305所示。

①“Edge Thickness”（边厚度）：控制图像Alpha通道倒角的厚度，可在视觉上形成三维体积感。数值越大，Alpha通道倒角的厚度就越大 。

②“Light Angle”（光照角度）：调整参数可控制光照角度，同时决定了产生倒角的位置。

③“Light Color”（灯光颜色）：设置Alpha通道倒角颜色。

④“Light Intensity”（光照强度）：调整角度参数可控制光照强度，从而控制倒角区域与图像的保留区域的边界显示效果。

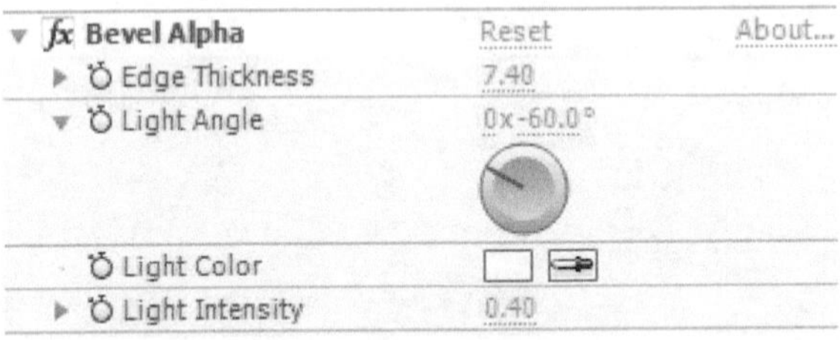

fx Bevel Alpha	Reset	About...
Edge Thickness	7.40	
Light Angle	0x-60.0°	
Light Color		
Light Intensity	0.40	

图　2-305

3. “CC Scatterize”（CC散发）特效

1）功能：可以用来制作爆炸的效果且可以调整爆炸的强度和半径。原始图像与应用CC散发效果对比，如图2-306所示。

图　2-306

2）创建方法：执行“Effect”（效果）→“Simulation”（模拟仿真）→“CC Scatterize”（CC散发）命令，使操作对象变成颗粒并且不用设置关键帧自行产生爆炸破碎效果。

3）参数解析。

“CC Scatterize”（CC散发）特效参数，如图2-307所示。

①“Scatter”（发散）：散发颗粒的数量和范围。

②“Right Twist”（右扭曲）&“Left Twist”（左扭曲）：可以设置立体扭曲效果。“Right Twist”（右扭曲）参数值为150°的效果，如图2-308所示。

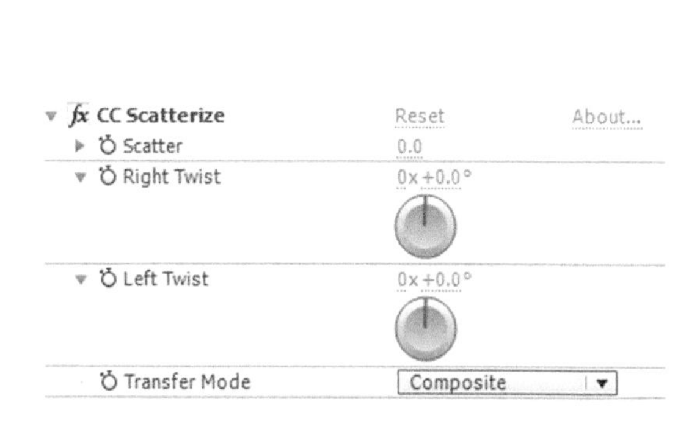

图 2-307

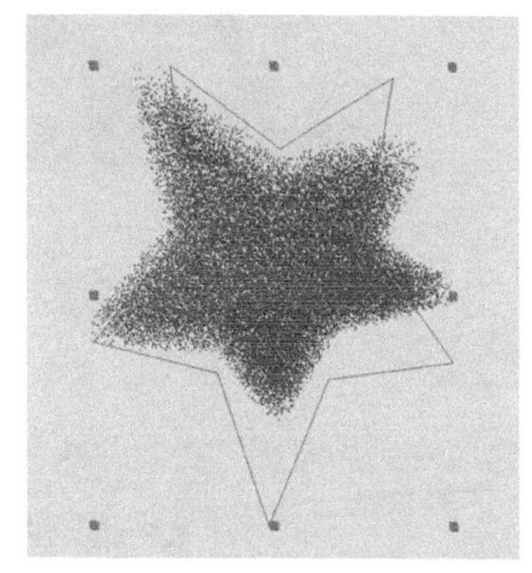

图 2-308

4. “Time Displacement”（时间置换）特效

1）功能：基于置换图层图像的亮度值，将图像上明亮区域替换为几秒之后该点的像素。

2）创建方法：执行“Effect”（效果）→“Time”（时间）→“Time Displacement”（时间置换）命令。

3）使用案例：制作图片放射性马赛克状溶解效果。

① 先在“企鹅”图层执行“Effect”（效果）→“Transition”（转场）→“Block Dissolve”（砖块溶解）命令，添加效果，如图2-309a所示；动画效果如图2-309b所示。然后将此图层嵌套合成。

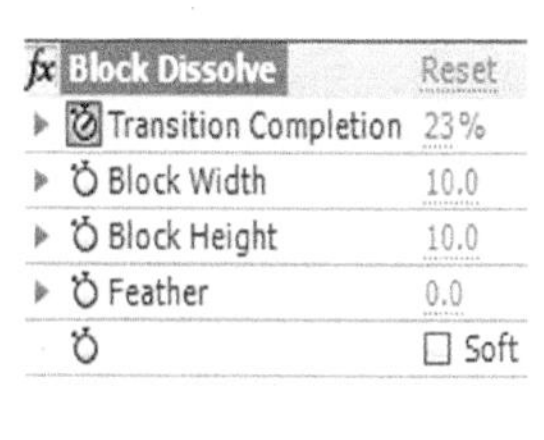

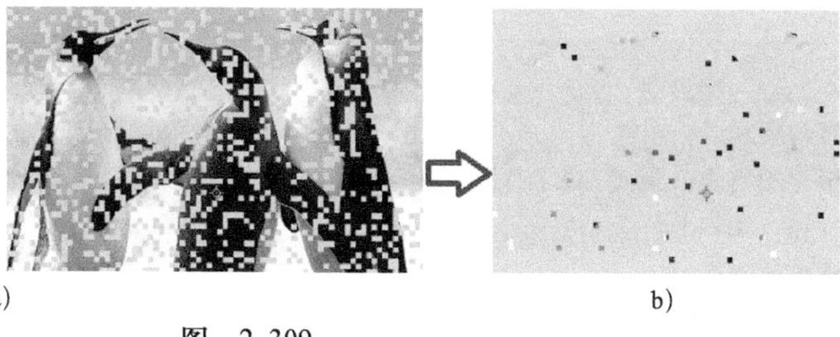

a) b)

图 2-309

② 在此图层下添加固态图层（即置换图层），并设置放射形渐变动画，效果如图2-310所示。然后将此固态图层嵌套合成。

③ 为“企鹅”图层添加“Time Displacement”（时间置换）效果，参数设置如图2-311所示，此效果中最重要的参数是“Time Displacement Layer”（时间置换图层）参数，其值要选择置换图层。最终动画效果如图2-312所示，即马赛克状溶解的范围随着置换图层亮度值变化而变化。

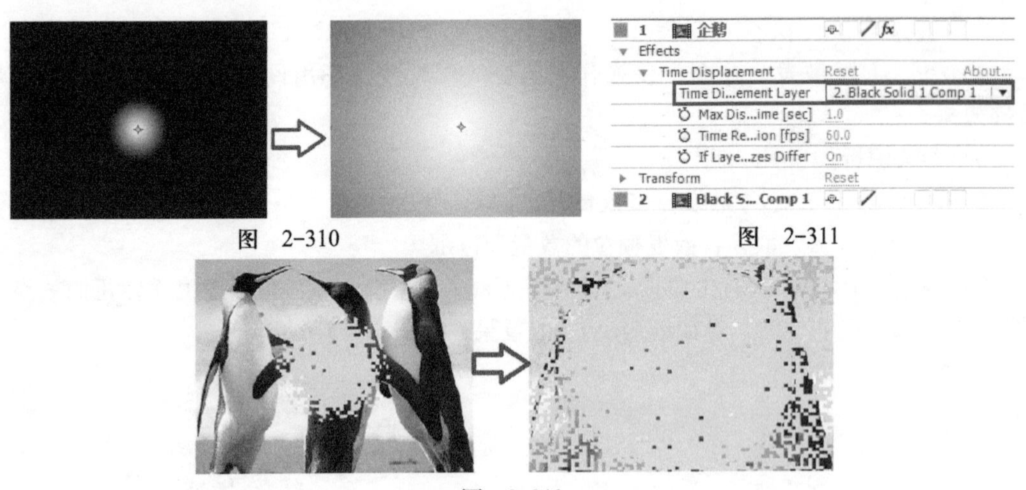

图 2-310　　图 2-311

图 2-312

拓展任务

制作《时尚风向标》栏目片头特效，具体要求见表2-12。

表2-12 《时尚风向标》栏目片头特效任务单

任务名称	《时尚风向标》栏目片头
分镜脚本	
镜头表现时尚简约的风格，文字逐字由大变到初始大小，彩色的斑点随机围绕文字跳跃忽闪，渐变的背景能够更好地衬托文字与彩色斑点，如图2-313所示。  图 2-313	
任务要求	
1．客户要求 1）影片的格式：制式PAL D1/DV；画面的尺寸：宽720px、高576px 2）时长：10秒 3）输出格式：AVI 4）命名要求：《时尚风向标》栏目片头特效 2．技术实现程度 1）文字由大变化到初始大小，并进行透明度的变化，使文字变化更加柔和 2）装饰一些多彩的跳动的斑点	

【制作小提示】

1）创建文字图层，录入文字“时尚风向标”设置文字样式、大小、描边。再创建一个文字图层，录入文字“..................”设置文字样式、大小、描边，如图2-314所示。

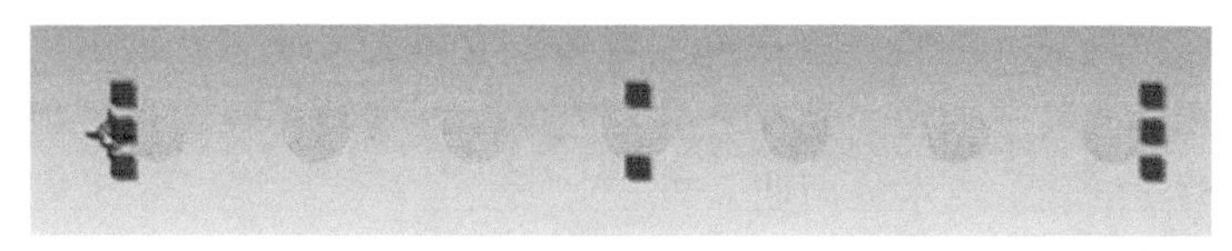

图 2-314

2）为“时尚风向标”图层制作文字的缩放和透明度变化动画。在动画选择器 Animate: 中选择“Scale”（缩放）、“Opacity”（不透明度）属性，设置其参数数值及关键帧，如图2-315所示。

3）为“..................”图层制作文字的缩放和透明度变化动画。在动画选择器中选择“Scale”（缩放）、“Opacity”（不透明度）、“Fill Hue”（填充色相）、“Position”（位置）属性。为了使多彩的跳动的斑点动作更具随机性，范围选择器使用“Wiggly”（抖动）选择器，如图2-316所示。

2 T 时尚风向标
Text Animate:
Source Text
Path Options
More Options
Animator 1 Add:
Range Selector 1
Start 0%
End 100%
Offset 0%
Advanced
Scale 1500.0,1500.0%
Animator 2 Add:
Range Selector 1
Start 0%
End 100%
Offset 0%
Advanced
Opacity 0%
Transform Reset

图 2-315

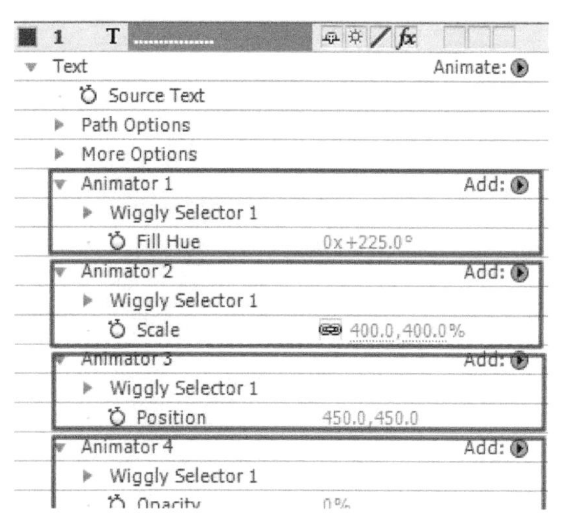

图 2-316

拓展任务评价

评价标准	能做到	未能做到
格式符合任务要求		
背景、前景文字颜色搭配和谐		
前景文字动态简约时尚、富有动感		
装饰用的彩点跳跃活泼		

本学习单元以三维动画片《灵境游仙》为项目载体，根据分镜要求，对其中特效制作的方法进行分析；运用视频特效软件After Effects CS6模拟出所需要的三维空间感觉和三维

动画效果及仿真自然现象；结合外挂插件实现多种立体光线效果；运用粒子特效软件制作出绚丽多彩的无规则光粒子效果。这些操作在三维动画视频特效制作过程中非常典型，而且可以大大节省整片的制作成本与周期。

本学习单元的知识和操作技术的全面总结，如图2-317所示。在实际工作中这些知识与操作技术还可以应用于很多类型的影片，开发出其他类型的效果，这都需要使用者不断积累经验提升操作技术。

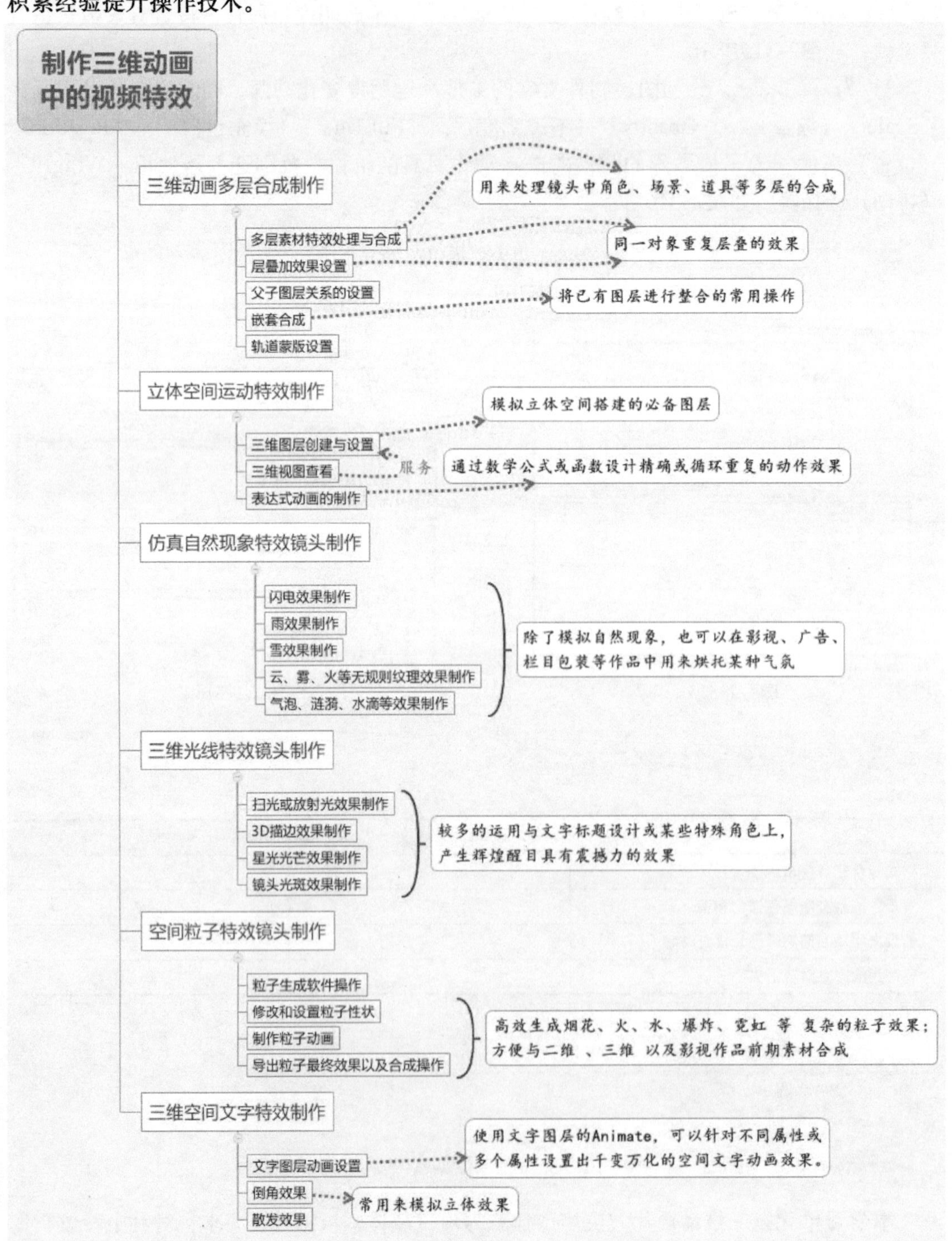

图 2-317

学习单元3

UNIT 3

制作栏目包装视频特效

随着计算机技术的发展，一系列的动画和后期特效合成软件涌现而出，使电视制作手段得到了丰富。根据电视频道品牌经营策略，设计师针对不同特色的栏目，运用先进的图形图像及后期特效合成软件对视频和图像进行编辑和设计，制作出绚丽多姿的视觉效果，突出其特有的生命力和竞争力，这些视觉效果被称为栏目包装。一个完整的栏目包装包括了栏目形象宣传片、栏目片头、演播室（主持人与背景）合成、间隔片花、片尾、角标等诸多方面。本学习单元将针对栏目包装制作特点，通过完成《我的动漫我做主》栏目制作，学习栏目包装中常用视觉特效的制作方法。

ZHIZUO LANMU BAOZHUANG SHIPIN TEXIAO

随着计算机技术的发展，一系列的动画和后期特效合成软件涌现而出，使电视制作手段得到了丰富。根据电视频道品牌经营策略，设计师针对不同特色的栏目，运用先进的图形图像及后期特效合成软件对视频和图像进行编辑和设计，制作出绚丽多姿的视觉效果，突出其特有的生命力和竞争力，这些视觉效果被称为栏目包装。一个完整的栏目包装包括了栏目形象宣传片、栏目片头、演播室（主持人与背景）合成、间隔片花、片尾、角标等诸多方面。本学习单元将针对栏目包装制作特点，通过完成《我的动漫我做主》栏目制作，学习栏目包装中常用视觉特效的制作方法。

单元学习目标

1）了解栏目包装的意义与基础知识。

2）能够运用After Effects CS6内置转场滤镜制作丰富的镜头转场特效，有效实现镜头的过渡。

3）能够运用After Effects CS6键控技术实现实际拍摄素材与2D、3D背景画面的合成。

4）能够运用运动跟踪技术，实现单点、多点跟踪画面特效制作。

5）能够结合3D摄像机运用规律，运用3D摄像机制作镜头特效。

6）能够运用After Effects CS6滤镜特效制作平面2D和3D元素合成特效。

单元情境

本学习单元将以校园电视台《我的动漫我做主》栏目为项目载体。该栏目定位于宣传校园文化，创设学生原创动漫展示平台，激励学生参与原创动画制作，为众多爱好动漫的学生提供更多优质作品及广阔的展现空间。因此，本学习单元将通过“制作转场特效镜头”“制作键控特效镜头”“制作运动跟踪与摄像机特效镜头”“制作2D、3D特效镜头”，学习After Effects CS6特效软件中特殊效果转场制作和实际拍摄素材的抠像处理方法，以及3D摄像机的运用，平面2D及3D元素特效处理与合成。最终完成《我的动漫我做主》栏目片头、演播室等部分的制作，熟悉并初步掌握栏目包装的基本制作方法。

任务1　制作转场特效镜头

任务领取

从总监处领取的任务3单见表3-1。

表3-1 《我的动漫我做主》转场特效镜头制作任务单

任务名称	《我的动漫我做主》转场特效镜头制作

分镜脚本

本视频主要实现演播室中的背景画面，要求运用图片素材和文字效果制作出“学生动漫作品赏析”标题画面，然后运用转场特效实现多个动画短片画面的切换效果，如图3-1所示。

图 3-1

任务要求

1．格式要求

1）影片的格式：制式PAL D1/DV；画面的尺寸：宽720px、高576px

2）时长：1分25秒

3）输出格式：MOV

4）命名要求：转场特效镜头

2．效果要求

转场画面丰富，速度节奏轻松

任务分析

根据任务描述，本任务分两个主要镜头进行制作。其中“镜头1”主要为标题画面制作，“镜头2”为动画短片视频展示。制作完成后，需将两个镜头合成，制作出演播室中主持人背景画面视频。另外栏目的内容是动漫作品，观众是学生，因此，风格要轻松活泼。

“镜头1”的制作将主要采用图片素材与文字合成画面的形式，通过“Caustics”（焦散）和“Wave World”（波纹抖动）滤镜特效模拟出水波动画。结合图层透明度属性变化，完成与“镜头2”的转场。

“镜头2”的制作利用“粗剪”操作，剪辑出动画短片中所需的视频片段，并利用转场特效制作出丰富的视频切换效果。

在After Effects 软件中，转场特效制作方法众多，既可以通过“Transition”（转场）滤镜中的一系列转场滤镜直接制作，也可以通过多项滤镜特效组合制作出特殊的镜头转场画面。在本任务中，将运用“Transition”（转场）滤镜类中的“CC Grid Wipe”（CC网格擦除）、“Card Wipe”（卡片擦除）、“CC Radial Scale Wipe”（CC径向缩放擦除）、“Radial Wipe”（径向擦除）、“CC Jaws”（CC锯齿擦除）、“CC Twister”（CC扭曲擦除）等滤镜实现丰富的镜头过渡效果。转场特效镜头的制作流程，如图3-2所示。

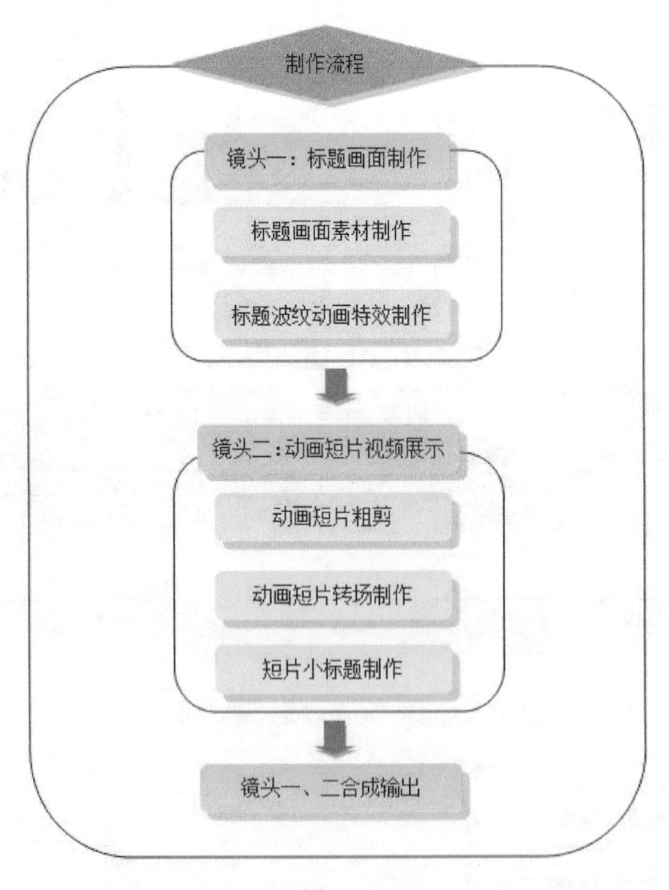

图 3-2

任务实施

说明：本任务及拓展任务所用的素材、源文件在配套光盘“学习单元3/任务1”文件夹中。

镜头1　标题画面制作

1. 标题画面素材制作

1） 启动软件，创建项目，新建合成，合成命名为“标题”，格式为PAL D1/DV，画面尺寸为宽720px、高576px，持续时间长度为10秒；保存项目文件，命名为“《我的动漫我做主》转场特效镜头”。导入“花边.psd”素材；在“花边.psd”对话框中选择“Import Kind”（导入类型）选择“Composition（合成）”选项，如图3-3所示。

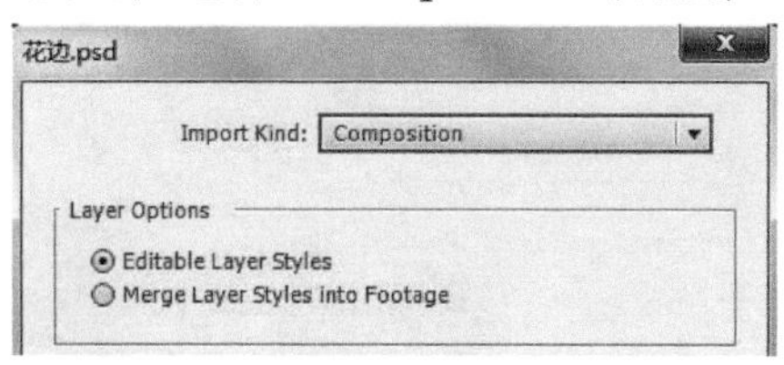

图　3-3

2） 将花边素材中的两个图层素材拖入“Timeline”（时间线）面板中，调整“图层0/花边.psd”的“Scale”（缩放）属性数值为（65.0%，50.0%），调整“图层1/花边.psd ”的“Scale”（缩放）数值为（-66.0%，60.0%），如图3-4所示；创建文字图层，输入文字“学生动漫作品赏析”，设置字体为“STXingkai”（行楷），颜色为蓝色，外描边为2px。设置完成后的效果如图3-5所示。

1　T 学生动漫作品...析	
2　图层 0/花边.psd	
Transform	Reset
Anchor Point	512.0,512.0
Position	286.0,220.0
Scale	65.0,50.0%
Rotation	0x+0.0°
Opacity	100%
3　图层 1/花边.psd	
Transform	Reset
Anchor Point	512.0,512.0
Position	432.0,288.0
Scale	-66.0,60.0%
Rotation	0x+0.0°
Opacity	100%

图　3-4

图　3-5

操作技巧：通过调整图层对象“Scale”（缩放）的正负值，可以完成水平或垂直翻转对象的操作。

镜头1　标题画面制作

2. 标题波纹动画特效制作

1） 新建合成，命名为“波纹”，格式为PAL D1/DV，画面尺寸为宽720px、高576px，持续时间长度为10秒；新建黑色固态图层，命名为“波纹”，如图3-6所示。

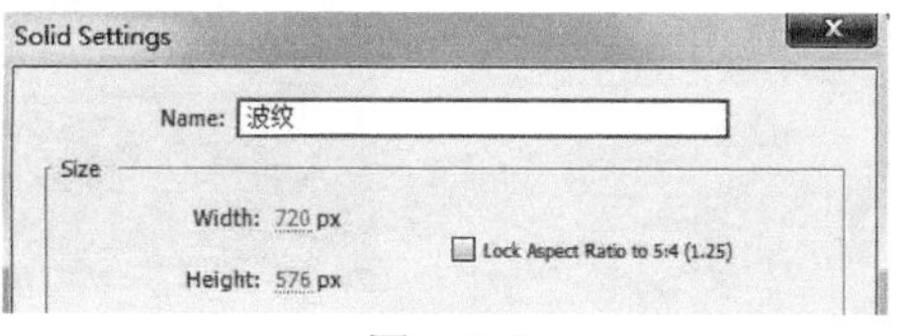

图　3-6

2） 选择“波纹”图层，执行“Effect”（效果）→“Simulate”（模拟仿真）→“Wave World”（波纹抖动）命令，在第2秒时，设置“Amplitude”（振幅）属性数值为0，在第5s时，设置“Amplitude”（振幅）属性数值为0.3，如图3-7所示。设置完成后的效果如图3-8所示。

2)

Wave World	Reset
View	Height Map
Wireframe Controls	
Height Map Controls	
Brightness	0.500
Contrast	0.250
Gamma Adjustment	1.000
Render Dry Areas As	Solid
Transparency	0.010
Simulation	
Grid Resolution	40
Grid Res Downsamples	On
Wave Speed	0.500
Damping	0.010
Reflect Edges	None
Pre-roll (seconds)	0.000
Ground	
Producer 1	
Type	Ring
Position	360.0,288.0
Height/Length	0.100
Width	0.100
Angle	0x+0.0°
Amplitude	0.300
Frequency	0.800
Phase	0x+0.0°
Producer 2	
Transform	Reset
Anchor Point	360.0,288.0
Position	360.0,288.0
Scale	100.0,100.0%
Rotation	0x+0.0°
Opacity	100%

图 3-7

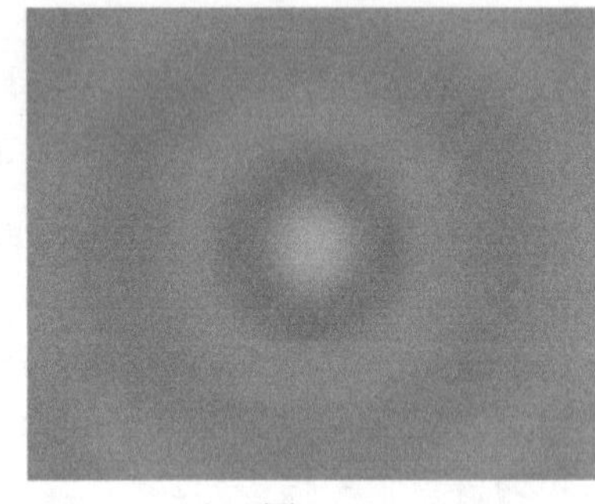

图 3-8

3) 新建合成，命名为“水波标题”，格式为PAL D1/DV，画面尺寸为宽720px、高576px，持续时间长度为10秒，将“Project”（项目）面板中的“标题”“波纹”两个合成拖入“Timeline”（时间线）面板，关闭“波纹”图层显示，如图3-9所示。

	1	标题
	2	波纹

图 3-9

4) 选择“标题”图层，执行“Effect”（效果）→“Simulate”（模拟仿真）→“Causitcs”（焦散）命令，设置“Bottom”（底面）为“标题”图层，“Water Surface”（水面）为“波纹”图层，“Surface Color”（表面颜色）属性为“黑”，如图3-10所示。测试动画效果，如图3-11所示。

Bottom	
Bottom	1. 标题
Scaling	1.000
Repeat Mode	Reflected
If Layer Size Differs	Center
Blur	0.000
Water	
Water Surface	2. 波纹
Wave Height	0.200
Smoothing	5.000
Water Depth	0.100
Refractive Index	1.200
Surface Color	
Surface Opacity	0.300
Caustics Strength	0.000
Sky	
Sky	None
Scaling	1.000
Repeat Mode	Reflected
If Layer Size Differs	Center
Intensity	0.300

图 3-10

图 3-11

知识点拨：“Causitcs”（焦散）滤镜特效可以模拟真实的反射和折射效果，“Bottom”（底部）属性可以调整对象为滤镜特效的底层，以重叠显示画面；“Water Surface”（水面）属性可以在下拉列表中设置一个图层为波纹的纹理；Sky（天空）可以在下拉列表中选择一个图层作为天空的反射图层。

镜头2　动画短片视频展示

1．动画短片粗剪

1）新建合成，命名为“转场”，格式为PAL D1/DV，画面尺寸为宽720px、高576px，持续时间长度为1分15秒。

2）导入视频素材包所提供的9个短片视频，如图3-12所示。

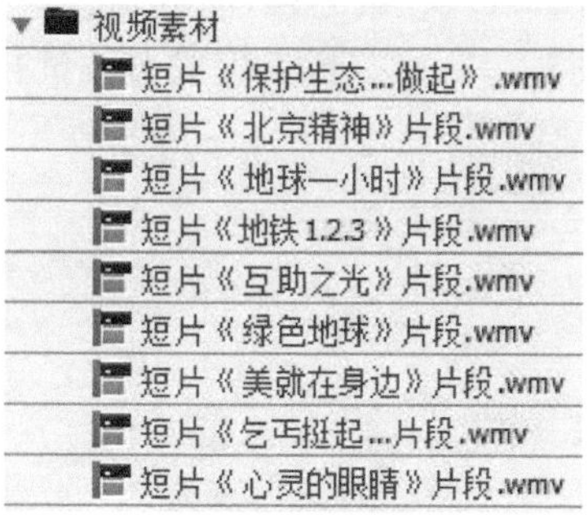

视频素材
短片《保护生态...做起》.wmv
短片《北京精神》片段.wmv
短片《地球一小时》片段.wmv
短片《地铁1.2.3》片段.wmv
短片《互助之光》片段.wmv
短片《绿色地球》片段.wmv
短片《美就在身边》片段.wmv
短片《乞丐挺起...片段.wmv
短片《心灵的眼睛》片段.wmv

图　3-12

3）在“Project”（项目）面板双击“短片《绿色地球》片段”素材，剪辑出长度为10s的视频片段，如图3-13所示。

06s
08s
10s
12s
14s
16s

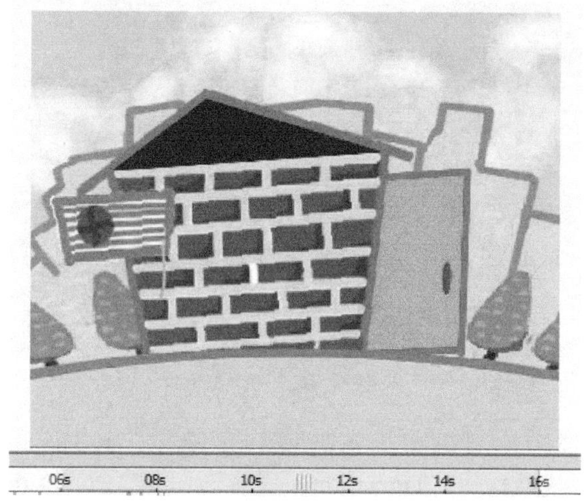

图　3-13

4）同理，针对其余8个短片视频，运用“粗剪”操作，分别剪辑出8个时长为10秒的视频，并将8个短片素材拖入“Timeline”（时间线）面板中，剪辑后的对象在“Timeline”（时间线）面板上的起始时间分别为第0秒、第8秒、第16秒、第24秒、第32秒、第40秒、第48秒、第56秒、第1分04秒，如图3-14所示。

[短片《绿色地球》片段.wmv]
短片《保护生态环境》.wmv
[短片《美就在身边》片段.wmv]
[短片《心灵的眼睛》片段.wmv]
[短片《地球一小时》片段.wmv]
[短片《北京精神》片段.wmv]
[短片《互助之光》片段.wmv]
[短片《乞丐挺...》片段.wmv]
[短片《地铁1.2.3》片段.wmv]

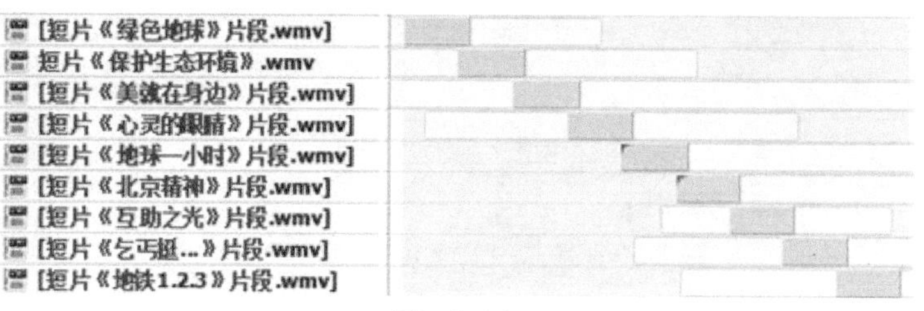

图　3-14

镜头2　动画短片视频展示

2. 动画短片转场制作

1）选中图层1“短片《绿色地球》片段”，设置当前时间为第8秒，执行“Effect”（效果）→“Transition”（转场）→“CC Grid Wipe”（CC网格擦除）命令，如图3-15所示。为“CC Grid Wipe（CC网格擦除）”特效的“Completion”（完成）属性设置关键帧动画，在第8秒时将数值设置为0%，在第10秒时将数值设置为100%，其他属性如图3-15所示。设置完成后测试转场效果，如图3-16所示。

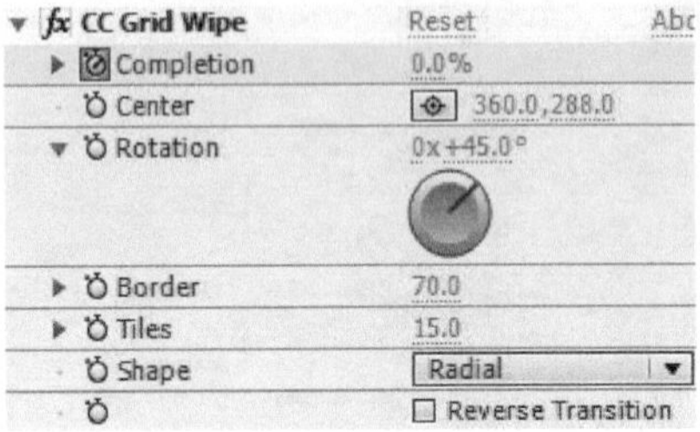

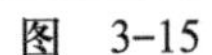

图　3-15

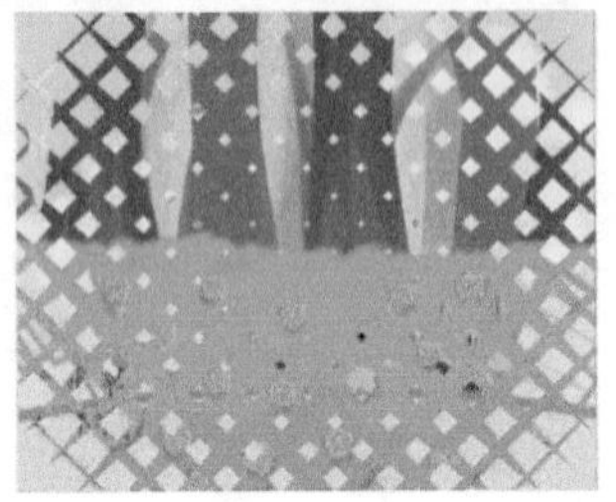

图　3-16

知识点拨：

“CC Grid Wipe”（CC网格擦除）效果将图像分解成多个小网格，以网格形状来显示擦除效果，具体属性如下：

① “Completion”（完成）：用来设置图像过渡的程度。

② “Center”（中心）：用来设置网格的中心点位置。

③ “Rotation”（旋转）：设置网格的旋转角度。

④ “Border”（边界）：设置网格的边界位置。

⑤ “Tile”（拼贴）：设置网格的大小。值越大，网格越小；值越小，网格越大。

⑥ “Shape”（形状）：用来设置整体网格擦除形状，可根据需要选择“Doors”（门）、“Radial”（径向）、“Rectangle”（矩形）3种形状中的一种进行擦除。

⑦ “Reverse Transition”（反转变换）：选中该复选框，使擦除相反。

2）选中图层2“短片《保护生态环境》片段”，设置当前时间为第16秒，执行“Effect”（效果）→“Transition”（转场）→“CC Grid Wipe”（CC网格擦除）命令，为“CC Grid Wipe”（CC网格擦除）特效的“Completion”（完成）属性设置关键帧动画，在第16秒时将数值设置为0%，在第18秒时将数值设置为100%，设置“Shape”（形状）属性为“Door”（门），如图3-17所示。设置完成后测试转场效果，如图3-18所示。

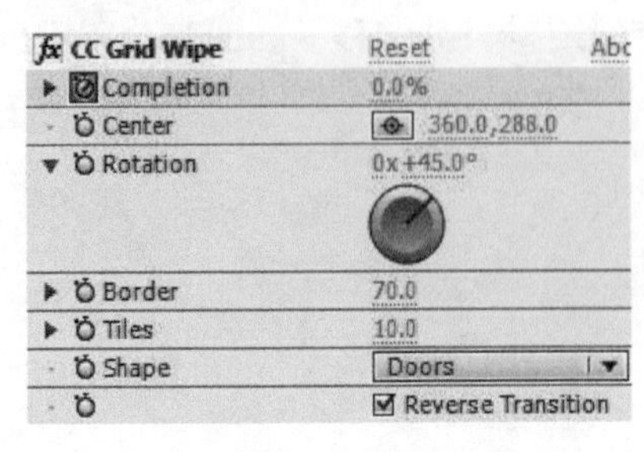

图　3-17

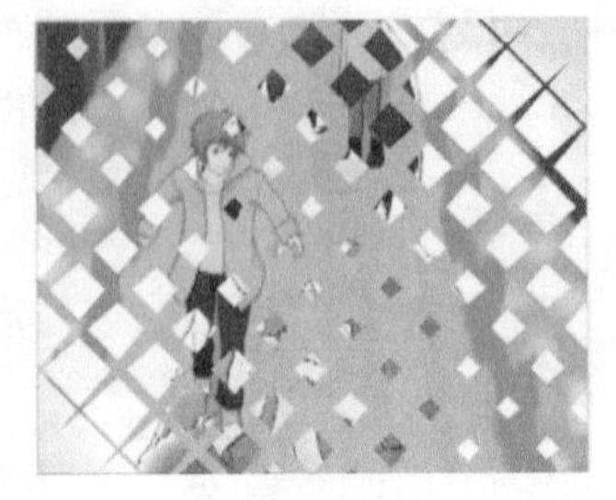

图　3-18

3）	选中图层3“短片《美就在身边》片段”，设置当前时间为第24秒，执行“Effect”（效果）→“Transition”（转场）→“Card Wipe”（卡片擦除）命令，为“Card Wipe”（卡片擦除）特效的“Completion”（完成）属性设置关键帧动画，在第24秒时将数值设置为0%，在第26秒时将数值设置为100%，设置“Back Layer（背面图层）属性为“13短片《心灵的眼睛》”如图3-19所示。设置完成后测试转场效果，如图3-20所示。

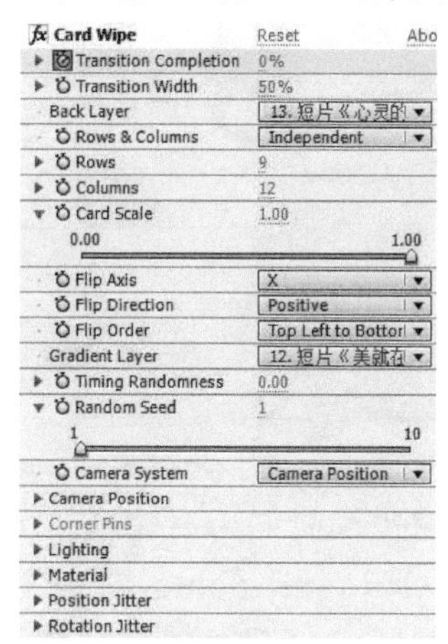

图 3-19

图 3-20

知识点拨：

“Card Wipe”（卡片擦除）效果可以将图像拆分成小卡片完成切换，拥有独立摄影机、灯光和材质系统，可以建立丰富的切换效果，具体属性如下。

① “Transition Completion”（转场完成度）：转场完成的百分比。

② “Transition Width”（转场宽度）：设置片状图像的宽度。

③ “Back Layer”（背面图层）：选择转场后出现的图层。

④ “Rows & Columns”（行和列）：可以选择“Independent”（独立）和“Columns Follows Rows”（列跟随行）。

⑤ “Rows”（行）：设置行的数值。

⑥ “Columns”（列）：设置列的数值。

⑦ “Card Scale”（卡片缩放）：设置卡片缩放大小。

⑧ “Filp Axis”（翻动轴）：设置卡片翻动的轴向。可以选择X轴、Y轴和“Random”（随机）。

⑨ “Filp Direction”（翻动方向）：卡片翻动方向，可选择“Positive”（正面）、“Negative”（反面）和“Random”（随机）。

⑩ “Filp Order”（翻动顺序）：设置卡片翻动顺序。

⑪ “Gradient Layer”（渐变图层）：指定渐变图层。

⑫ “Camera Position”（摄影机位置）：设置摄影机位置，旋转轴方向，“Focal Length”（焦距）。

4）	选中图层4“短片《心灵的眼睛》片段”，设置当前时间为第32秒，执行“Effect”（效果）→“Transition”（转场）→“Card Wipe”（卡片擦除）命令，为“Card Wipe”（卡片擦除）特效的“Completion”（完成）属性设置关键帧动画，在第32秒时将数值设置为0%，在第34秒时将数值设置为100%，设置“Back Layer”（背面图层）属性值为“14 短片《地球一小时》”，设置“Flip Axis（翻转轴）”属性数值为“Y”，如图3-21所示。设置完成后测试转场效果，如图3-22所示。

4)

Card Wipe	Reset	Abo
Transition Completion	0%	
Transition Width	50%	
Back Layer	14. 短片《地球一	
Rows & Columns	Independent	
Rows	9	
Columns	12	
Card Scale	1.00	
Flip Axis	Y	
Flip Direction	Positive	
Flip Order	Left to Right	
Gradient Layer	13. 短片《心灵的	
Timing Randomness	0.00	
Random Seed	1	
Camera System	Camera Position	
Camera Position		
Corner Pins		
Lighting		
Material		
Position Jitter		
Rotation Jitter		

图 3-21

图 3-22

5) 选中图层5“短片《地球一小时》片段”，设置当前时间为第40秒，执行“Effect（效果）”→“Transition（转场）”→“CC Radial Scale Wipe”（CC径向缩放擦除）命令，为“CC Radial Scale Wipe”（CC径向缩放擦除）特效的“Completion”（完成）属性设置关键帧，在第40秒时将数值设置为0%，在第42秒时将数值设置为100%，其他属性如图3-23所示。设置完成后，测试转场效果，如图3-24所示。

图 3-23

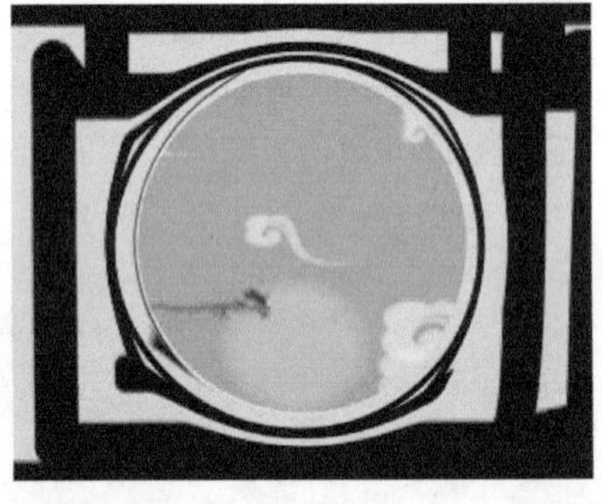

图 3-24

知识点拨：

“CC Radial Scale Wipe”（CC径向缩放擦除）效果可以使图像产生旋转缩放擦除效果，具体属性如下。

① “Completion”（完成）：用来设置图像过渡的程度。

② “Center”（中心）：用来设置放射的中心点位置。

③ “Reverse Transition”（反转变换）：设置擦除黑色区域与图像的转换。

6) 选中图层6“短片《北京精神》片段”，设置当前时间为第48秒，执行“Effect（效果）”→“Transition”（转场）→“Radial Wipe”（径向擦除）命令，为“Completion（完成）”属性设置关键帧动画，在第48秒时将数值设置为0%，在第50秒时将数值设置为100%，设置“Wipe”（擦除）为“Both”（全部），如图3-25所示。设置完成后测试转场效果，如图3-26所示。

6)

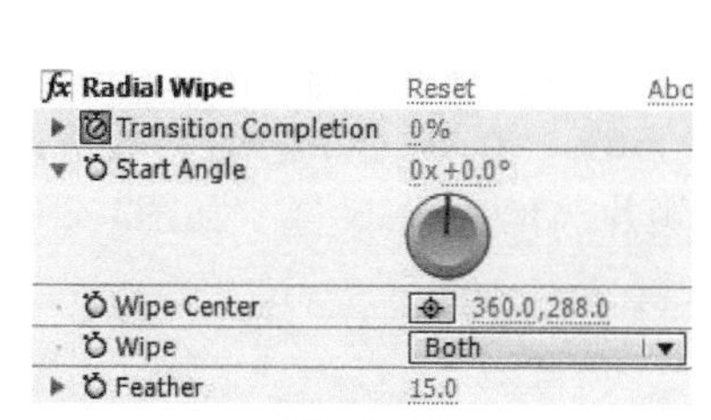

图 3-25

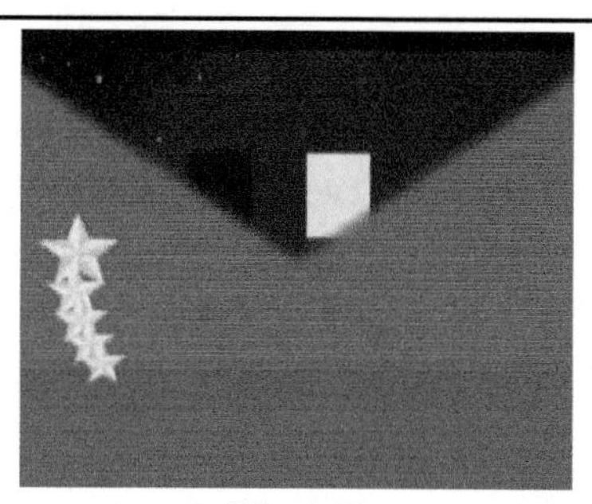

图 3-26

知识点拨：

“Radial Wipe”（径向擦除）效果是通过在图层的画面中产生放射状旋转完成扫描，具体属性如下。

①“Transition Completion”（转场完成度）：用来控制转场完成百分比。

②“Star Angle”（初始角度）：设置放射擦除的角度。

③“Wipe Center”（擦除中心）：设置擦除中心位置。

④“Wipe”（擦除）：擦除类型。

⑤“Feather”（羽化）：设置边缘羽化数值。

7) 选中图层7“短片《互助之光》片段”，设置当前时间为第56秒，执行“Effect（效果）”→“Transition”（转场）→“CC Jaws”（CC锯齿擦除）命令，为“Completion”（完成）属性设置关键帧动画，在第56秒时将数值设置为0%，在第58秒时将数值设置为100%，为“Direction”（方向）属性设置关键帧动画，在第56秒时将数值设置为0×0.0°，在第1分04秒时将数值设置为1×0.0°，如图3-27所示。设置完成后测试转场效果，如图3-28所示。

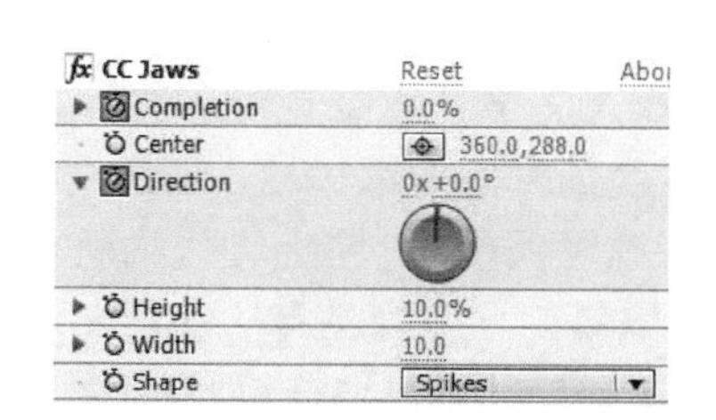

图 3-27

图 3-28

知识点拨：

“CC Jaws”（CC锯齿）效果是锯齿形状将图像一分为二进行切换，产生锯齿擦拭的图像效果，具体属性如下。

①“Completion”（完成）：设置图像过渡的程度。

②“Center”（中心）：设置锯齿的中心点位置。

③“Direction”（方向）：设置锯齿方向。

④“Height”（高度）：设置锯齿的高度。

⑤“Width”（宽度）：设置锯齿的宽度。

⑥“Shape”（形状）：设置锯齿的形状。

8) 选中图层8“短片《乞丐挺起了腰杆》片段”，设置当前时间为第1分04秒，执行“Effect（效果）”→“Transition”（转场）→“CC Twister”（CC扭曲擦除）命令，为“CC Twister”（CC扭曲擦除）特效的“Completion”（完成）属性设置关键帧动画，在第1分04秒时将数值设置为0%，在第1分06秒时将数值设置为100%，设置“Backside”（背面）为图层9“短片《地铁123》”，如图3-29所示，测试转场效果，如图3-30所示。

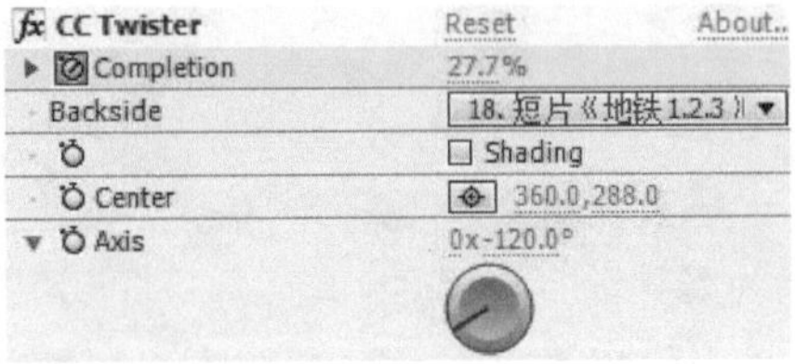

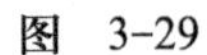

图 3-29

图 3-30

知识点拨:

“CC Twist”（CC扭曲）效果可以使图像产生扭曲的效果，具体属性如下：

① “Completion”（完成）：设置图像扭曲的程度。

② “Back”（背面）：设置背面扭曲图像。

③ “Shading”（阴影）：设置扭曲图像产生阴影。

④ “Center”（中心）：设置扭曲中心点位置。

⑤ “Axis”（坐标轴）：设置扭曲的旋转角度。

镜头2 动画短片视频展示

3. 短片小标题制作

1) 设置当前时间为第2秒，新建文字图层输入文字“《绿色地球》”，如图3-31所示。设置文字图层持续时间为7秒。设置当前时间为第10秒，新建文字图层输入文字“《保护生态从一朵花做起》”，持续时间6秒；同上，依次新建文字图层输入文字“《美就在身边》”“《心灵的眼睛》”“《地球一小时》”“《北京精神》”“《互助之光》”“《乞丐挺起腰杆》”“《地铁123》”等文字，各文字图层之间的关系，如图3-32所示。

图 3-31

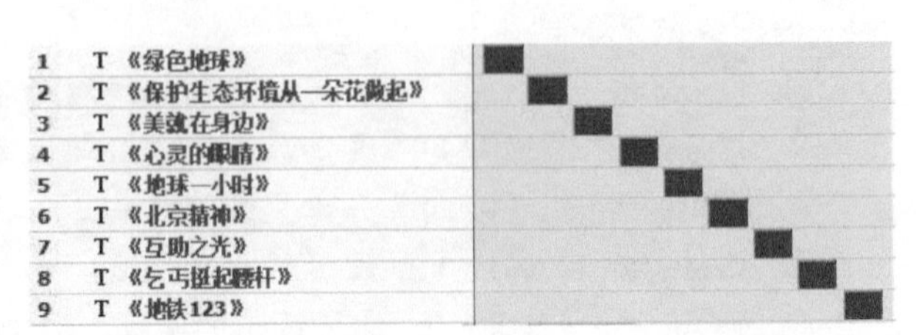

图 3-32

2）	选择图层“《绿色地球》”，设置当前时间为第2秒，执行“Effect（效果）”→“Transition”（转场）→“Venetian Blinds”（百叶窗）命令，设置“Transition Completion”（转场完成度）属性的关键帧动画，在第2秒时设置值为100%，在第3秒时设置值为0%，在第8秒时设置值为0%，在第9秒时值为100%，如图3-33所示。同理，对其他图层文字制作相应特效，如图3-34所示。

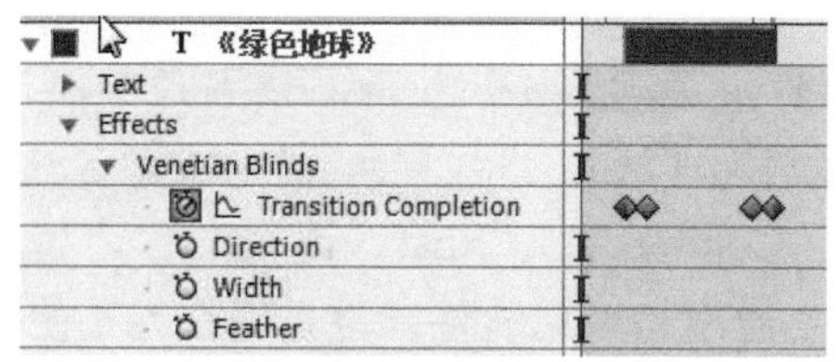

图 3-33

图 3-34

知识点拨：“Venetian Blinds”（百叶窗）特效在本“学习单元1 任务6”中已经介绍过。

经验分享：“Transition”（转场）类特效不仅可以制作转场效果，也可以用于图层对象动态效果的制作。

镜头1、2 最终合成

1）	新建合成，命名为“最终合成”，格式为PAL D1/DV，画面尺寸为宽720px、高576px，持续时间长度为1分25秒。
2）	将“水波标题”“转场”两个合成拖入“Timeline”（时间线）面板中，选择“水波标题”图层，为其“Opacity”（不透明度）属性设置关键帧动画，在第8秒时设置值为100%，在第10秒时设置值为0%，如图3-35所示。预览无误后，渲染输出视频。

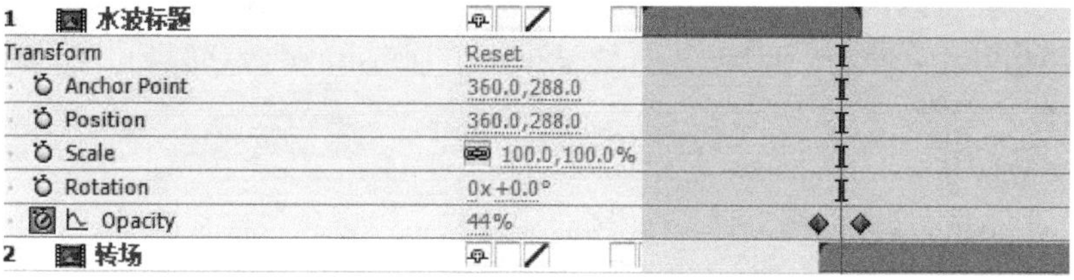

图 3-35

知识链接

1. 电视包装基本知识

电视包装目前已成为电视台、电视节目公司、广告公司最常用的概念之一，是对电视台的整体形象进行一种外在形式要素的规范和强化。电视节目、栏目、频道的包装，可以起到突出节目、栏目、频道个性特征和特点；确立并增强观众对节目、栏目、频道的识别能力；确立节目、栏目、频道的品牌地位；使包装的形式和节目、栏目、频道融为有机的组成部分等作用。好的节目、栏目、频道的包装能赏心悦目，本身就是精美的艺术品。

（1）制作流程

电视包装的基本流程如下：

1）确定将要服务的目标。

2）确定制作包装的整体风格、色彩节奏等。

3）设计分镜头脚本，绘制故事版。

4）进行音乐的设计制作与视频设计的沟通，制订解决方案。

5）将制作方案与客户沟通确定最终的制作方案。

6) 执行设计好的制作过程，包括二维制作、三维制作、实际拍摄、特效合成、音乐制作等。

7） 最终合成为成片输出播放。

（2）使用的软件

在电视频道包装中经常会使用的软件主要包括3个方面，分别是平面设计软件（如Photoshop、Illustrator等）、2D/3D动画软件（ Flash、3ds Max、Maya 、XSI等）和后期合成软件（如 After Effects、Digital Fustion、Combustion、Shake等）。

在电视包装中，After Effects 作为一款通用的后期软件，也是现在为止使用最为广泛的后期合成软件，它可以和大多数 2D、3D 软件进行配合使用。

2. After Effects CS6内置转场特效

转场作为影视作品经常采用的一种视觉特效，主要指一个镜头切换至另一个镜头，或由一个场景切换至另一个场景，或影片段落转换时所采用的过渡或转换方法称为“转场”，英文为“Transition”。在电视栏目包装中经常需要运用绚丽多变的转场特效，为观众制造强烈的视觉冲击感。在 After Effects CS6 的“Effect”（效果）菜单中的“Transition”（转场）包含了一系列转场效果，操作时通过将转场作用于某一个图层对象上，最终实现两个图层对象之间的转换。除了在任务中已经运用的转场外，下面再介绍几个 After Effects 中常用的内置转场特效。

（1） “Block Dissolve”（块状溶解）特效

1）功能：可以用随机的方块形式对两个图层的重叠部分进行切换。

2）创建方法：执行“Effect”（效果）→“Transition”（转场）→“Block Dissolve”（块状溶解）命令。

3）参数解析：

①“Transition Completion”（转场完成度）：设置转场完成百分比。

②“Block Width”（板块宽度）：设置块面的宽度。

③“Block Height”（板块高度）：设置块面的高度。

④“Feather”（羽化）：设置块面边缘的羽化效果。

⑤“Soft Edges”（边缘柔化）：选中该复选框，块面边沿更柔和。

当“Black Dissolve”（块状溶解）特效属性面板设置如图 3-36所示时，转场效果如图3-37所示。

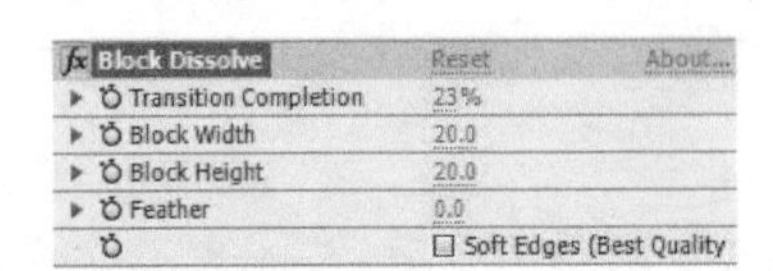

图 3-36

图 3-37

（2）“CC Glass Wipe”（CC玻璃擦除）特效

1）功能：可以使图像产生类似玻璃融化效果。

2）创建方法：执行“Effect”（效果）→“Transition”（转场）→“CC Glass Wipe”（CC玻璃擦除）命令。

3）参数解析。

①“Completion”（完成）：设置图像扭曲的程度。

a）“Layer to Reveal”（显示图层）：当前显示图层。

b）“Gradient Layer”（渐变图层）：指定一个渐变图层。

②“Softness”（柔化）：设置扭曲效果的柔化程度。

③“Displacement Amount”（偏移量）：设置扭曲的偏移程度。

当“CC Glass Wipe”（CC玻璃擦除）特效属性面板设置如图3-38所示时，转场效果如图3-39所示。

CC Glass Wipe	Reset	About...
Completion	50.0%	
Layer to Reveal	11. 短片《保护生态玑	
Gradient Layer	13. 短片《心灵的眼睛	
Softness	10.00	
Displacement Amount	25.0	

图 3-38

图 3-39

（3）“CC Image Wipe”（CC图像擦除）特效

1）功能：通过对特效图层与指定图层之间像素差异的比较，依据指定图层图像的亮暗或色相等规律来进行擦除。

2）创建方法：执行“Effect”（效果）→“Transition”（转场）→“CC Image Wipe”（CC图像擦除）命令。

3）参数解析。

①“Completion”（完成）：用来设置图像过渡的程度。

②“Border Softness”（边界柔化）：设置指定图层图像的边沿柔化程度。

③“Gradient”（渐变）：指定一个渐变图层。

④“Layer”（层）：设置擦除时的指定图层。

⑤“Property”（属性）：指定擦除的依据，包括亮度、色相、饱和度、透明度等。

⑥“Blur”（模糊）：设置指定图层的模糊程度。

⑦“Inverse Gradient”（反转渐变）：选中该复选框，将指定图层的擦除图像按照其特性的设置进行反转。

当“CC Image Wipe”（CC图像擦除）特效属性面板设置如图3-40所示时，转场效果如图3-41所示。

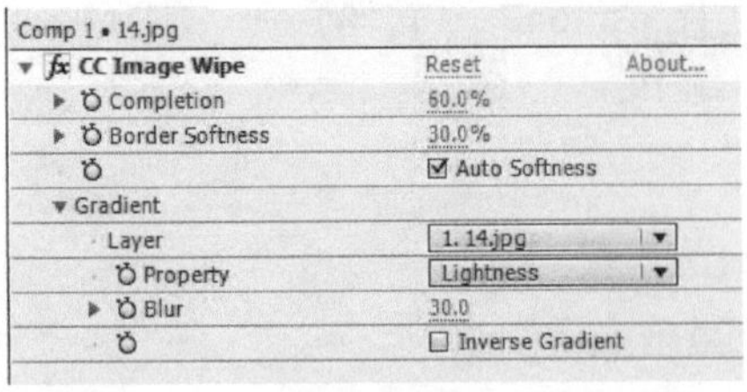

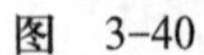

Comp 1 • 14.jpg
fx CC Image Wipe　Reset　About...
Completion　60.0%
Border Softness　30.0%
☑ Auto Softness
Gradient
Layer　1. 14.jpg
Property　Lightness
Blur　30.0
☐ Inverse Gradient

图 3-40

图 3-41

（4）“CC Light Wipe”（CC发光擦除）特效

1）功能：运用几何形状发光效果对图像进行擦除。

2）创建方法：执行“Effect”（效果）→“Transition”（转场）→“CC Light Wipe”（CC发光擦除）命令。

3）参数解析。

①“Completion”（完成）：用来设置图像过渡的程度。

②“Center”（中心）：用来设置形状的中心点位置。

③“Intensity”（强度）：用来设置发光强度。

④“Shape”（形状）：设置擦除形状，包括“Door”（门）、“Round”（圆形）“Square”（正方形）3种形状。

⑤“Direction”（方向）：设置擦除方向。注意，当形状为非圆形时，该属性才可以使用。

⑥“Color”（颜色）：设置发光的颜色。

⑦“Reverse Transition”（反转变换）：设置发光擦除区域与图像的转换。

当“CC Light Wipe”（CC发光擦除）特效属性面板设置如图3-42所示时，转场效果如图3-43所示。

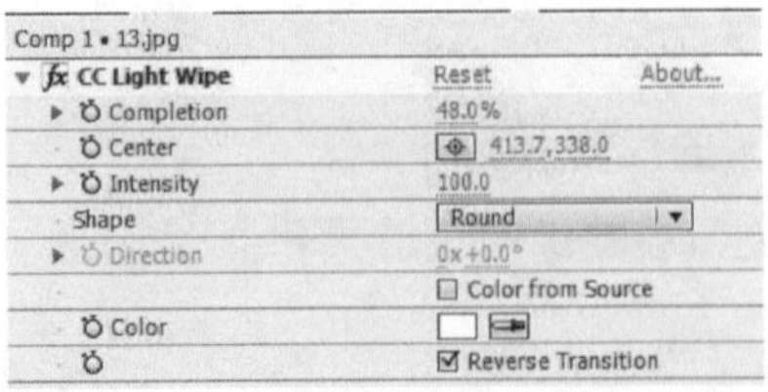

Comp 1 • 13.jpg
fx CC Light Wipe　Reset　About...
Completion　48.0%
Center　413.7,338.0
Intensity　100.0
Shape　Round
Direction　0x+0.0°
☐ Color from Source
Color
☑ Reverse Transition

图 3-42

图 3-43

（5）“CC Scale Wipe”（CC缩放擦除）特效

1）功能：通过调节拉伸中心点的位置以及拉伸的方向，使其产生拉伸的效果。

2）创建方法：执行“Effect”（效果）→“Transition”（转场）→“CC Scale Wipe”（CC缩放擦除）命令。

3）参数解析。

①“Stretch”（拉伸）：设置图像的拉伸程度。

②“Center”（中心）：设置拉伸中心点位置。

③“Direction”（方向）：设置拉伸的方向。

当“CC Scale Wipe”（CC缩放擦除）特效属性面板设置如图3-44所示时，转场效果如图3-45所示。

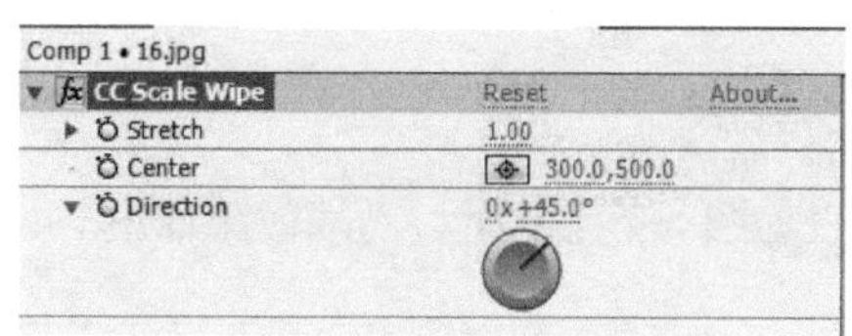

图　3-44

图　3-45

（6）“Gradient Wipe”（渐变擦除）特效

1）功能：以指定一个层的亮度值为基础创建一个渐变过渡效果。

2）创建方法：执行“Effect”（效果）→“Transition”（转场）→“Gradient Wipe”（渐变擦除）命令。

3）参数解析。

①“Transition Completion”（转场完成度）：用来控制渐变擦除的完成程度。

②“Transition Softness”（转场柔化）：设置边缘柔化程度。

③“Gradient Layer”（渐变图层）：选择渐变图层。

④“Gradient Placement”（渐变替换）：设置渐变图层的溶解位置和大小。

⑤“Invert Gradient”（反向渐变）：渐变图层反向，使亮度参考相反。

当“Gradient Wipe”（渐变擦除）特效属性面板设置如图3-46所示时，转场效果如图3-47所示。

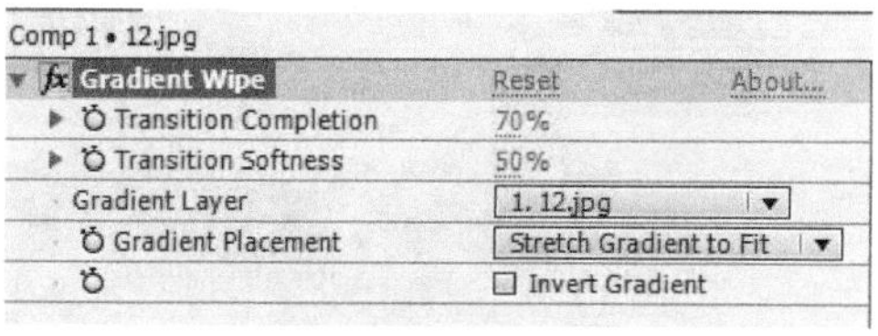

图　3-46

图　3-47

（7）“Iris Wipe”（星形擦除）特效

1）功能：以辐射状变化显示下面的画面，可以指定作用点、外半径及内半径来产生不同的辐射形状。

2）创建方法：执行“Effect”（效果）→“Transition”（转场）→“Iris Wipe”（星形擦除）命令。

3）参数解析。

①“Iris Center”（星形中心）：设置星形擦除的辐射中心位置。

②“Iris Point”（星形锚点）设置星形辐射多边形形状。

③“Outer Radius”（外半径）：设置外半径数值，调节星形大小。

④“Inner Radius”（内半径）：设置内半径数值，必须选中“Use Inner Radius”（使用内半径）复选框。

⑤“Rotation”（旋转）：设置旋转角度。

⑥“Feather”（边缘羽化）：设置边沿羽化程度。

当“Iris Wipe”（星形擦除）特效属性面板设置如图3-48所示时，转场效果如图3-49所示。

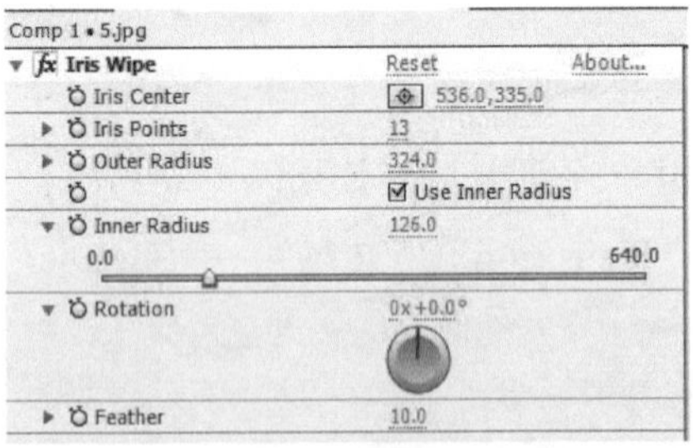

Comp 1 • 5.jpg
Iris Wipe　Reset　About...
Iris Center　536.0,335.0
Iris Points　13
Outer Radius　324.0
Use Inner Radius
Inner Radius　126.0
0.0　640.0
Rotation　0x+0.0°
Feather　10.0

图　3-48

图　3-49

（8）“Linear Wipe”（线性擦除）特效

1）功能：设置从某个方向开始的擦拭效果。

2）创建方法：执行“Effect”（效果）→“Transition”（转场）→“Linear Wipe”（线性擦除）命令。

3）参数解析。

①“Transition Completion”（转场完成度）：用来控制转场完成百分比。

②“Wipe Angle”（擦除角度）：设置擦除的角度。

③“Feather”（羽化）：设置边缘羽化数值。

当“Linear Wipe”（线性扫描）特效属性面板设置如图3-50所示时，转场效果如图3-51所示。

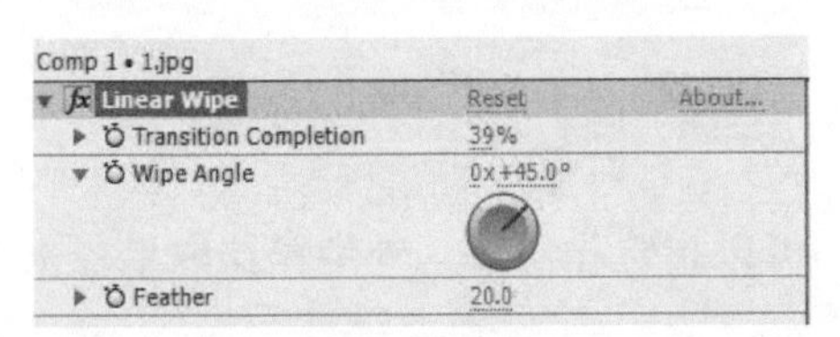

图　3-50

图　3-51

3. “Card Dance”（卡片翻转）特效

1）功能：根据指定图层的特征分割画面，产生卡片翻转的效果。可以在X、Y、Z轴上进行移动、旋转、缩放等操作，是一个三维效果，可以设置灯光材质的属性和方向。

2）创建方法：执行“Effect”（效果）→“Simulation”（模拟仿真）→“Card Dance”（卡片翻转）命令。

3）参数解析。

①“Rows & Columns”（行和列）：选择单位面积卡片产生的方式，包含“Independent（独立）和“Columns Follows Rows”（列随行）。

②“Back Layer”（背景图层）：选择背景图层。

③“Gradient Layer”（渐变图层）：设置卡片的渐变图层。

④“Rotation Order”（旋转顺序）：选择卡片的旋转顺序。

⑤“Transformation Order”（变换顺序）：选择卡片的变换顺序。

⑥“X/Y/Z Position”（X/Y/Z位置）：控制卡片在X、Y、Z轴上的位移。

⑦“X/Y/Z Rotation”（X/Y/Z旋转）：控制卡片在X、Y、Z轴上的旋转。

⑧“X/Y/Z Scale”（X/Y/Z缩放）：控制卡片在X、Y、Z轴上的缩放。

⑨“Camera Position”（摄影机位置）：“Card Dance”（卡片翻转）特效自带的摄像机，此参数可以设置这个摄像机的X、Y、Z的位置和旋转数值以及焦距。

如图3-52所示的风景图片，通过“卡片翻转”特效设置后，效果如图3-53所示，属性面板如图3-54所示。

图 3-52

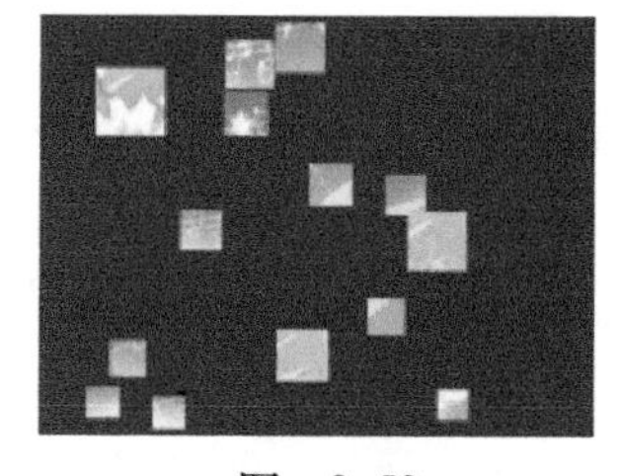

图 3-53

图 3-54

制作MV片尾效果，具体要求见表3-2。

表3-2 制作MV片尾效果任务单

任务名称	制作MV片尾效果
分镜脚本	
本镜头要求运用星光卡片汇聚和马赛克动画，实现镜头画面从碎片汇聚成为整幅图，最后被马赛克逐渐覆盖的效果，如图3-55所示。 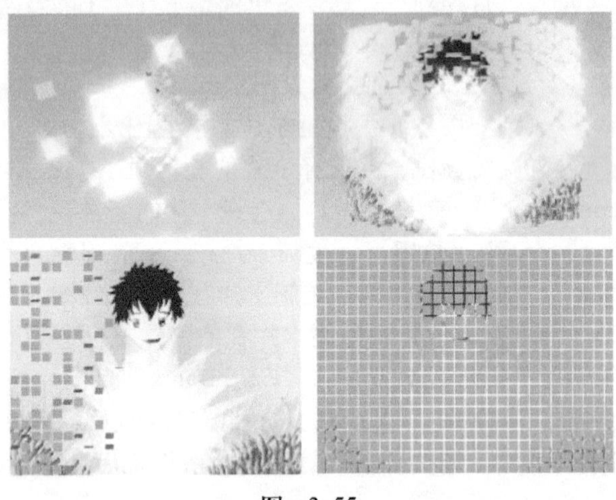 图 3-55	
任务要求	
格式要求 1）影片的格式：制式PAL D1/DV；画面的尺寸：宽720px、高576px 2）时长：10秒 3）输出格式：AVI 4）命名要求：MV片尾 效果要求： 1）由分散的碎片汇集组成整幅图片 2）最后马赛克自左向右，随机出现，逐步过渡，最终覆盖整个画面	

【制作小提示】

1．星光卡片翻转制作

1）新建合成，命名为“渐变层”。创建两个固态图层，分别命名为“渐变板”和“噪波板”，分别执行“Ramp”（渐变）和“Fractal Noise”（分形噪波）命令，参数设置如图3-56所示。

2）新建合成，命名为“星光卡片”，创建固态图层，命名为“背景板”，执行“Ramp”（渐变）命令，如图3-57所示。

3）将素材图片“13.jpg”导入，拖入到“Timeline”（时间线）面板中，并将合成“渐变层”拖入到“Timeline”（时间线）面板中。

4）选择图片图层，执行“Effect”（效果）→“Simulation”（模拟仿真）→“Card Dance”（卡片翻转）命令，再执行“Effect”（效果）→“Trapcode”（Trapcode插件组）→“Starglow”（星光）命令，如图3-58所示。

2．马赛克动画制作

1）创建蓝色固态图层，命名为“马赛克”，将图层拖动到“Timeline”（时间线）面板中的第6秒。

2）执行“Effect”（效果）→“Transition”（转场）→“Card Wipe”（卡片擦除）命令，特效属性设置如图3-59所示。

3）在第6秒和第8秒设置相应属性关键帧动画。

4）选择该图层，执行“Effect”（效果）→“Color Correction”（色彩校正）→“Hue/Saturation”（色相/饱和度）命令，制作出画面由蓝变黑的效果。

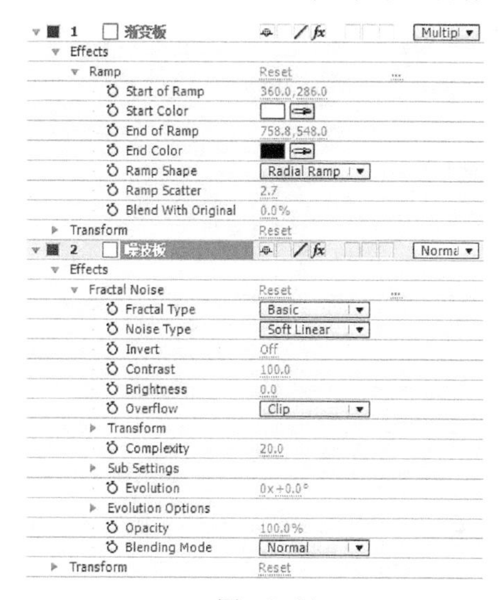

图 3-56

图 3-57

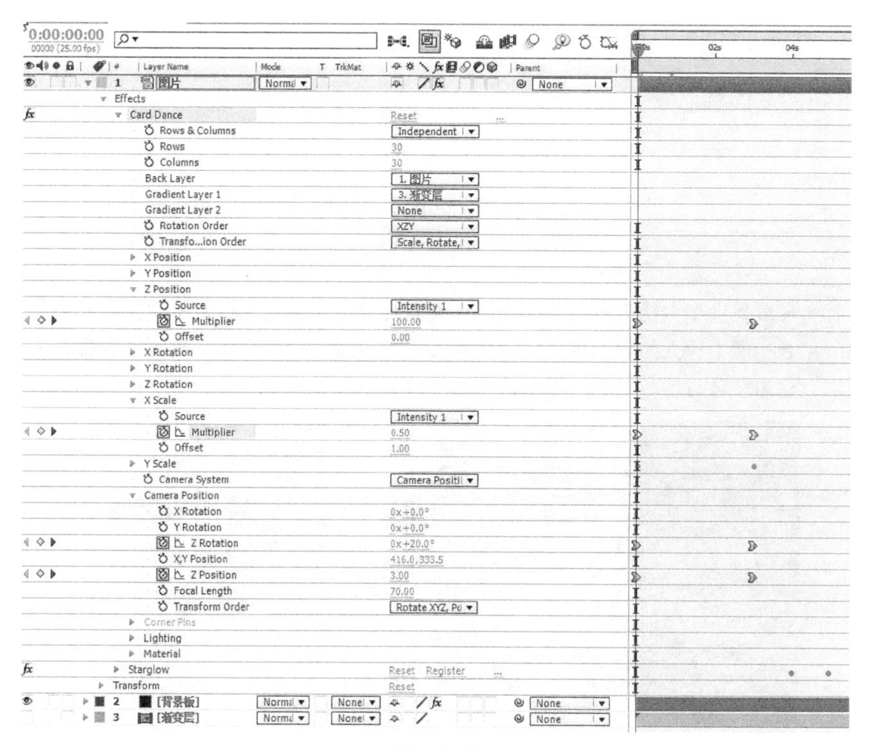

图 3-58

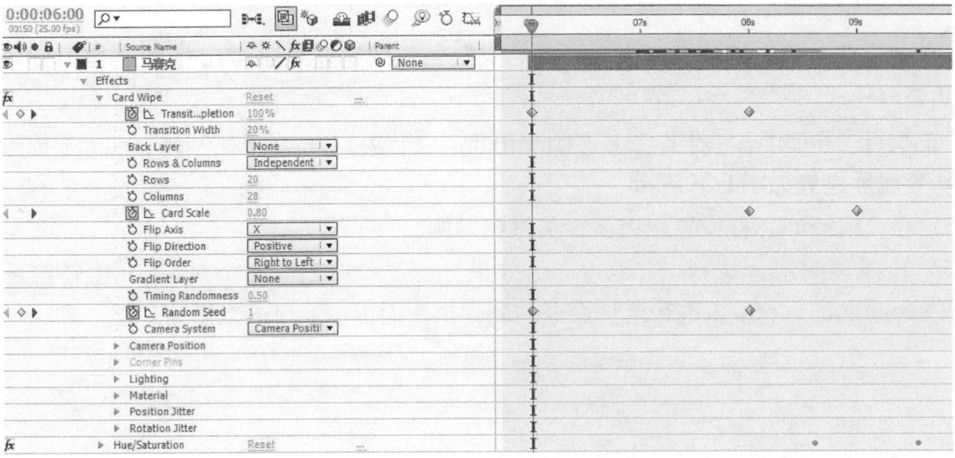

图 3-59

拓展任务评价

评价标准	能做到	未能做到
格式符合任务要求		
星光卡片翻转效果自然，图片汇聚动画速度适中		
马赛克转场运动自左向右，逐步过渡，速度节奏适中		

任务2　制作键控特效镜头

任务领取

从总监处领取的任务单见表3-3。

表3-3 《我的动漫我做主》栏目键控特效镜头制作任务单

<table>
<tr><td>任务名称</td><td>《我的动漫我做主》栏目键控特效镜头制作</td></tr>
<tr><td colspan="2">分镜脚本</td></tr>
<tr><td colspan="2">本视频主要实现演播室中主持人开场镜头画面，要求将拍摄完成的主持人素材抠像再与已有的背景视频进行合成，结合布偶主持人的语言描述显示标题文字“校园电视台”和“我的动漫我做主”，要求文字特效、色彩、动态设计与前、后景画面和谐一致，如图3-60所示。

图 3-60</td></tr>
</table>

（续）

任务要求
1．格式要求 1）影片的格式：制式PAL D1/DV；画面的尺寸：宽720px、高576px 2）时长：26秒 3）输出格式：MOV 4）命名要求：键控特效镜头 2．效果要求 1）主持人抠像完整、背景无残留，无偏色现象 2）文字特效设计与背景视频的动画、色调相符

任务分析

本任务表现的内容是在演播室中，可爱的布偶主持人运用肢体语言进行生动有趣的开场介绍。前景是布偶主持人的动态表演，背景为图、文动态展示，通过前景与背景的合成完成演播室中的开场镜头。从制作角度分析，本任务分为“校园电视台”与“我的动漫我做主”两个主要镜头。

“镜头1”中首先针对绿屏背景下拍摄的前景主持人视频进行抠像处理，即实现动态人物与背景有效结合。在After Effects CS6软件中，针对镜头角色的抠像处理称为“键控”，主要通过“Effect”（效果）菜单中的“Keying”（键控）滤镜实现抠像操作，在该类滤镜中有一款由外挂插件转为内置滤镜的软件“Keylight（1.2）”，其键控效果明显，操作简单，因此，本任务中将采用“Keylight（1.2）”作为抠像的主要工具。同时为了使前、后景更好的合成，在抠像完成后，将运用“Levels”（色阶）对抠像对象进行相应颜色、亮度调整，改正其可能出现的偏色现象。

其次，为了与栏目主题及提供的背景素材风格相符，在“镜头1”的文字处理中，将运用已经学习过的“Hue/Saturation”（色相/饱和度）及“Starglow”（星光）特效对标题文字的色彩进行修饰并设计光效，借助3D图层的“Transform”（变换）操作完成文字投影制作。

“镜头1”与“镜头2”的转场则利用“Lens Flare”（镜头光晕）特效的强光变化实现两个镜头的过渡。

“镜头2”的背景设计采用动态视频素材与图片3D图层组合，配合“蒙版”与“图层叠加”模式，制作出电影打板中滚动的作品画面，突出校园学生动漫特征；标题文字通过图层风格修饰并运用3D图层模拟出投影效果，最后利用“CC Sphere”（CC球体）特效制作出围绕电影打板旋转的文字特效。键控特效镜头的制作流程，如图3-61所示。

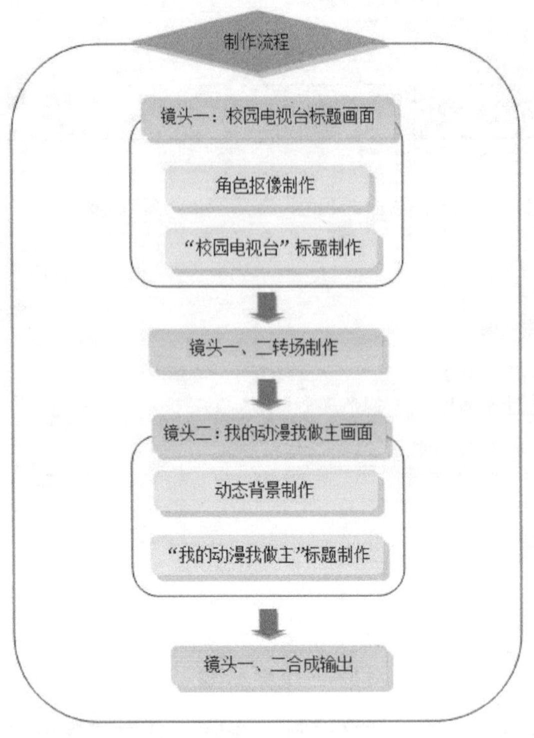

图 3-61

任务实施

说明：本任务及拓展任务所用的素材、源文件在配套光盘“学习单元3/任务2”文件夹中。

镜头1　校园电视台标题制作

1. 角色抠像制作

1）启动软件，创建项目，新建合成，命名为“主持人开场白”，格式为PAL D1/DV，画面尺寸为宽720px、高576px，持续时间长度为26秒。保存项目文件，命名为“《我的动漫我做主》栏目键控特效镜头”。

2）导入素材“布偶主持人.mp4”，拖入到“Timeline”（时间线）面板，调整大小，如图3-62所示。

图　3-62

经验分享：为了获得较好的抠像效果，在实际拍摄时需注意，应尽量采用蓝屏或绿屏作为拍摄背景（因为人皮肤中不包含蓝、绿颜色）并注意光线均匀，及前、后景颜色对比明显。

3）选择“布偶主持人”图层，执行“Effect”（效果）→“Keying”（键控）→“Keylight（1.2）”命令，如图3-63所示，使用“Screen Colour”（屏幕颜色）后的“吸管工具”吸取背景色，调整“Screen Gain”（屏幕增益）属性的数值为120，“Screen Balance”（屏幕调和）属性的数值为20，“Screen Pre-blur”（屏幕预模糊）属性的数值为2，打开“Screen Matte”（屏幕蒙版）属性，对“Clip Black”（修剪黑色）和“Clip White”（修剪白色）可适当微调，其中“Screen Softness”（屏幕柔化）属性可调整抠像对象边沿的羽化。

单击预览窗口的“Toggle Transparency Grid”（透明网格）按钮，检查抠像效果，如图3-64所示。

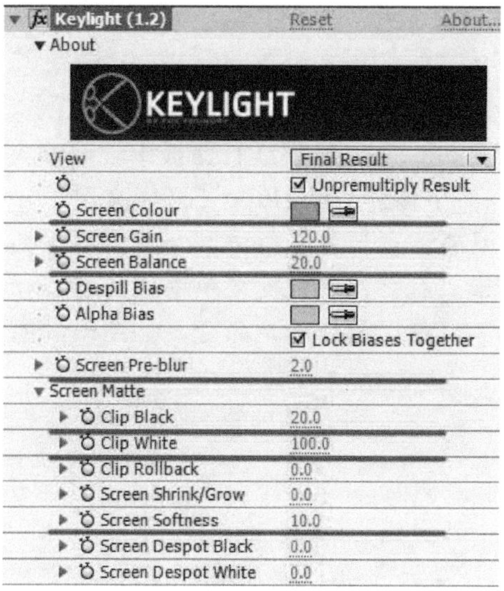

图 3-63

图 3-64

知识点拨：“Keylight（1.2）”可以轻松抠除带有阴影、半透明或毛发等的素材，并且还有溢出抑制的功能，可以清除抠像蒙版边沿溢出的颜色，使得前景与合成背景更加协调。

经验分享：在抠像检查时，需要在多个时间点对抠像结果检查，以保证抠像的准确性。

4）选择“布偶主持人”图层，执行“Effect”（效果）→“Color Correction”（色彩校正）→“Level”（色阶）命令，调整“Input White”（输入白色）属性的数值为190，校正角色亮暗关系，如图3-65所示。

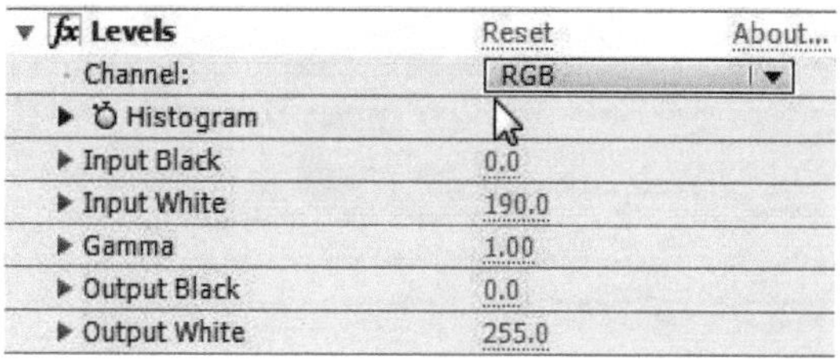

图 3-65

5）	选择该图层，继续执行“Effect”（效果）→“Color Correction”（色彩校正）→“Hue/Saturation”（色相/饱和度）命令，进一步调整角色饱和度，设置参数如图3-66所示，效果如图3-67所示。

Hue/Saturation　Reset　About...
Channel Control　Yellows
Channel Range
Yellow Hue　0x+0.0°
Yellow Saturation　30
Yellow Lightness　25

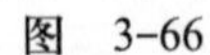

图　3-66

图　3-67

镜头1　校园电视台标题制作

2．“校园电视台”标题制作

1） 导入素材“背景1.mov”，拖入到“Timeline”（时间线）面板中，调整大小；创建文字图层，输入文字“校园电视台”，字体为“STHupo”（华文琥珀），字号为80，描边为2px，颜色可自己定义，但需注意与背景色协调一致。为了模拟出文字的厚度，可在文字图层上单击鼠标右键，在弹出的快捷菜单中执行“Layer Styles”（图层风格）→“Bevel and Emboss”（斜面和浮雕）命令，如图3-68所示，文字效果如图3-69所示。

图　3-68

Layer Styles
Blending Options
Bevel and Emboss

图　3-69

2） 选择文字图层，执行“Effect”（效果）→“Perspective”（透视）→“Bevel Alpha”（Alpha倒角）命令，设置“Edge Thickness”（边缘厚度）属性的数值为5，并设置“Light Intensity”（灯光强度）属性的数值为0.4；再执行“Effect”（效果）→“Trapcode”（Trapcode插件组）→“Starglow”（星光）命令，在“Preset”（预置）中选“Blue”（蓝色），设置“Streak Length”（光线长度）属性的数值为10，参数设置如图3-70所示，效果如图3-71所示。

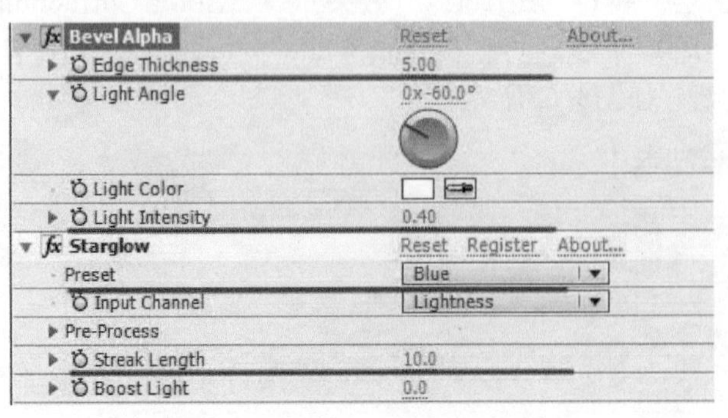

图　3-70

图　3-71

3）将当前文字图层设置为3D图层，为“Position”（位置）属性设置关键帧动画，在第0s时，设置数值为（49，408，-1112），在第8秒时，设置数值为（64，400，135）；为“Orientation”（方向）属性设置关键帧动画，在第4秒时，设置数值为（0，295，0），在第8秒时，设置数值为（0，0，0）；制作出文字进入画面的动画，“Timeline”（时间线）面板如图3-72所示，效果如图3-73所示。

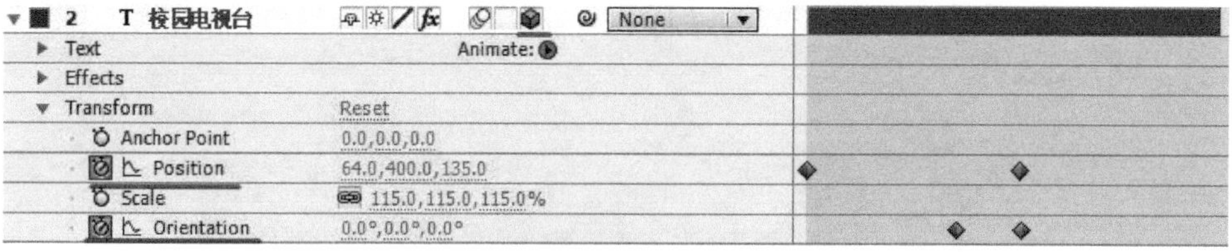

2 T 校园电视台	None
Text	Animate:
Effects	
Transform	Reset
Anchor Point	0.0,0.0,0.0
Position	64.0,400.0,135.0
Scale	115.0,115.0,115.0%
Orientation	0.0°,0.0°,0.0°

图 3-72

图 3-73

镜头1镜头2转场制作

1）选择“背景1.mov”图层，执行“Effect”（效果）→“Generate”（生成）→“Lens Flare”（镜头光晕）命令，设置“Flare Center”（光晕中心）属性数值为（238，110）；为“Flare Brightness”（光晕亮度）设置关键帧动画，在第14秒时数值设置为0%，在第15秒时数值设置为300%，制作出强光变化转场，参数设置如图3-74所示，效果如图3-75所示。

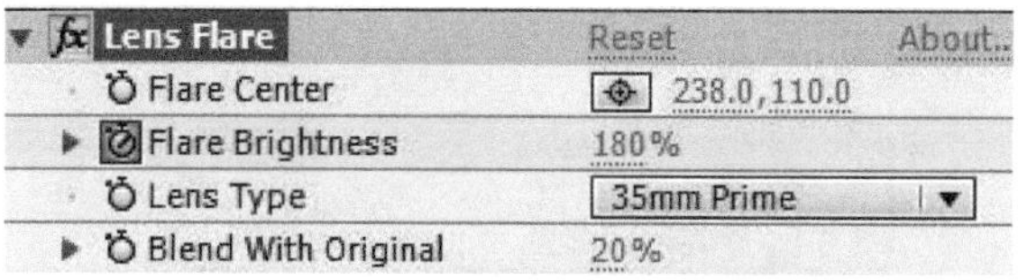

Lens Flare	Reset	About...
Flare Center	238.0,110.0	
Flare Brightness	180%	
Lens Type	35mm Prime	
Blend With Original	20%	

图 3-74

图 3-75

镜头2　我的动漫我做主画面制作

1. 动态背景制作

1）新建合成，命名为“动漫图水平运动”，格式为PAL D1/DV，画面尺寸为宽720px、高576px，持续时间长度为12秒，导入素材“动漫图.jpg”，拖入到“Timeline”（时间线）面板中，为其“Position”（位置）属性设置关键帧动画，在第0秒时，数值设置为（1432，288），在第12秒时，数值设置为（-710，288），如图3-76所示。

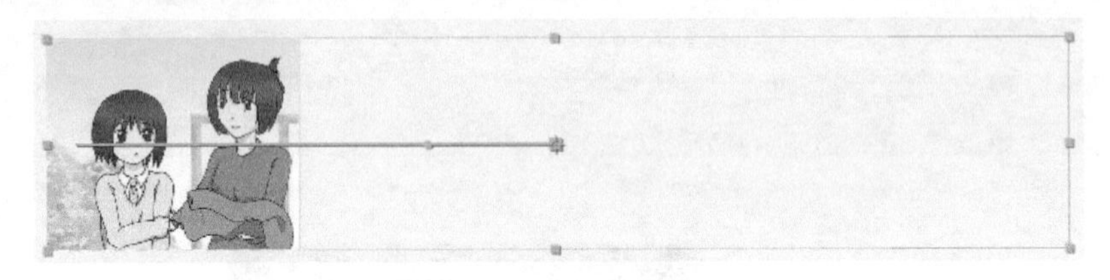

图　3-76

2）新建合成，命名为“背景2合成”，格式为PAL D1/DV，画面尺寸为宽720px、高576px，持续时间长度为12秒。导入素材“背景2.mov”，添加到“Timeline”（时间线）面板中；将“动漫图水平运动”合成也添加到“Timeline”（时间线）面板中，同时设置为3D图层，图层叠加模式为“Overlay”（正片叠底）；在第0秒17帧，设置“Position”（位置）属性的数值为（240，288，0），“Scale”（缩放）属性的数值为（62，55.1，66.7%），“Y Rotation”（Y轴旋转）属性的数值为0×-43.0°；为了使“动漫图水平运动”图层大小与背景视频素材中影片打板图更贴合，可为“动漫图水平运动”图层添加“Mask”（遮罩），设置25px羽化，如图3-77所示，设置完成后的效果如图3-78所示。

1	[动漫图水平运动]	Overlay
Masks		
Mask 1	Add	Inverted
Transform	Reset	
Anchor Point	360.0,288.0,0.0	
Position	240.0,288.0,0.0	
Scale	62.0,55.1,66.7%	
Orientation	0.0°,0.0°,0.0°	
X Rotation	0x+0.0°	
Y Rotation	0x-43.0°	

图　3-77

图　3-78

3）针对“背景2.mov”视频的动态效果，继续在“动漫图水平运动”图层的第2s和第4s添加关键帧，调整“位置”“旋转”“缩放”属性数值和“遮罩”形状，“Timeline”（时间线）面板设置如图3-79所示，使该图层与“背景2.mov”视频动态协调一致，效果如图3-80所示。

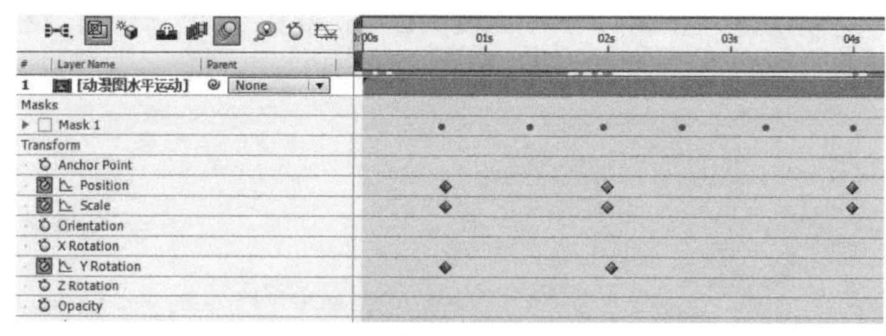

图 3-79

图 3-80

镜头2 我的动漫我做主画面制作

2. “我的动漫我做主”标题制作

1）创建新合成，命名为“标题2”，格式为PAL D1/DV，画面尺寸为宽720px、高576px，持续时间长度为12秒，使用“文本工具”输入文字“我的动漫我做主”，并添加“Layer Style”（图层风格）中的“Outer Glow”（外发光）和“Bevel and Emboss”（斜面和浮雕），如图3-81所示，设置完成后的效果如图3-82所示。

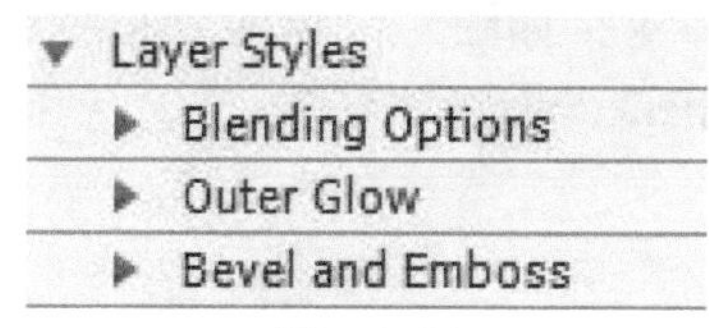

图 3-81

图 3-82

2）设置“我的动漫我做主”文字图层为3D图层。按<Ctrl+D>组合键复制图层，设置“Orientation”（方向）的值为（140，0，0），“Opacity”（不透明度）属性的数值为15%，如图3-83所示，生成倒影效果如图3-84所示。

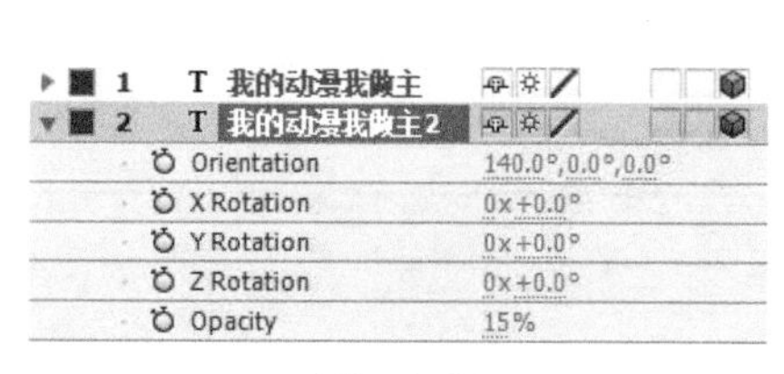

图 3-83

图 3-84

3）打开合成文件“主持人开场白”，将“标题2”和“背景2合成”两个合成文件拖入“Timeline”（时间线）面板，如图3-85所示。

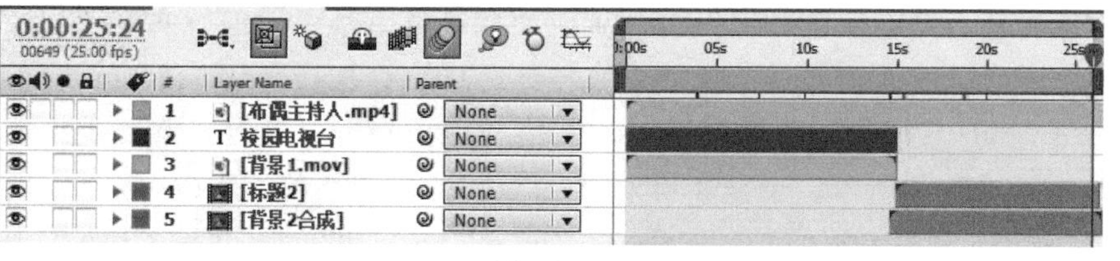

图 3-85

4） 选择“标题2”图层，执行“Effect”（效果）→“Perspective”（透视）→“CC Sphere”（CC球体）命令，设置“Radius”（半径）属性的数值为200；“Offset“（偏移）属性的数值为（251，362）；“Render”（渲染）属性的数值为Outside；“Light Intensity”（光线强度）属性的数值为200；设置“Rotation Y”（旋转Y轴）的关键帧动画，在第15秒时，数值设置为0×-216º，在第25秒时，数值为-2×-75º，如图3-86所示，设置完成后的效果如图3-87所示。

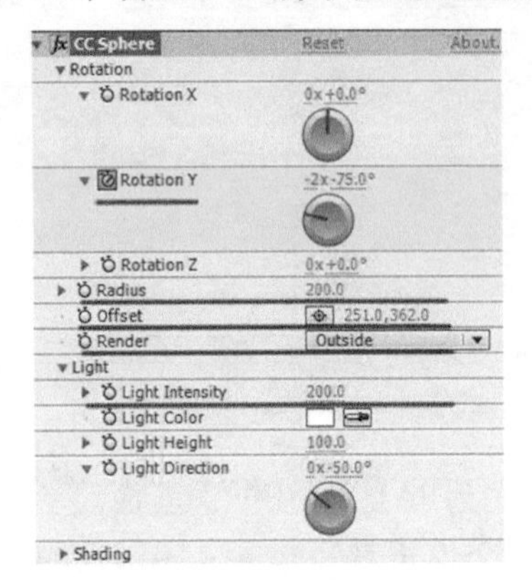

图 3-86

图 3-87

5） 选择“标题2”图层，执行“Effect”（效果）→“Color Correction”（色彩校正）→“Hue/Saturation”（色相/饱和度）命令，如图3-88所示。根据画面整体色彩效果，设置文字色彩关键帧动画，效果如图3-89所示。

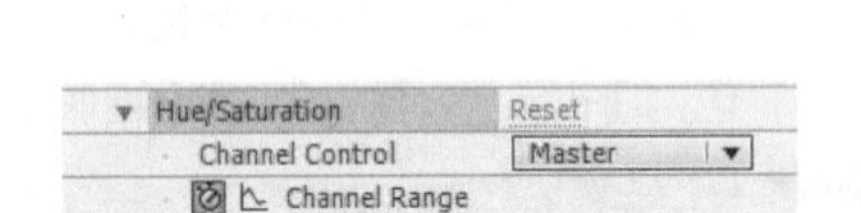

图 3-88

图 3-89

6） 渲染输出“主持人开场白”视频，格式为MOV视频，文件名命名为“《我的动漫我做主》栏目键控特效镜头”。

知识链接

1. 抠像

“抠像”一词来自早期电视制作，英文为“Key”，意思是吸取画面中的某一种颜色作为透明色，将它从画面中抠去，从而使背景透出，可以进行两个图层画面的叠加合成。在室内拍摄的人物经过抠像后可以与各种景物叠加在一起，形成神奇的艺术效果。在After Effects CS6中通常根据素材，采用“Keying”（键控）滤镜类中的特效实现抠像效果，如图3-90所示。下面将针对“Keylight（1.2）”“Color Key”（颜色键）、“Luma Key”（亮度抠像）、“Color Range”（颜色范围）4种“Key”（键控）特效进行讲解。

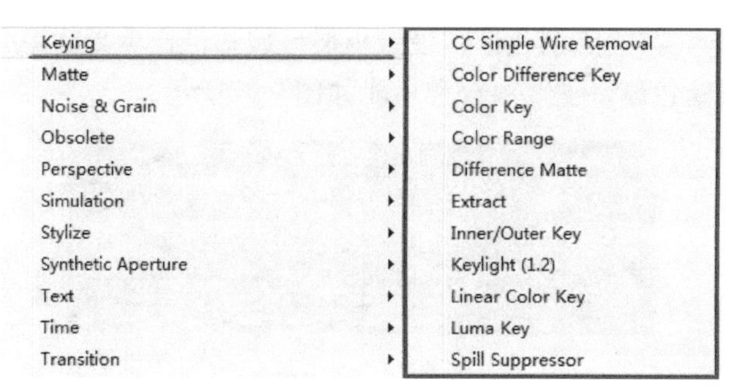

图 3-90

（1）Keylight（1.2）键控

1）功能："Keylight (1.2)"是一个屡获殊荣的蓝、绿屏幕抠像插件。它易于使用，并且非常擅长处理反射、半透明区域和头发。内置了抑制颜色溢出功能，因此，抠像结果看起来更加逼真自然。另外，"Keylight (1.2)"还包括了不同颜色"校正""抑制""边缘校正"工具来精细地微调结果。

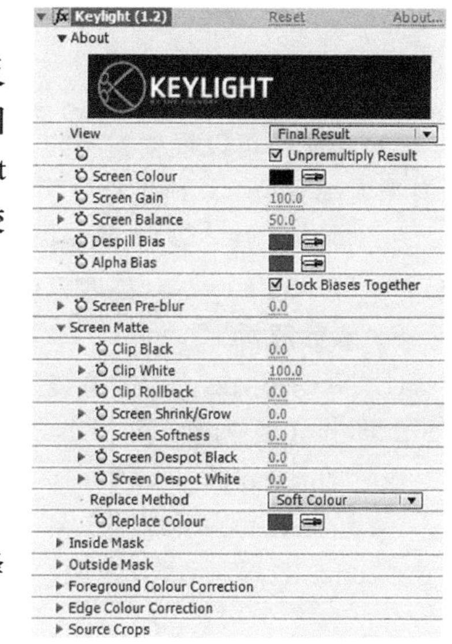

图 3-91

2）创建方法：选择需要抠像的图层，执行"Effect"（效果）→"Keying"（键控）→"Keylight（1.2）"命令。

3）参数解析。

"Keylight"主要属性及功能如图3-91所示。

①"Screen Color"（屏幕色）：可以通过吸管选择要键控出的颜色。

②"Screen Gain"（屏幕增益）：控制键控力度。

③"Screen Balance"（屏幕调和）：通过RGB颜色值中对画面主要颜色值的饱和度与其余两个颜色通道饱和度的平均加权值进行比较得到屏幕的平衡值。

④"Screen Pre-blur"（屏幕预模糊）：用在进行屏幕吸色前，起到降低噪点作用。

⑤"Screen Matte"（屏幕蒙版）：用来微调蒙版，更加精确控制前景和背景的界限。

⑥"Screen Softness"（屏幕柔化）：设置边沿羽化。

⑦"Foreground Colour Correction"（前景色校正）：对前景对象颜色进行色相饱和度色彩校正等修饰。

⑧"Source Crops"（源裁剪）：素材修剪。

（2）"Color Key"（颜色键）

1）功能：通过设定抠像颜色和颜色范围，删除该范围中的颜色。

2）创建方法：选择需要抠像的图层，执行"Effect"（效果）→"Keying"（键控）→"Color Key"（颜色键）命令。

3）参数解析。

①"Key Color"（抠像颜色）：可以通过吸管拾取透明区域的颜色。

②"Color Tolerance"（颜色匹配范围）：用于调节与抠像颜色相匹配的颜色范围。

③"Edge Thin"（边缘宽度）：设置抠像的边缘宽度是扩张还是收缩。

④“Edge Feather“（边缘羽化）：设置抠像区域边沿产生柔和羽化效果。

“Color Key”（颜色键）主要参数和功能如图3-92所示。

图 3-92

(3) “Luma Key”（亮度抠像）

1）功能：可以根据图层的亮度对图像进行抠像处理，可以将图像中具有指定亮度的所有像素都删除，从而创建透明效果。

2）创建方法：选择需要抠像的图层，执行“Effect”（效果）→“Keying”（键控）→“Luma Key”（亮度抠像）命令。

3）参数解析。

①“Key Type”（抠像类型）：包括“Bright”（亮度）、“Darker”（暗度）、“Similar”（相似度）、“Dissimilar”（相异）。

②“Threshold”（极限）：可以设置被抠像素材的亮度极限数值。

③“Tolerance”（容差）：可指定接近抠像极限数值的像素抠像范围。

“Luma Key”（亮度抠像）主要参数和功能如图3-93所示。

图 3-93

(4) “Color Range”（颜色范围）

1）功能：可以通过去除Lab、YUV、RGB模式中指定的颜色范围，创建透明效果，被指定的颜色可以是单色也可以为多色。适合不均匀光照、阴影的蓝屏、绿屏抠像。

2）创建方法：选择需要抠像的图层，执行“Effect”（效果）→“Keying”（键控）→“Color Range”（颜色范围）命令。

3）参数解析。

①“Preview”（预览）：遮罩视图，用于显示遮罩情况的略图。

② 键控滴管：从蒙版略图中吸取键控色，可增加和减少键控色。

③“Fuzziness”（模糊）：对边界进行柔和模糊，用于调整边缘柔化度。

④“Color Space”（颜色空间）：可以设置颜色之间的距离，其中有Lab、YUV和RGB3种选项，每种选项对颜色的不同变化有相应的反映。

⑤“Min”&“Max“（小）&（大）：对图层的透明区域进行微调设置。

“Color Range”（颜色范围）详细参数和效果如图3-94所示。

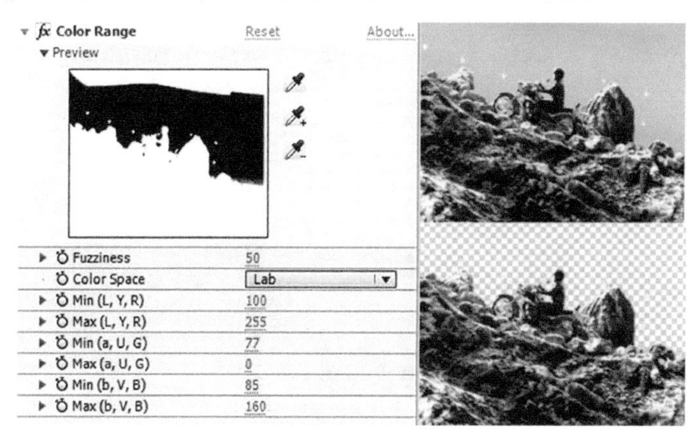

图 3-94

2. “Curves”（曲线）

经验分享：在抠像完成后，画面颜色处理是一项很重要的工作。可以通过执行“Effect”（效果）→“Color Correction”（色彩校正）命令，改变图像”色调”“饱和度”“亮度”“色阶”等。

“Levels”（色阶）、“Bright & Contrast”（亮度和对比度）、“Hue/Saturation”（色相/饱和度）等都在“学习单元1”中介绍过。此处只介绍“Curves”（曲线）特效。

1）功能：曲线是一个非常重要的颜色校正命令，不管是对画面整体还是对于单独的颜色，都能够精确地调整色调的平衡和对比度，不仅可以使用“高亮”“中间色调”“暗部”3个变量进行颜色调整，而且还可以使用坐标曲线调整0～255间的“颜色灰阶”。

2）创建方法：执行“Effect”（效果）→“Color Correction”（色彩校正）→“Curves”（曲线）命令。

3）参数解析。

①“Channel”（通道）：选择需要调整的色彩通道，其中包括“RGB”（三色通道）、“Red”（红色通道）、“Green”（绿色通道）、“Blue”（蓝色通道）、“Alpha”（透明通道）。

②“Curves”（曲线）：通过调节曲线调节图像的色调。

“Curves”（曲线）使用效果，如图3-95所示；参数设置如图3-96所示；各按钮的功能，如图3-97所示。

图 3-95

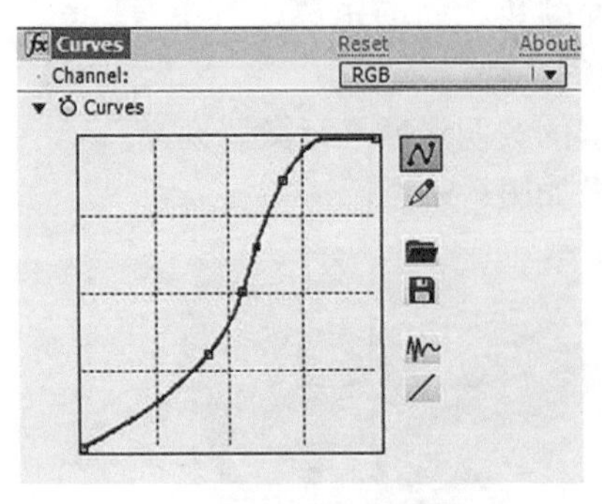

图 3-96

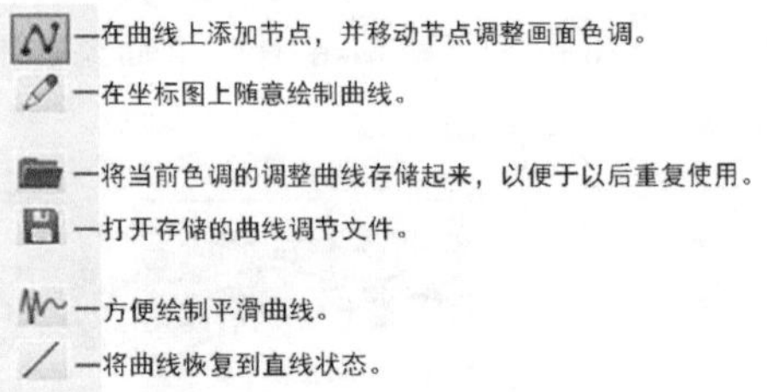

—在曲线上添加节点，并移动节点调整画面色调。
—在坐标图上随意绘制曲线。
—将当前色调的调整曲线存储起来，以便于以后重复使用。
—打开存储的曲线调节文件。
—方便绘制平滑曲线。
—将曲线恢复到直线状态。

图 3-97

拓展任务1

制作《史瑞克Ⅱ影片预告》，具体要求见表3-4。

表3-4 制作《史瑞克Ⅱ影片预告》任务单

任务名称	制作《史瑞克Ⅱ影片预告》
任务描述	
本镜头要求通过绿屏背景拍摄下的角色与史瑞克Ⅱ宣传画面进行合成，并制作“NEWS TIME”提示文本栏，如图3-98所示。  图 3-98	
任务要求	
1．格式要求 1）影片的格式：制式 PAL D1/DV；画面的尺寸：宽720px、高576px 2）时长：3秒 3）输出格式：AVI 4）命名要求：史瑞克Ⅱ影片预告 2．效果要求 1）角色抠像完整，背景无残留，无偏色 2）背景与角色和谐结合	

【制作小提示】

1）将“播报.avi”素材拖入到“Timeline”（时间线）面板中，运用“Keying”（键控）和“Mask”（遮罩）操作完成角色抠像，如图3-99所示。

2）将“海报.jpg”素材与前景人物合成。

3）创建图形工具或固态图层，结合“文本工具”完成提示栏制作。

图　3-99

拓展任务1评价

评价标准	能做到	未能做到
格式符合任务要求		
角色抠像完整，背景无残留		
提示栏文字清晰，美观		

拓展任务2

制作《主持人彩色光条背景》，具体要求见表3-5。

表3-5　制作《主持人彩色光条背景》任务单

任务名称	制作《主持人彩色光条背景》
任务描述	
本镜头要求制作出主持人背后不断变幻的彩条背景，如图3-100所示。  图　3-100	
任务要求	
1. 格式要求 1）影片的格式：制式PAL D1/DV；画面的尺寸：宽720px、高576 px 2）时长：10秒 3）输出格式：AVI 4）命名要求：《主持人彩色光条背景》 2. 效果要求 1）角色抠像完整，背景无残留，无偏色 2）动态条纹闪动，色彩随之变化，体现活泼效果	

学习单元3

【制作小提示】

1）创建固态图层，执行“Effect”（效果）→“Noise & Grain”（噪波和颗粒）→“Fractal Noise”（分形噪波）命令，为属性“Evolution”制作关键帧动画，参数设置如图3-101所示，效果如图3-102所示。

2）依次执行“Effect”（效果）→“Color Correction”（色彩校正）→“Hue/Saturation”（色相/饱和度）命令、“Curve”（曲线）命令、“Level”（色阶）命令，并调整参数，设置色相关键帧动画，如图3-103a所示。

3）执行“Effect”（效果）→“Distort”（扭曲）→“Corner Pin”（边角定位）命令，调整边角位置，如图3-103b所示。

fx Fractal Noise	Reset About...
Fractal Type	Basic
Noise Type	Block
	Invert
Contrast	63.0
Brightness	-2.0
Overflow	Clip
Transform	
Complexity	2.0
Sub Settings	
Evolution	3x+0.0°
Evolution Options	
Opacity	100.0%
Blending Mode	Normal

图 3-101

图 3-102

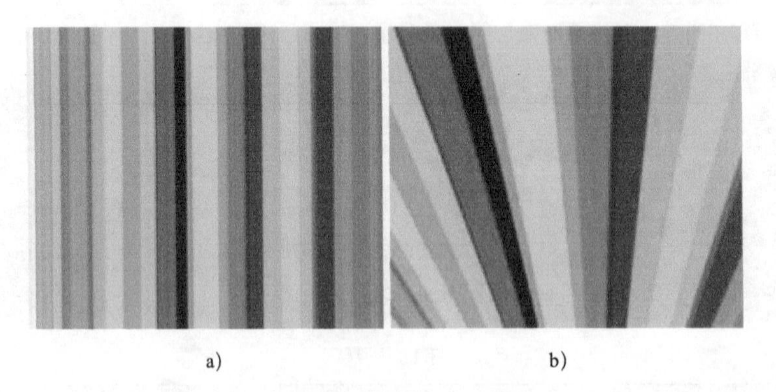

a)　　b)

图 3-103

拓展任务2评价

评价标准	能做到	未能做到
格式符合任务要求		
条纹清晰，动态效果活泼		
光条色彩绚丽，过渡自然		

任务3　制作运动跟踪与摄像机特效镜头

任务领取

从总监处领取的任务单见表3-6。

表3-6 《我的动漫我做主》运动跟踪特效镜头任务单

任务名称	《我的动漫我做主》运动跟踪特效镜头
分镜脚本	
本视频主要实现演播室中，主持人手举指示棒，为大家介绍作品的镜头。要求将绿屏背景中角色抠像，再利用“运动跟踪”特效将角色手中运动的指示棒造型进行替换，并对棒顶部进行光效设计；背景设计利用3D旋转屏幕展示学生作品。运动跟踪特效镜头的预期效果，如图3-104所示。  图　3-104	
任务要求	
1．格式要求 1）影片的格式：制式PAL D1/DV；画面的尺寸：宽720px、高576px 2）时长：5秒 3）输出格式：MOV 4）命名要求：《我的动漫我做主》运动跟踪镜头 2．效果要求 1）指示棒的主体及顶部运动跟踪设置准确 2）背景3D旋转屏幕，摄像机运动平稳	

任务分析

根据任务描述，本任务将分别对前景及背景素材进行特效制作。

学习单元3

前景特效利用“键控”和“运动跟踪”实现。先对前景的动态角色进行抠像处理，再通过After Effects CS6中的“Tracker”（跟踪）面板，采用两种跟踪方式分别对角色手中指示棒的主体和顶部进行跟踪。首先运用“透视跟踪对象”方法，对角色手中移动的指示棒进行造型替换，与背景合成后；再利用“单点跟踪”方法结合灯光工厂特效制作出指示棒顶部的特殊光点效果。

背景特效利用3D图层和摄像机运动实现。将视频素材与图片素材进行合成，制作出屏幕外观效果；再通过3D图层的设置，完成显示屏空间场景搭建；最后通过摄像机与虚拟体的链接运动，最终实现3D旋转屏幕的动画效果。运动跟踪与摄像机特效镜头制作流程，如图3-105所示。

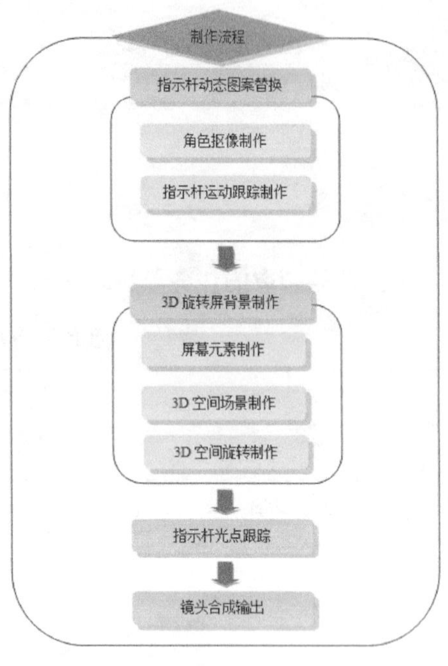

图 3-105

任务实施

说明：本任务及拓展任务所用的素材、源文件在配套光盘“学习单元3/任务3”文件夹中。

1. 指示棒动态图案替换

（1）角色抠像制作

1）	启动软件，创建项目，新建合成，命名为“指示棒跟踪”，格式为PAL D1/DV，画面尺寸为宽720px、高576px，25帧/s，持续时间长度为5秒。保存项目文件，命名为“《我的动漫我做主》运动跟踪镜头”。
2）	导入素材“布偶示意.wmv”，拖入到“Timeline”（时间线）面板中，为了布偶角色在预览窗口显示位置大小合适，需要调整视频“Transform”（变换）属性的数值；再执行“Effect”（效果）→“Keying”（键控）→“Keylight（1.2）”命令，完成对角色的抠像。再执行“Effect”（效果）→“Color Correction”（色彩校正）→“Level”（色阶）命令，如图3-106所示，设置完成后的效果如图3-107所示。

1 [布偶示意.wmv] Normal

Effects

Keylight (1.2) Reset

Levels Reset

图 3-106

图 3-107

1. 指示棒动态图案替换

（2）指示棒运动跟踪制作

1） 导入素材“魔术棒1.psd”图片，将图片拖动到“Timeline”（时间线）面板上，如图3-108所示，调整魔术棒的比例、大小、位置等基本属性。

1	图层 1/魔术...sd
2	布偶示意.wmv

图 3-108

2） 选择“布偶示意”图层，在第0秒，打开“Tracker”（跟踪）面板，单击“Track Motion”（运动跟踪）按钮，屏幕自动切换至 Layer: 布偶示意.wmv 窗口，在“Tracker”（跟踪）面板中设置“Current Track”（当前跟踪轨迹）为“Tracker1”（轨迹1），“Track Type”（轨迹类型）为“Perspective corner pin“（透视角度），如图3-109所示。设置4个轨迹点如图3-110所示。单击“Edit Target”（编辑目标）按钮，在弹出的对话框中，选择“Layer”（图层）中的“图层1/魔术棒1.psd”，如图3-111所示，在“Tracker”（跟踪）面板中单击“Analyze”（分析）中的“▶”按钮。

图 3-109

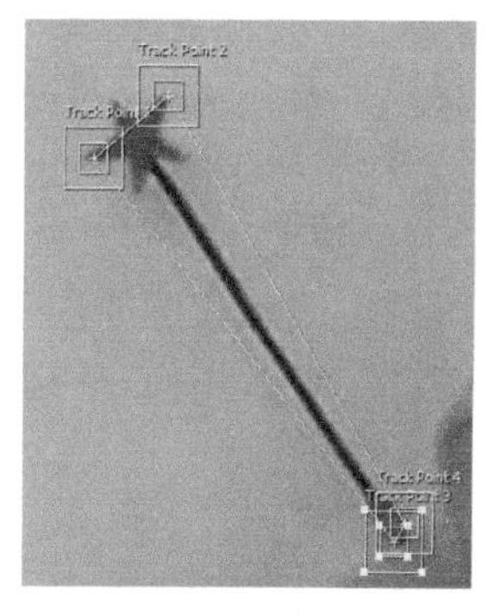

图 3-110

Apply Motion To:

Layer: 图层 1/魔术棒1.psd

图 3-111

知识点拨：“运动跟踪”能对指定区域的运动进行跟踪分析，自动创建关键帧，并将跟踪的结果应用到其他图层或效果上，制作出动画效果。详细介绍请参看本任务“知识链接”。

3） 当分析结束后，生成4个点的轨迹，如图3-112所示，打开该图层的“Motion Tracker”，可以看到生成的4个“Track Point”的关键帧，单击“Apply”（应用）按钮，最终合成预览窗口中，魔术棒替换合成效果如图3-113所示。

图 3-112

图 3-113

2. 3D旋转屏背景制作

（1）屏幕元素制作

1）创建新合成，命名为“视频1”，格式为PAL D1/DV，画面尺寸为宽720px、高850px，持续时间长度为5秒。

2）导入素材“视频背景素材”和2张图片素材，拖入到“Timeline”（时间线）面板，调整视频背景素材和图片位置，每张图片位置如图3-114所示。分别调整两张图片的起止时间为0:00:00:22～0:00:02:16和0:00:03:09～0:00:04:24，并设置图片透明度变化，制作出淡入淡出效果。两张图片的“Timeline”（时间线）面板如图3-115所示。

图 3-114

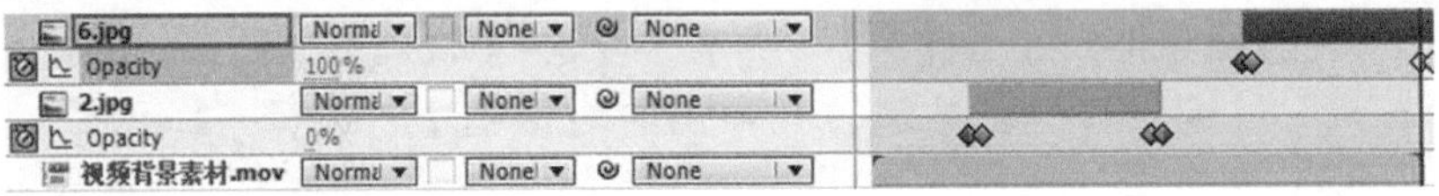

图层	模式		轨道遮罩
6.jpg	Normal	None	None
Opacity	100%		
2.jpg	Normal	None	None
Opacity	0%		
视频背景素材.mov	Normal	None	None

图 3-115

3）在第0秒时，创建文本图层，使用“文本工具”，输入“我的动漫我做主”，持续时间1秒，并添加图层样式“Bevel and Emboss”（斜面和浮雕）和“Drop Shadow”（投影），如图3-116所示，设置完成后的效果如图3-117所示。

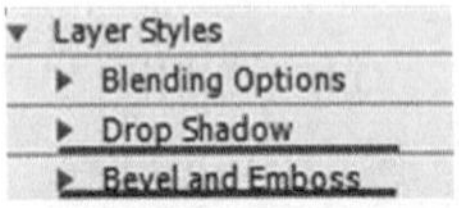

- Layer Styles
  - Blending Options
  - Drop Shadow
  - Bevel and Emboss

图 3-116

图 3-117

4）导入素材“flare.mov”，拖至“Timeline”（时间线）面板中，作为装饰光，为了使画面色彩协调，可以使用“Hue/Saturation”（色相/饱和度）对光线颜色进行调整，如图3-118所示。选择文本和装饰光图层，并复制图层，设置这两个图层的起始时间为0:00:2:15。

图 3-118

5）新建一个灰色固态图层，命名为“吊杆”，调整“Scale”（比例）为（3.0，38%），“Position”（位置）（359.0，159.0），如图3-119所示。

Transform	Reset
Anchor Point	360.0,400.0
Position	359.0,159.0
Scale	3.0,38.0%

图 3-119

6） 选择“吊杆”图层，执行“Effect”（效果）→“Perspective”（透视）→“CC Cylinder”（CC圆柱）命令，设置“Radius”（半径）属性数值为250，模拟出立体圆柱效果，如图3-120所示。

图 3-120

7） “视频1”合成的图层关系如图3-121所示。同理，制作“视频2”合成、“视频3”合成。

#	Layer	Mode	TrkMat	Parent
1	[flare 3.mov]	Normal		None
2	T 我的动漫我做主 2	Normal	None	None
3	[flare 3.mov]	Normal	None	None
4	T 我的动漫我做主	Normal	None	None
5	图片6	Normal	None	None
6	图片2	Normal	None	None
7	[视频背景素材...]	Normal	None	None
8	吊杆	Normal	None	None

图 3-121

操作技巧：“Project”（项目）面板中可直接按<Ctrl+D>组合键复制选定对象，因此，通过复制“视频1”合成文件，并将“图片2”和“图片6”调换成其他图片，就可以完成“视频2”“视频3”的制作。

2. 3D旋转屏背景制作

（2）3D空间场景制作

1） 新建合成，命名为“3D镜头旋转”，格式为PAL D1/DV，画面尺寸为宽800px、高800px，持续时间长度为5秒，背景色“白色”。

2） “Select View Layout”（选择视图布局）为“2 view”，左视图为“Top”（顶视图），右视图为“Active Camera”（当前摄像机视图），在“Top”视图中执行“View”（视图）→“Rulers”（标尺）命令，设置水平和垂直位置均为400的参考线，如图3-122所示。

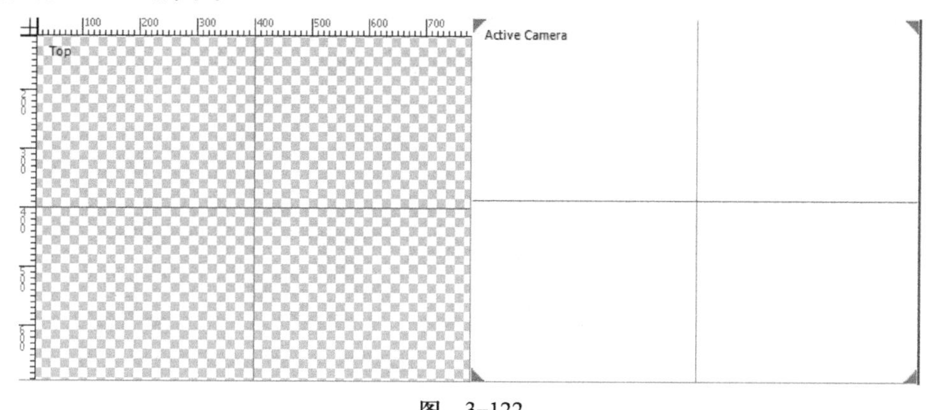

图 3-122

学习单元3

2) 操作技巧：切换视图显示模式，方便后期设置摄像机、图层、虚拟体等物体的动画运动轨迹和位置关系。显示参考线，方便对象准确定位，执行“View”（视图）→“Lock Guides”（锁定参考线）命令可以锁定参考线。

3) 在“Project”（项目）面板中选择“视频1”合成文件，拖入到“Timeline”（时间线）面板中，设置为3D图层，设置“Position”（位置）和“Scale”（缩放）属性，参数设置如图3-123所示。

Position	402.0,368.0,0.0
Scale	65.0,65.0,65.0%

图　3-123

4) 在“Top”（顶视图）中，调整“视频1”图层的锚点位置，如图3-124所示。

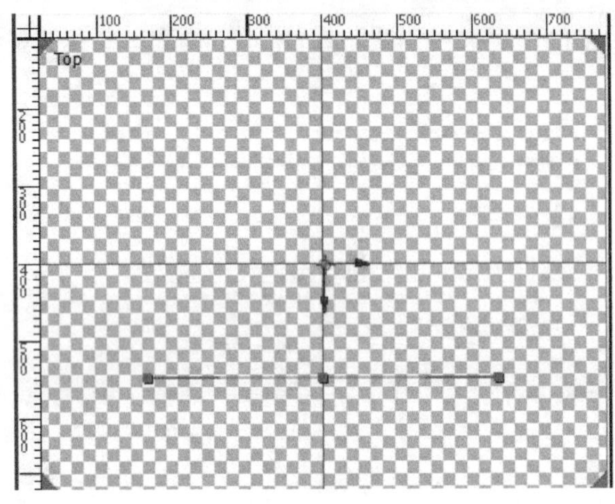

图　3-124

5) 在“Project”（项目）面板中选择“视频2”和“视频3”拖入到“Timeline”（时间线）面板中，复制“视频1”的“Transform”（变换）属性粘贴到“视频2”和“视频3”的“Transform”（变换）属性，如图3-125所示。

[视频1]	
Anchor Point	363.1,425.0,227.7
Position	402.0,368.0,0.0
Scale	65.0,65.0,65.0%
[视频2]	
Anchor Point	363.1,425.0,227.7
Position	402.0,368.0,0.0
Scale	65.0,65.0,65.0%
[视频3]	
Anchor Point	363.1,425.0,227.7
Position	402.0,368.0,0.0
Scale	65.0,65.0,65.0%

图　3-125

操作技巧：可以通过复制、粘贴图层的“Transform”（变换）属性，可以迅速将多个图层参数统一。

6) 选择“视频2”图层，设置“Y Rotation”（Y轴旋转）属性数值为0×120º；选择“视频3”图层，设置“Y Rotation”（Y轴旋转）属性数值为0×-120º，如图3-126所示。“Top”（顶视图）三个图层呈现的效果，如图3-127所示。

6)

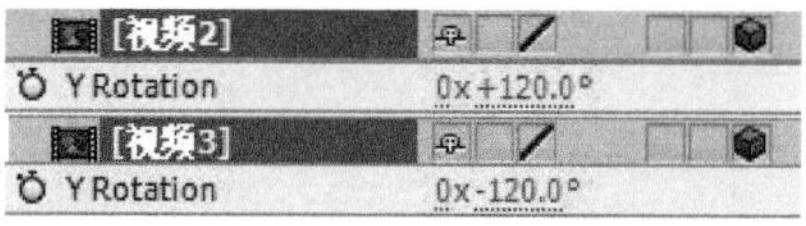

[视频2]
Y Rotation 0x+120.0°
[视频3]
Y Rotation 0x-120.0°

图 3-126

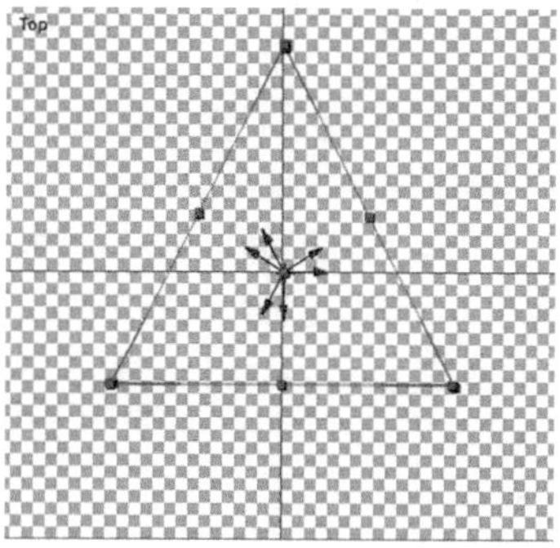

Top

图 3-127

7) 为了使画面更加富有立体感，为3个屏幕制作一个装饰底面，创建固态图层，命名为“光波”，设置为3D图层，设置“Position”（位置）属性值为（400.0，641.0，0.0），“X Rotation”（X轴旋转）属性值为0×90°，如图3-128所示。

光波
Position 400.0,641.0,0.0
Orientation 0.0°,0.0°,0.0°
X Rotation 0x+90.0°

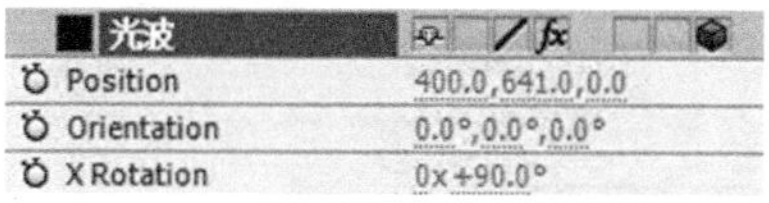

图 3-128

8) 选择“光波”图层，执行“Effect”（效果）→“Generate”（生成）→“Radio Wave”（无线电波）命令，设置颜色为蓝色，“Top”（顶视图）效果如图3-129所示。

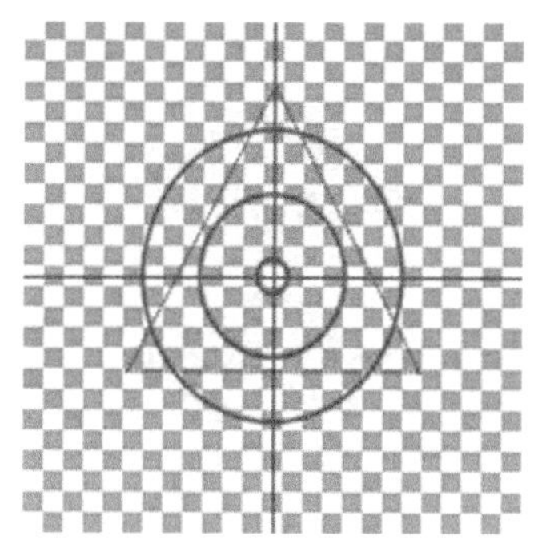

图 3-129

9) 绘制“Mask”（遮罩），制作出装饰底面，“Top”（顶视图）和当前摄像机效果，如图3-130所示。

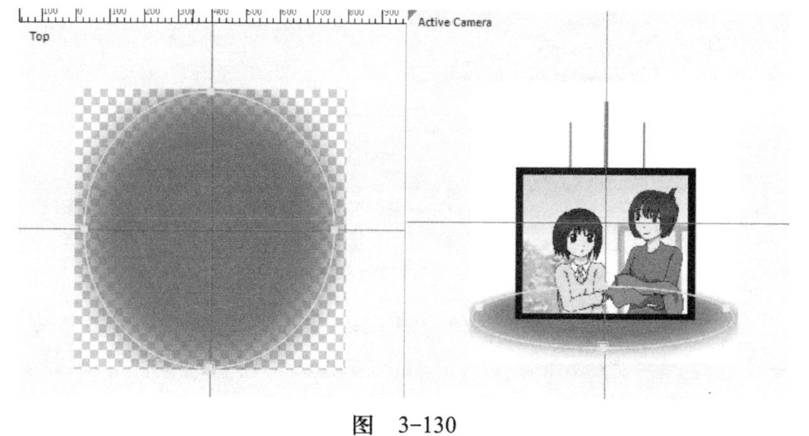

图 3-130

2. 3D旋转屏背景制作

（3）3D空间旋转制作

1） 创建35mm“Camera1”（摄像机1）。在“Camera Settings”对话框中设置“Name”（名称）和“Preset”（预置）选项，如图3-131所示。“Camera 1”（摄像机1）图层位置属性数值设置，如图3-132所示。

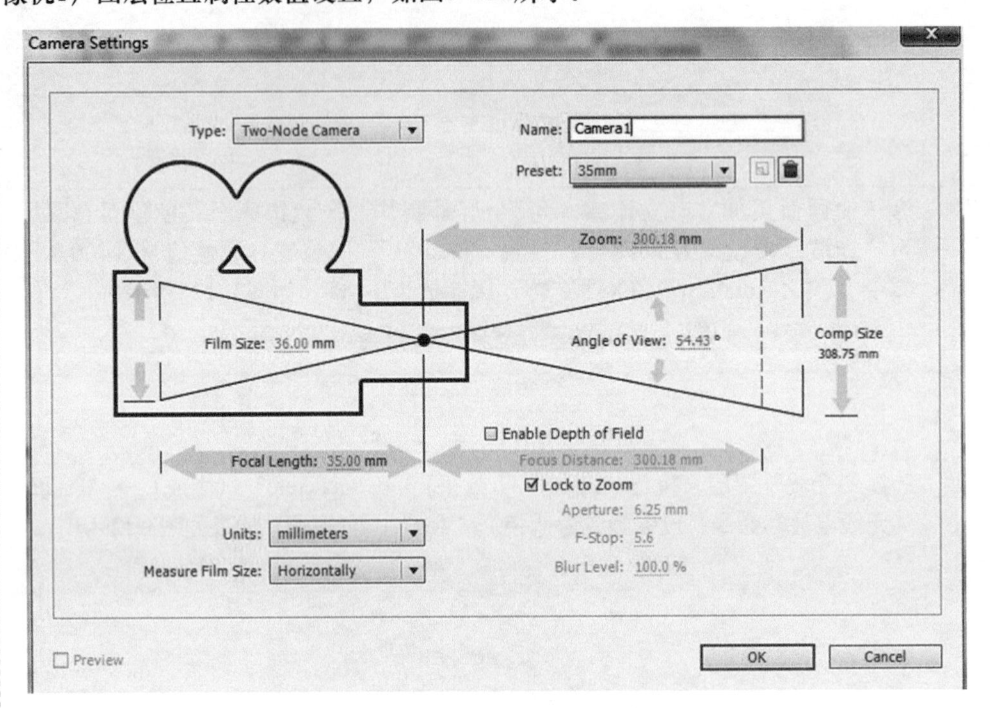

图 3-131

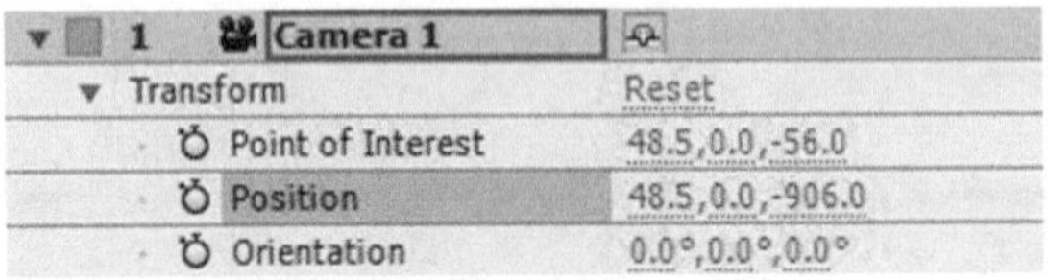

1 Camera 1	
Transform	Reset
Point of Interest	48.5,0.0,-56.0
Position	48.5,0.0,-906.0
Orientation	0.0°,0.0°,0.0°

图 3-132

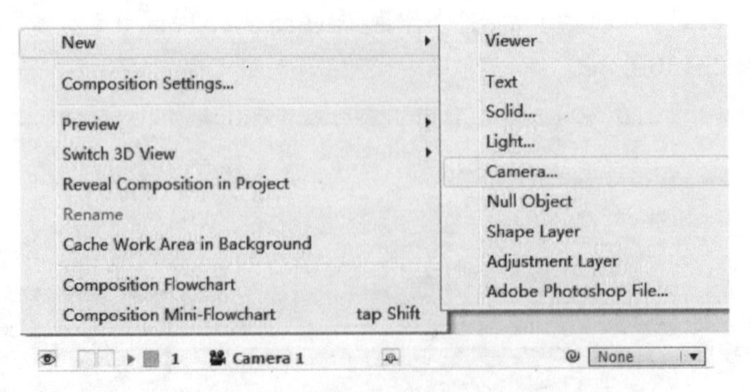

图 3-133

知识点拨：摄像机图层为三维摄像机，用于三维合成制作中，控制三维合成时的最终视角表现，“Camera”（摄像机）可以从不同位置角度和焦距观察合成影片效果，借助摄像机可以得到更为理想的三维空间。

1)	经验分享：15mm为广角镜头，镜头越小则视野范围越大，透视角度越大。 200mm为长焦镜头，镜头越大则视角范围越小，透视角度越小。 操作技巧：执行“Layer”（图层）→“New”（新建）→“Camera”（摄像机）命令或在“Timeline”（时间线）面板左侧面板中单击鼠标右键，在弹出的快捷菜单中执行“New”（新建）→“Camera”（摄像机）命令，如图3-133所示，或按<Ctrl+Shift+Alt+C>组合键创建摄像机。
2)	创建“Null Object”（空物体），设置为3D图层，调整空物体的锚点，如图3-134所示。 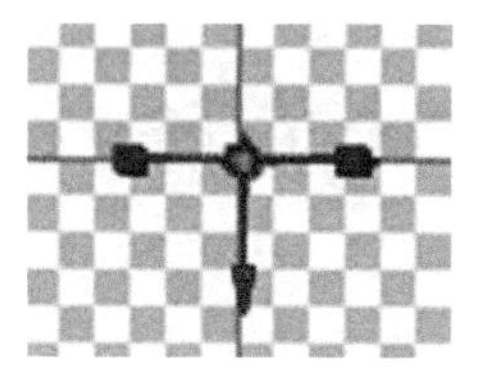 图 3-134 操作技巧：按<Ctrl+Shift+Alt+Y>组合键创建空物体，或在“Time line”（时间线）面板左侧面板中单击鼠标右键，在弹出的快捷菜单中执行“New”（新建）→“Null Object”（空物体）命令。
3)	将“Camera1”（摄像机1）与“Null1”（空物体1）设置为父子关联，如图3-135所示。  图 3-135 经验分享：在合成场景中可以将图层或摄像机等合成元素与“Null1”（空物体1）链接，然后控制“Null1”（空物体1）的动画，从而带动链接图层产生动画。
4)	设置“Null1”（空物体1）的“Y Rotation”（Y轴旋转）属性关键帧动画，在第0秒设置数值为0×0°，在第5秒设置数值为0×360°，“Timeline”（时间线）面板如图3-136所示；设置完成后的效果如图3-137所示。  图 3-136  图 3-137

学习单元3

3．指示棒光点跟踪

1）新建合成，命名为“镜头初步合成”，格式为PAL D1/DV，画面尺寸为宽720px、高576px，持续时间长度为5秒。将“Project”（项目）面板的“指示棒跟踪”和“3D镜头旋转”两个合成拖动到“Timeline”（时间线）面板，调整位置和比例，并创建一个紫色固态图层作为背景，如图3-138所示。

图 3-138

2）新建合成，命名为“镜头光点跟踪”，格式为PAL D1/DV，画面尺寸为宽720px、高576px，持续时间长度为5秒；将“Project”（项目）面板的“镜头初步合成”拖入到“Timeline”（时间线）面板中，并执行“Effect”（效果）→“Knoll Light Factory”（灯光工厂）命令，单击“Options”按钮，设计光点，效果如图3-139所示。

图 3-139

3）选择“镜头初步合成”图层，时间指示线为第0秒，打开“Tracker”（跟踪）面板，单击“Track Motion”按钮，设置“Track Type”（跟踪类型）为“Transform”（变换），如图3-140所示。

图 3-140

4） 设置“Track Point1”点的位置在指示棒顶部，单击“Analyze”（分析）中的▶按钮，生成“Track Point1”点的跟踪轨迹，如图3-141所示。

图 3-141

5） 单击“Edit Target”（编辑目标）按钮，选择“Effect point control”（效果点控制）为“Light Factory”光源位置，如图3-142所示，设置完成后的合成效果如图3-143所示。

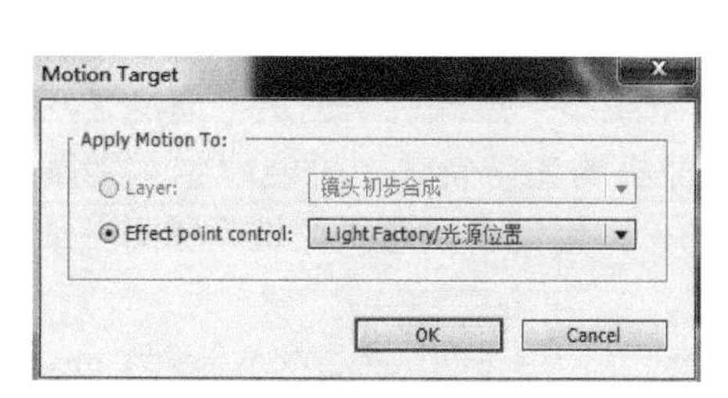

图 3-142

图 3-143

6） 预览、保存项目文件，渲染视频。

知识链接

1. “Tracker”（跟踪）面板

1）功能：After Effects CS6中跟踪功能很强大，除了可以对画面中物体位置移动进行跟踪之外，还可以对物体的旋转角度、大小变化、模仿边角和透视边角等进行运动跟踪。运动跟踪的对象为运动的视频，并且在画面中有明显的运动物体显示，对于静止的图像或者没有明显运动轨迹的视频素材是无法进行运动跟踪的。因此，一般在前期拍摄中，摄像师需注意拍摄时跟踪点的位置，设置合适的明显的跟踪点，可以使后期的跟踪动画制作更加容易。

在追踪之前需要在视频画面上定义追踪范围，追踪范围由两个方框（特征和搜索区域）和一个十字线（跟踪点）构成。鉴于运动跟踪特效只针对运动的影片进行跟踪，其原理是对指定区域运动的对象进行跟踪分析，自动创建关键帧，并将跟踪的结果应用到其他图层或效果上，从而制作出动画效果。

2）创建方法：执行“Window”（窗口）→“Tracker”（跟踪）命令，可以打开“Tracker”（跟踪）面板。

3）参数解析。

①“Tracker Motion”（运动跟踪）按钮：显示运动跟踪操作内容。

②“Stabilize Motion”（稳定跟踪）按钮：显示稳定跟踪操作内容。

③“Motion Source”（跟踪源）：要跟踪的源素材。

④“Currect Track”（当前轨）：当前跟踪轨迹。

⑤“Track Type”（轨迹类型）：跟踪轨迹的类型，包括“Stabilize”（稳定）、“Transform”（变换）、“Parallel corner pin”（平行角度）、“Perspective corner pin”（透视角度）等项。

⑥“Position”（位置）：进行位置变换的跟踪操作。

⑦“Rotation”（旋转）：进行旋转变换的跟踪操作。

⑧“Scale”（缩放）：进行大小缩放的跟踪操作。

⑨“Edit Target”（编辑目标）：选择运动的目标图层。

⑩“Options”（选项）：跟踪的相关设置选项。

⑪“Analyze”（分析）：对跟踪的区域进行前后分析和追踪。

⑫“Reset”（重置）：对面板上的参数进行重新设置。

⑬“Apply”（应用）：应用面板上的设置。

2. 摄像机

在After Effects CS6中，常需要运用一个或多个摄像机来创造空间场景及观看合成空间，“摄像机工具”不仅可以模拟真实摄像机的光学特性，更能超越真实摄像机在三脚架、重力等条件的制约，在空间中任意移动，同时需要注意摄像机只针对三维图层有效。下面将介绍摄像机的创建、视图和参数设置。

1）摄像机创建。执行“Layer”（图层）→“New”（新建）→“Camera”（摄像机）命令，或者按<Ctrl+Shift+Alt+C>组合键，即可打开一个“Camera Setting”对话框，如图3-144所示。

①“Name”（命名）：为摄像机命名。

②“Preset”（预设）：摄像机预置，在这个下拉菜单里提供了9种常见的摄像机镜头，包括35mm镜头、15mm广角镜头、200mm长焦镜头以及自定义镜头等。

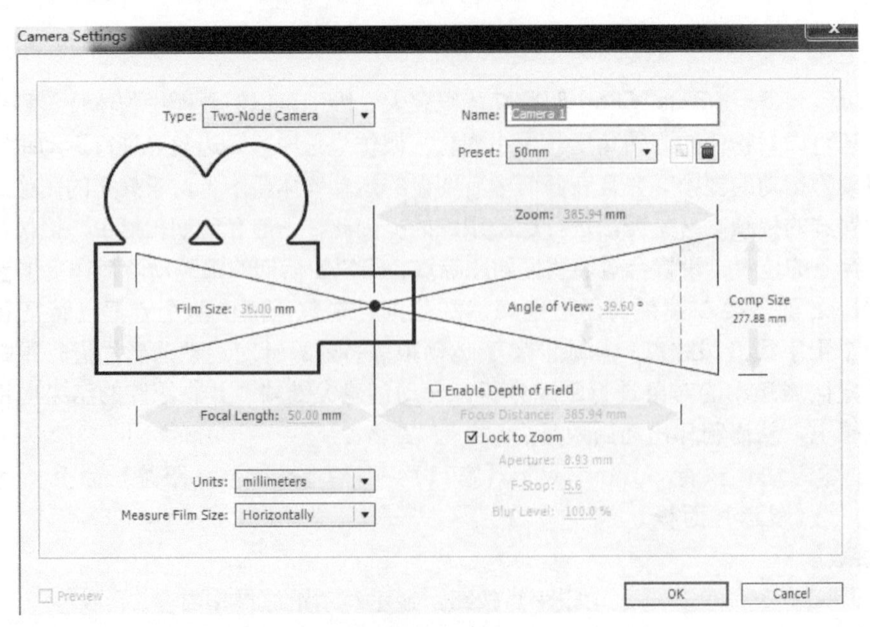

图 3-144

经验分享：35mm标准镜头的视角类似于人眼。15mm广角镜头有极大的视野范围，类似于鹰眼观察空间，由于视野范围极大看到的空间很广阔，但是会产生空间透视变形。20mm长镜头可以将远处的对象拉近，视野范围也随之减少，只能观察到较小的空间，但是几乎没有变形的情况出现。

③“Zoom”（缩放）：用于设置摄像位置与视图面的距离。值越大，通过摄像机显示的图层大小就越大，视野范围也越小。

④“Angle of View”（视角位置）：角度越大，视野越宽；角度越小，视角越窄。

⑤“Film Size”（胶片尺寸）：指的是通过镜头看到的图像实际的大小，值越大，视野越大；值越小，视野越小。

⑥“Focal Length（焦距设置）：焦距设置，指胶片与镜头距离，焦距短，产生广角效果，焦距长，产生长焦效果。

⑦“Units（单位）：通过此下拉框选择参数单位，包括“pixel”（像素）、“inches”（英寸）、“millimeters”（毫米）3个选项。

⑧“Measure Film Size”（测量胶片尺寸）：可改变“Film Size”（胶片尺寸）的基准方向，包括“Horizontally”（水平）方向、“Vertically”（垂直）方向和“Diagonally”（对角线）方向3个选项。

⑨“Enable Depth of Field”（启动景深模糊效果）：是否启用景深功能。

2）摄像机视图。在After Effects CS6合成预览窗口下方的视图类型下拉列表中，可以选择不同的摄像机视图方式，也可以在菜单栏中执行“View”（视图）→“Switch 3D View”（切换3D视图）命令，如图3-145所示，各摄像机视图含义如下。

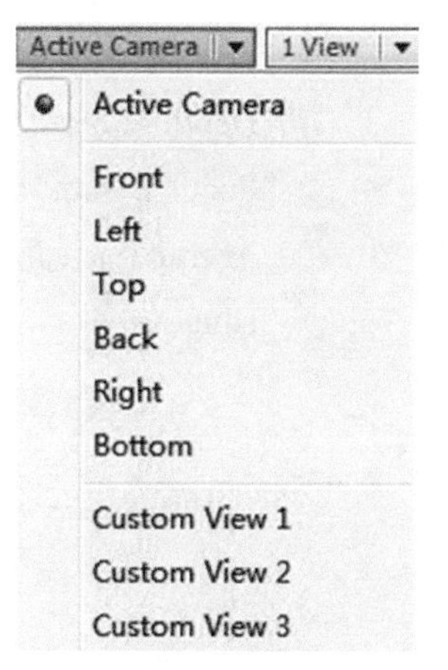

图 3-145

①“Active Camera”（活动摄像机）：即当前“Timeline”（时间线）面板中使用的摄像机，如果“Timeline”（时间线）面板中未建立摄像机，则After Effects CS6会使用一个默认的摄像机视图。

②“Front”（前视图）：从正前方的视角观看，不会显示出图像的透视效果。

③“Left”（左视图）：从左侧观看的正视图。

④“Top”（顶视图）：从顶部观看的正视图。

⑤“Right”（右视图）：从右侧观看的正视图。

⑥“Back”（后视图）：从背面观看的正视图。

⑦“Bottom”（底视图）：从底部观看的正视图。

⑧“Custom View 1”（自定义视图1）：从左上前方观看的一个自定义的透视图。

⑨“Custom View 2”（自定义视图2）：从上前方观看的一个自定义的透视图。

⑩“Custom View 3”（自定义视图3）：从右上前方观看的一个自定义的透视图。

在“Front”“Custom View 1”“CustomView 2”“CustomView 3”等摄像机视角的图片效果，如图3-146所示。

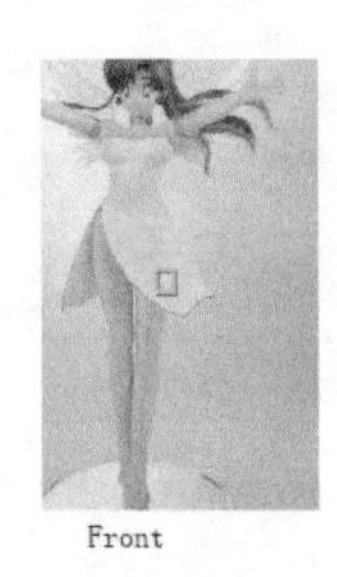

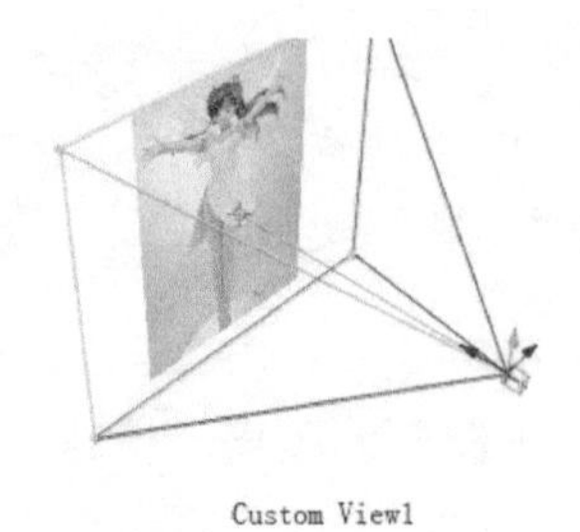

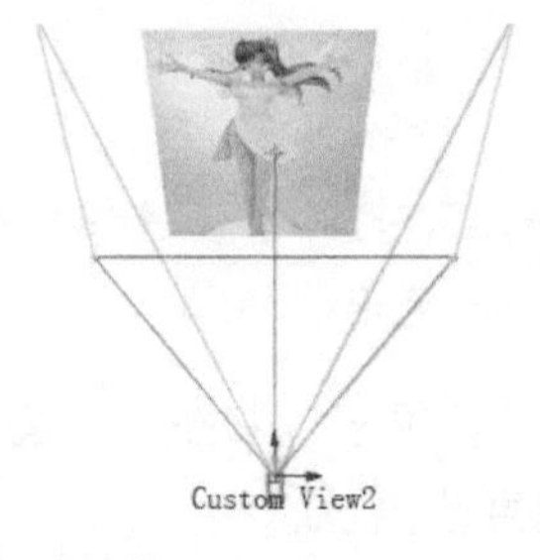

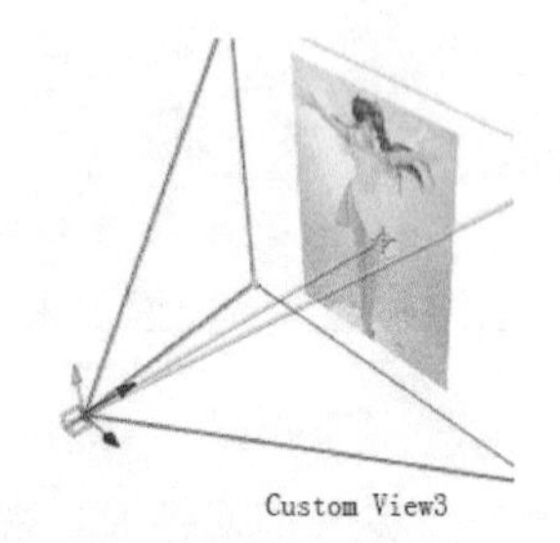

图 3-146

操作技巧：除运用摄像机图层相关参数改变视角外，还可以运用工具栏中的 工具来调整当前摄像机视角，利用鼠标3个不同按键来实现灵活操作，鼠标左键旋转，中键平移，右键推拉。

3）摄像机图层属性。摄像机图层属性如图3-147所示。

①“Transform”（变换）：设置摄像机的目标点、位置点、方向及旋转参数。

②“Point of Interest（目标点）：设置摄像机视角的目标位置。

③“Position”（位置）：设置摄像机自身的位置。

④“Orientation”（旋转）：设置摄像机放置的旋转角度。

⑤“Camera Options”（摄像机选项）：设置创建摄像机时的部分参数，创建后可以在“Timeline”（时间线）面板中进行更改或设置动画。

⑥“Zoom”（缩放）：用于设置摄像位置与视图面的距离。

⑦“Depth of Field”（景深）：是否启用景深功能。

⑧“Focus Distance”（焦点距离）：确定从摄像机开始，到图像最清晰位置的距离。

⑨“Aperture”（光圈）：光圈大小，仅影响景深，值越大，前后图像清晰范围就越小。

⑩“Blur Level”（模糊级）：控制景深模糊程度，值越大越模糊。

1 Camera 1	None
Transform	Reset
Point of Interest	360.0,288.0,0.0
Position	360.0,288.0,-560.0
Orientation	0.0°,0.0°,0.0°
X Rotation	0x+0.0°
Y Rotation	0x+0.0°
Z Rotation	0x+0.0°
Camera Options	
Zoom	560.0 pixels (65.5° H)
Depth of Field	Off
Focus Distance	560.0 pixels
Aperture	14.2 pixels
Blur Level	100%
Iris Shape	Fast Rectangl
Iris Rotation	0x+0.0°
Iris Roundness	0.0%
Iris Aspect Ratio	1.0
Iris Diffraction Fringe	0.0
Highlight Gain	0.0
Highlight Threshold	255
Highlight Saturation	0.0

图 3-147

3. 灯光

在After Effects CS6中搭建三维场景时，可以建立灯光图层，灯光可以让对象在背景中突显，产生3D层次的效果，还可以实现光的动态和阴影的变化。

1）创建灯光图层：单击鼠标右键，在弹出的快捷菜单中执行“New”（新建）→“Light”（灯光）命令，创建灯光层会自动弹出“Light Settings”（灯光设置）对话框，如图3-148所示。“Light Settings”（灯光设置）对话框中包括所有灯光属性，常用属性介绍如下。

①“Light Type”（灯光类型）：不同的灯光有不同的效果以及不同的参数。After Effects CS6中灯光类型有“Parallel”（平行光）、“Spot”（聚光）、“Point”（点光）、“Ambient”（环境光）。

②“Intensity”（强度）：控制灯光亮度大小。

③“Cone Angle”（锥形角度）：控制“Spot”（聚光）锥形角度大小。

④“Cone Feather”（锥形羽化）：控制“Spot”（聚光）照射出的边沿羽化程度。

⑤“Casts Shadows”（投影）：灯光照射对象后的投射阴影，在使用“Ambient”（环境光）时无效。

⑥“Shadow Darkness”（阴影黑度）：控制阴影亮暗程度。

⑦“Shadow Diffusion”（阴影漫射）：控制阴影边缘的模糊程度。

2）灯光图层的属性。“Transform”（变换）属性与摄像机图层相同，如图3-149所示。“Light Options”（灯光选项）中的属性与“Light Settings”（灯光设置）对话框一致。

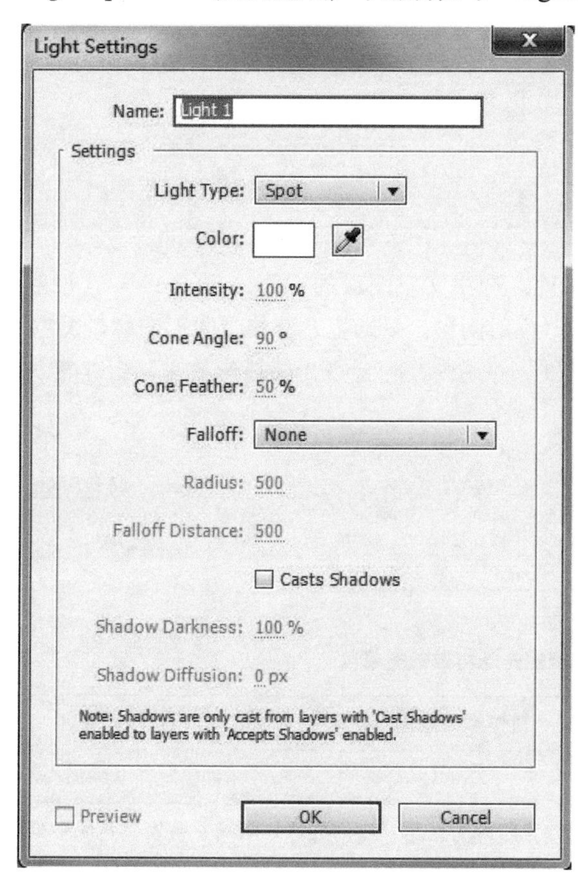

图 3-148

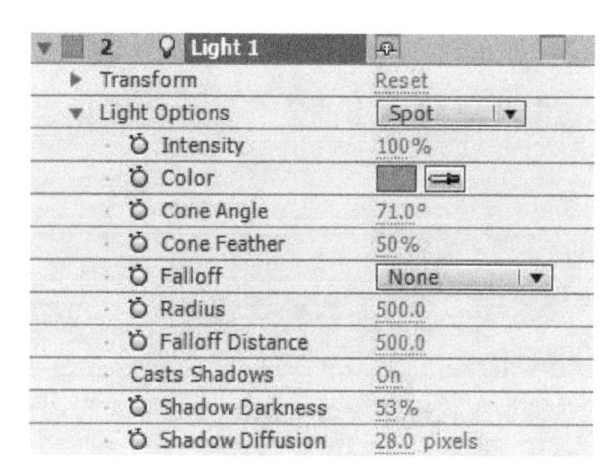

图 3-149

3）文字投射阴影的案例，如图3-150所示。制作步骤如下。

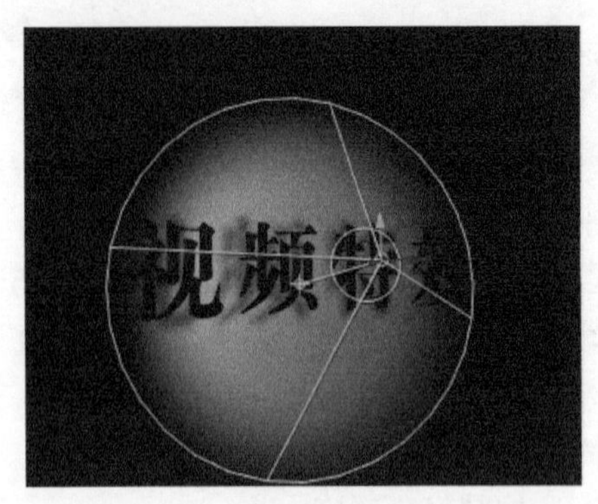

图 3-150

① 新建一个单色固态图层作为背景，打开3D开关设置为三维图层。

② 新建一个文字图层，输入文字，打开3D开关设置为三维图层。

③ 新建一个聚光灯图层。

④ 新建一个摄像机图层，如图3-151所示。

⑤ 在顶视图中，分别调整背景、文字、灯光、摄像机的位置，如图3-152所示。

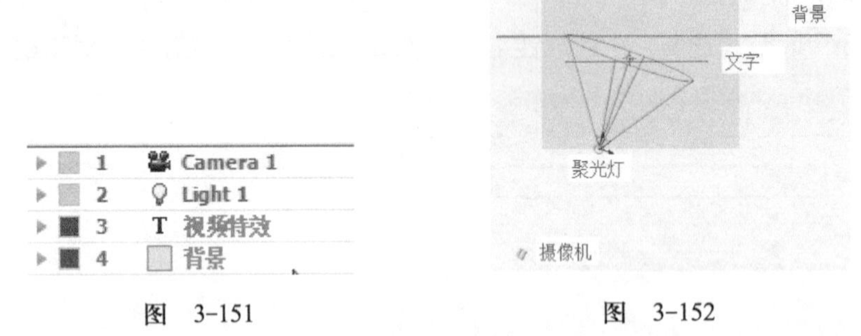

图 3-151　　　　图 3-152

⑥ 要产生文字阴影，需要以下几个条件：选中文字图层的“Cast Shadow”（投射阴影）复选框；选中灯图层“Casts Shadow”（投射阴影）复选框；有接受阴影的背景图层。

⑦ 可以为文字图层设置“飞入”“缩放”等动画，配合灯光的投影效果，会非常具有空间感。

拓展任务1

制作魔幻光球特效，具体要求见表3-7。

表3-7 制作魔幻光球特效任务单

任务名称	制作魔幻光球特效
任务描述	
本镜头在拍摄时演员手执蜡烛，要求后期运用单点跟踪方法用“魔幻光球”跟随并替换角色手中蜡烛的效果，最终效果如图3-153所示。	

（续）

任务描述
 图　3-153
任务要求
1. 格式要求 1）影片的格式：制式PAL D1/DV；画面的尺寸：宽720px、高576px 2）时长：8秒 3）输出格式：AVI 4）命名要求：魔幻光球效果 2. 效果要求 利用灯光工厂特效制作出球体光晕，并跟随球体的位移运动。

【制作小提示】

1）根据要求，新建项目，进行基本参数设置。

2）将“魔幻球背景.mov”素材拖入到“Timeline”（时间线）面板中。

3）添加灯光工厂特效，可在“Options”中选择预置的光效，如图3-154所示。

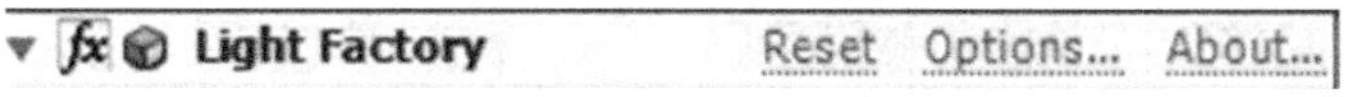

fx Light Factory　Reset　Options...　About...

图　3-154

4）打开“Tracker”（跟踪）面板，单击“Tracker Motion”（运动跟踪）按钮，设置“Track Type”（轨迹类型）为“Transform”，如图3-155所示，设置“Tracker 1”的位置后，进行分析“▶”，如图3-156所示。

5）在“Edit Target”（编辑目标）中设置“Effect Point Control”（效果点控制）为“Light Factory”（光源位置）。

6）最后设置“Apply”（应用）到“X and Y”（X、Y坐标）。

7）观察最终动画效果。

Tracker ×
Track Camera　Warp Stabilizer
Track Motion　Stabilize Motion
Motion Source: 魔幻球背景.m...
Current Track: Tracker 1
Track Type: Transform
☑ Position　☐ Rotation　☐ Scale
Motion Target:
Edit Target...　Options...
Analyze:

图　3-155

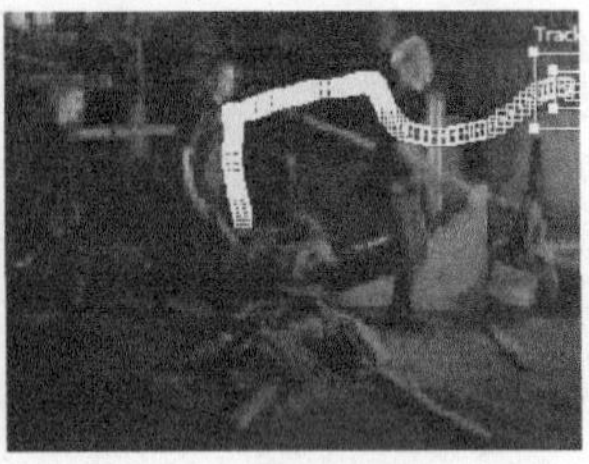

图　3-156

拓展任务1评价

评价标准	能做到	未能做到
格式符合任务要求		
正确添加球体光晕特效		
光球能够准确跟随手掌运动		

拓展任务2

制作替换画面特效，具体要求见表3-8。

表3-8　制作替换画面特效任务单

任务名称	制作替换画面特效
任务描述	
本镜头要求为三维场景中摇摆的镜框制作替换画面的效果，如图3-157所示。 图　3-157	

（续）

任务要求
1．格式要求 1）影片的格式：制式PAL D1/DV；画面的尺寸：宽720px、高576px 2）时长：10秒 3）输出格式：AVI 4）命名要求：画面替换 2．效果要求 利用透视类型的运动跟踪方式，将跟踪后的关键帧应用到画面上，画面跟踪准确。

【制作小提示】

1）根据要求，新建项目，进行基本参数设置。

2）将“视频.avi”和“画面.jpg”素材拖入到“Timeline”（时间线）面板中。

3）打开“Tracker”（跟踪面板），单击“Tracker Motion”（运动跟踪）按钮，设置“Track Type”（轨迹类型）为“Perspective Corner Pin”（透视角度），设置4个Tracker点位置，单击▶按钮进行分析，如图3-158所示。

图　3-158

4）设置“Edit Target”（编辑目标）为“画面”。

5）最后单击“Apply”（应用）按钮。

6）观察最终动画效果。

拓展任务2评价

评价标准	能做到	未能做到
格式符合任务要求		
透视跟踪点设置准确		
画面跟随画框摆动准确		

任务4　制作栏目片头

任务领取

从总监处领取的任务见表3-9。

表3-9 《我的动漫我做主》2D、3D特效镜头制作任务单

<table>
<tr><td>任务名称</td><td>《我的动漫我做主》2D、3D特效镜头制作</td></tr>
<tr><td colspan="2">分镜脚本</td></tr>
<tr><td colspan="2">制作《我的动漫我做主》栏目片头，镜头画面要求突出栏目广告语、学生作品及栏目标题等主要内容，画面活泼生动，突出动漫栏目特征。本栏本片头共3个镜头；“镜头1”展示栏目广告语“汇聚创意展示自我”，突显栏目个性；“镜头2”通过电视屏幕展示作品，通过作品截图揭示栏目内容；“镜头3”展示栏目标题“我的动漫我做主”，亮出主题如图3-159所示。
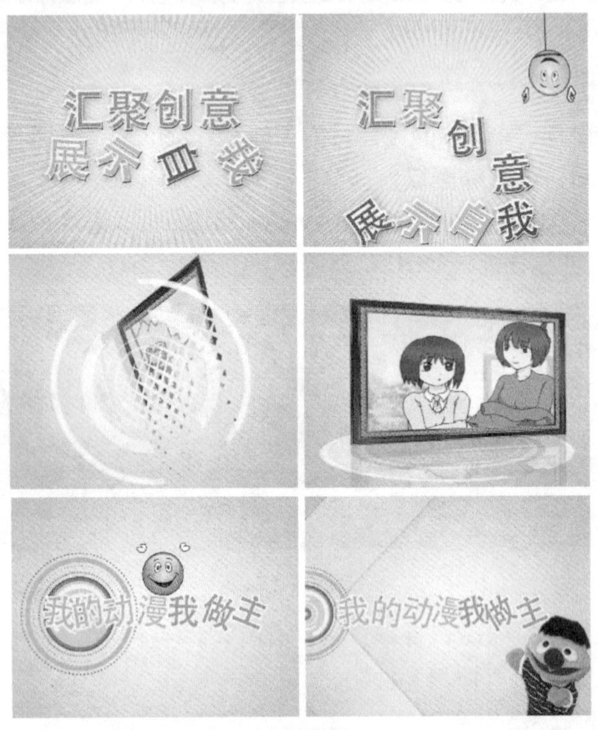

图 3-159</td></tr>
<tr><td colspan="2">任务要求</td></tr>
<tr><td colspan="2">1．格式要求
1）影片的格式：制式PAL D1/DV；画面的尺寸：宽720px、高576px
2）时长 ：28秒
3）输出格式：AVI
4）命名要求：《我的动漫我做主》2D、3D特效制作
2．效果要求
风格统一、主题突出、色彩协调、节奏明快、突出栏目特点</td></tr>
</table>

任务分析

本任务通过3个镜头实现栏目片头。

“镜头1”主要运用2D图层编辑，实现活泼可爱的卡通风格栏目广告语制作；在背景处

理中将通过“Radio Waves”（无线电波）和“Ramp”（渐变）等滤镜制作动态背景，前景则运用透视滤镜修饰文字形成立体效果，并利用文字图层自身的 Layer: 布偶示意.wmv 动画效果完成随机落入屏幕的彩色运动文字特效。

“镜头2”主要结合2D、3D元素实现作品画面的动态展示，背景是利用After Effects图形元素与遮罩制作出2D动态圆环，并通过3D图层制作出空间运动效果；同时前景作品的展示也运用了2D平面素材进行修饰，并将3D图层变换与“Basic 3D”（基本3D）滤镜结合，制作出立体旋转动画，同时运用“CC Light Sweep”（CC扫光效果）和“CC Grid Wipe”（CC网格擦除），制作出多张作品画面过渡和扫光效果。

“镜头3”主要运用文字图层“Animate”动画中“Rotation”（旋转）与“Wiggly”（抖动）实现文字动画效果，并根据提供的动态素材制作出变幻的背景效果，结合角色抠像，最终完成栏目标题画面的制作。栏目片头制作流程如图3-160所示。

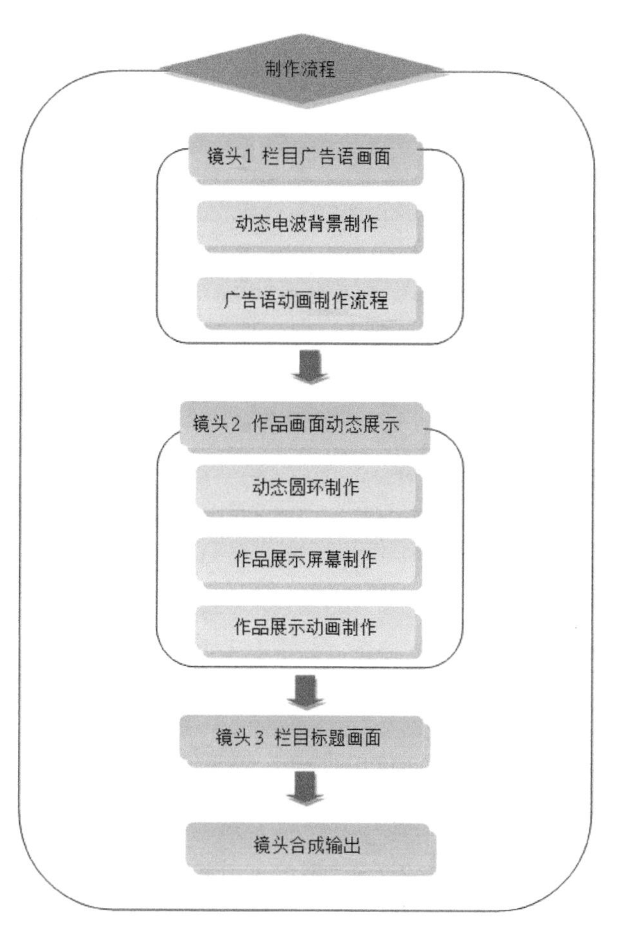

图 3-160

任务实施

说明：本任务及拓展任务所用的素材、源文件在配套光盘“学习单元3/任务4”文件夹中。

镜头1　栏目广告语画面

1．动态电波背景制作

1）启动软件，创建项目，新建合成，命名为“广告语”，格式为PAL D1/DV，画面尺寸为宽720px、高576px，持续时间长度为6秒；保存项目文件，命名为“《我的动漫我做主》2D、3D特效制作”。

2）创建固态图层，命名为“背景”，宽720px，高576px，白色，如图3-161所示。

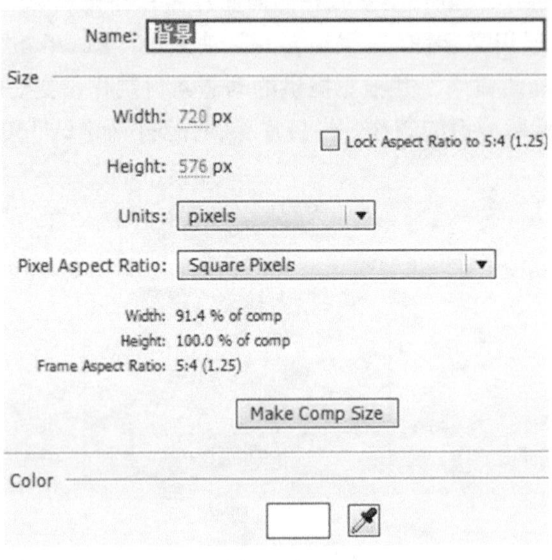

图　3-161

3）选择“背景”图层，执行“Effect”（效果）→“Generate”（生成）→“Ramp”（渐变）命令，设置“Start Color”（开始颜色）属性为“白色”，“End Color”（结束颜色）属性为“黑色”，设置“Ramp Shape”（渐变类型）属性为“Radial Ramp”（径向渐变）。执行“Effect”（效果）→“Transition”（转场）→“Venetian Blinds”（百叶窗）命令，设置“Transition Completion”（转场完成度）为1%，“Direction”（方向）为-50，“Width”（宽度）为12，如图3-162所示。设置完成后效果，如图3-163所示。

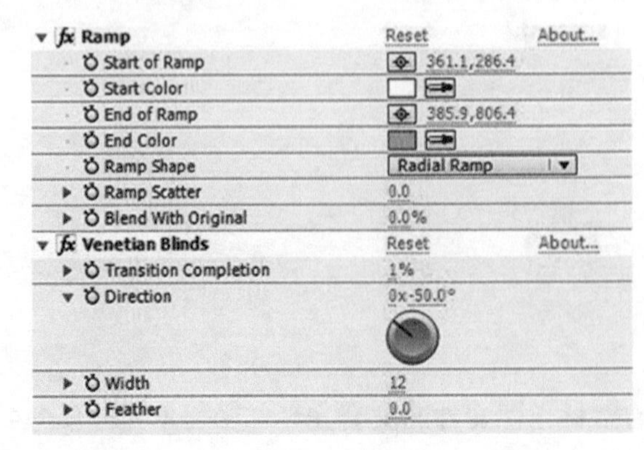

图　3-162

图　3-163

4）创建固态图层，命名为“放射纹理”，宽720px，高576px。选择“放射纹理”图层，执行“Effect”（效果）→“Generate”（生成）→“Radio Waves”（无线电波）命令，在属性面板中，选中“Star”（星形）复选框，设置“Orientation”（旋转）属性关键帧动画，第0秒值为“0°”，第6秒值为“70°”，如图3-164所示。选择“放射纹理”图层，设置图层叠加模式为“Soft Light”（柔光），如图3-165所示。设置“放射纹理”图层的“Opacity”（不透明度）属性关键帧动画，第5秒值为“100%”，第6秒值为“0%”，如图3-166所示。

Radio Waves	Reset　About...
Producer Point	360.0,288.0
Parameters are set at	Each Frame
Render Quality	16
Wave Type	Polygon
Polygon	
Sides	100
Curve Size	0.000
Curvyness	0.000
	☑ Star
Star Depth	-0.50
Image Contour	
Mask	
Wave Motion	
Frequency	1.50
Expansion	12.00
Orientation	0x+70.0°
Direction	0x+90.0°
Velocity	0.00
Spin	0.00
Lifespan (sec)	7.500
	☐ Reflection
Stroke	
Profile	Bell
Color	
Opacity	1.000
Fade-in Time	0.000
Fade-out Time	1.000
Start Width	1.00
End Width	20.00

图　3-164

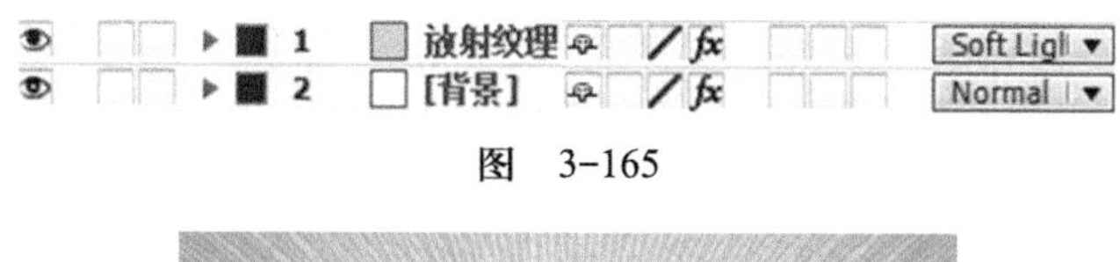

图　3-165

图　3-166

镜头1　栏目广告语画面

2. 广告语动画制作

1) 创建文字图层，输入文字内容为“汇聚创建 展示自我”，设置字体、字号、颜色、间距、描边属性等，如图3-167所示。

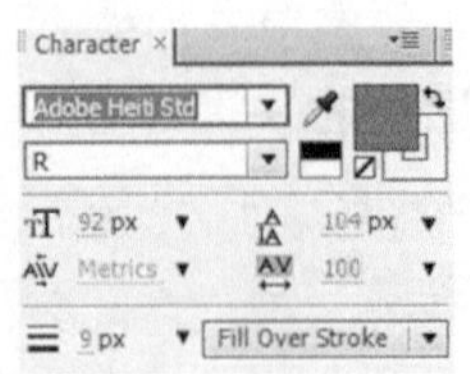

图　3-167

2) 选择文字图层，执行“Effect”（效果）→“Perspective”（透视）→“Drop Shadow”（投影）命令，再执行“Effect”（效果）→“Perspective”（透视）→“Bevel Alpha”（Alpha倒角）命令，设置属性的数值，如图3-168所示，制作出文字阴影和倒角效果，如图3-169所示。

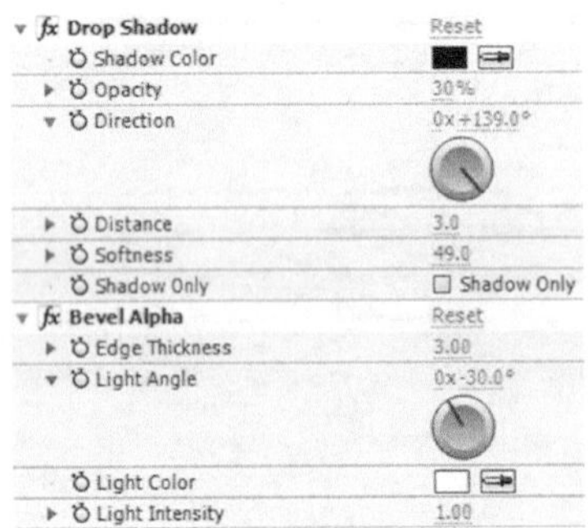

图　3-168

图　3-169

3) 选择文字图层，执行“Animate”（动画）→“Fill Color”（填充颜色）→“Hue”（色相）命令，添加“Animator 1”；再执行“Add”→“Property”（属性）→“Rotation”（旋转）命令；再执行“Add”→“Property”（属性）→“Selector”（选择器）→“Wiggly”（抖动）命令，设置“Rotation”（旋转）属性的数值为0×90°，“Fill Hue”（填充色相）属性的数值为0×270°，“Tracking Amount”（字距数量）为50。设置“Start”（开始）属性的关键帧动画，在第0秒时值为0%，在第3秒时值为100%，在第4秒时值为100%，在第5秒时值为0%，设置属性数值，如图3-170所示。

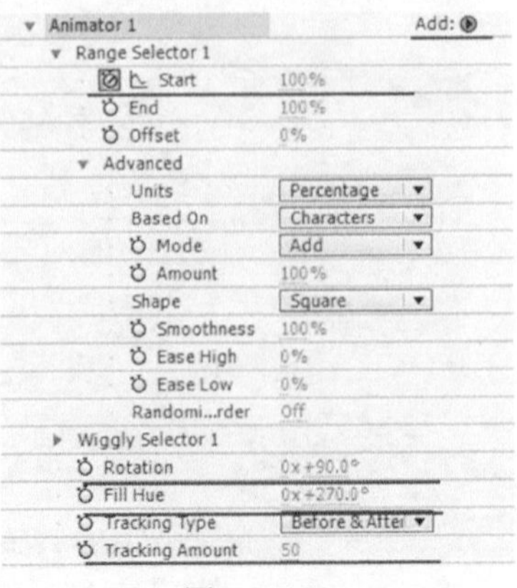

图　3-170

学习单元3

4) 选择文字图层，再执行“Animate”（动画）→“Property”（属性）→“Position”（位置）命令，添加“Animator 2”。为其中“Offset”（偏移）属性设置关键帧动画，在第1秒时值为0%，第2秒时值为100%；为“Position”（位置）属性设置关键帧动画，在第4秒时值为（0，0，−400），第5秒时值为（0，0，400），如图3-171所示。为了强调文字快速下落，可通过单击▶按钮，为文字增加运动模糊效果，如图3-172所示。

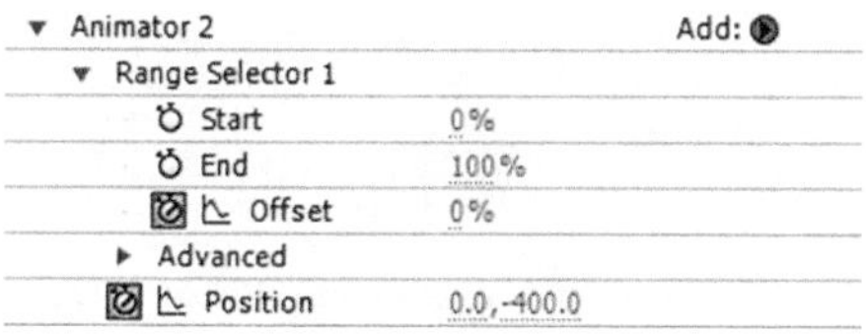

Animator 2 Add:
Range Selector 1
Start 0%
End 100%
Offset 0%
Advanced
Position 0.0,-400.0

图 3-171

图 3-172

5) 导入“球2”文件夹中的序列帧，拖入到“Timeline”（时间线）面板，调整大小和时间，如图3-173所示。

图 3-173

镜头2 作品画面动态展示

1. 动态圆环制作

1) 新建合成，命名为“圆环”，格式为PAL D1/DV，画面尺寸为宽720px、高576px，持续时间长度为20秒。创建灰色固态图层，名称“环1”，绘制圆形“Mask”（遮罩），参数设置如图3-174所示，设置完成后的效果如图3-175所示。

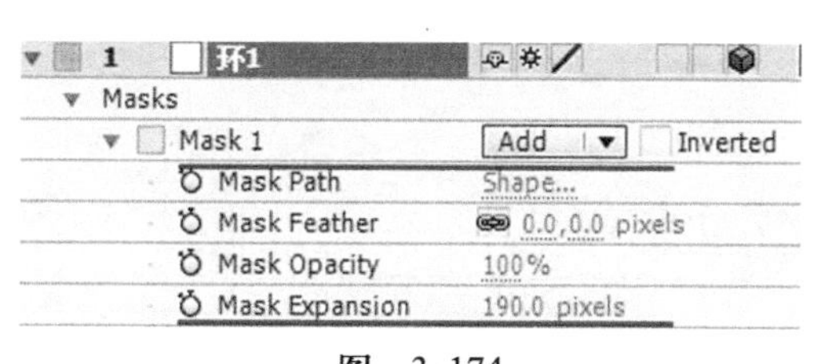

图 3-174

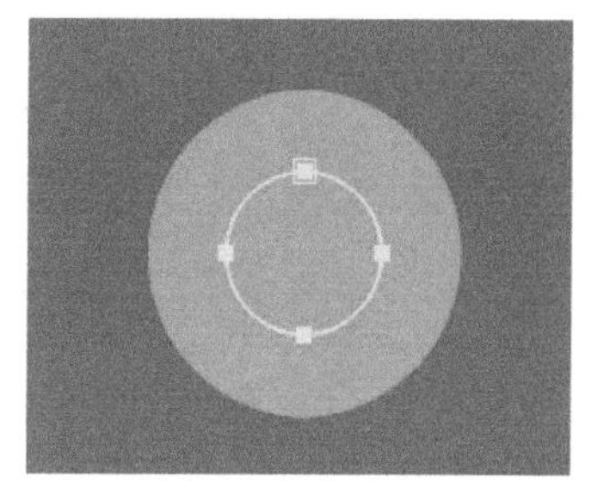

图 3-175

2）按<Ctrl+D>组合键复制“Mask”（遮罩），调整“Mask Expansion”为170，设置遮罩运算方式为“Subtract”（相减），参数设置如图3-176所示，设置完成后的效果如图3-177所示。

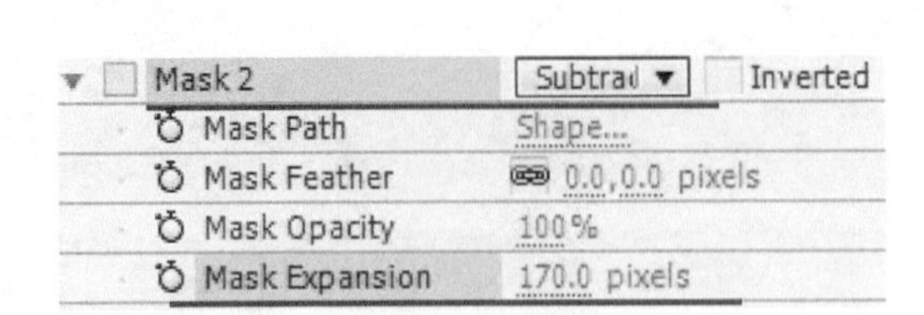

图 3-176

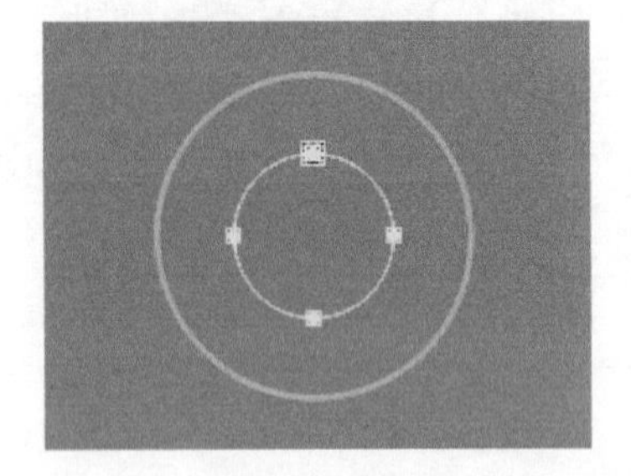

图 3-177

3）绘制矩形遮罩，遮罩运算方式设置为“Subtract”（相减），参数设置如图3-178所示，设置完成后的效果如图3-179所示。

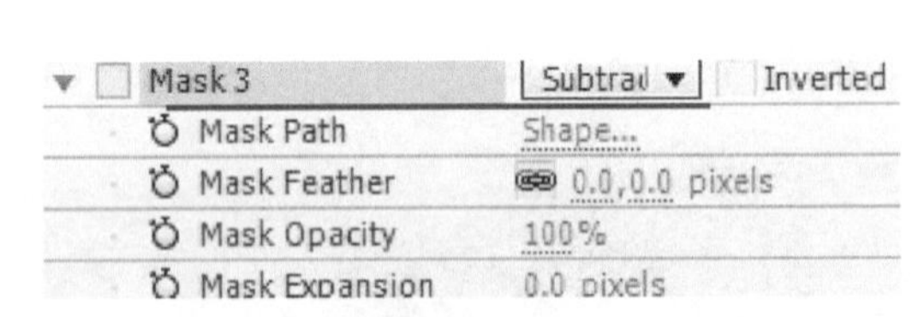

图 3-178

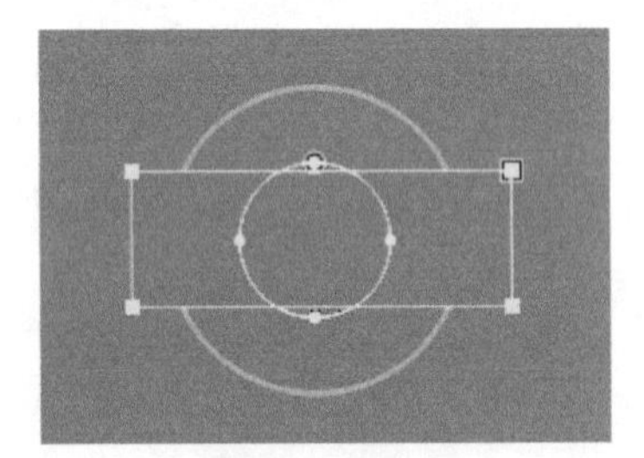

图 3-179

4）将“环1”图层设置为3D图层；创建“135mm”的摄像机，打开图层摄像机选项，调整“Zoom”（变焦）属性的数值，如图3-180所示。

图 3-180

5）选择“环1”图层，设置“Position”（位置）属性关键帧动画，在第0秒时值为（360.0，288.0，0.0），在第2秒时值为（360.0，288.0，–1265.0），“Z Rotation”（Z轴旋转）属性设置表达式为“time×23”（Z轴旋转23次），如图3-181所示。

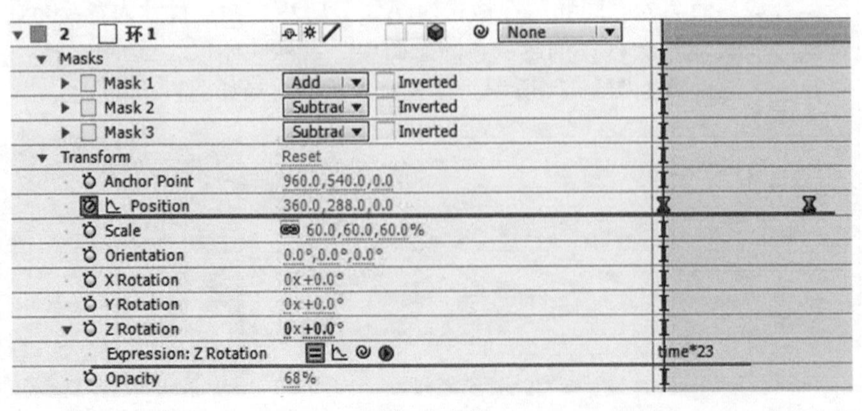

图 3-181

6) 复制“环1”图层，将图层命名为“环2”，调整“Position”（位置）属性关键帧位置，其他参数设置如图3-182所示。

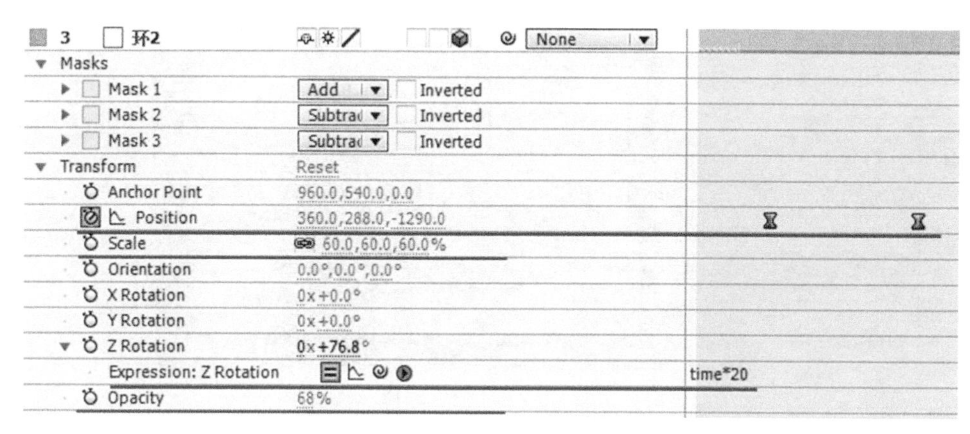

图 3-182

7) 同“6）”，制作“环3”～“环5”，并实现环的旋转动态变化，“Timeline”（时间线）面板中图层关系如图3-183所示，设置完成后的效果如图3-184所示。

图 3-183

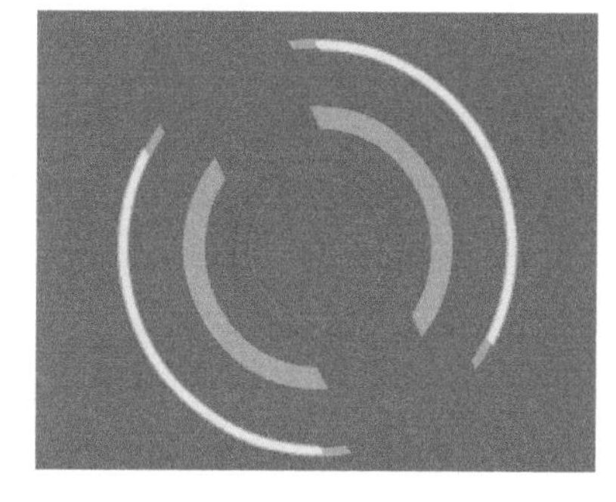

图 3-184

镜头2 作品画面动态展示

2. 作品展示屏幕制作

1) 新建合成，命名为“电视1”，格式为PAL D1/DV，画面尺寸为宽720px、高576px，持续时间长度为5秒，导入素材“Frame.png”，绘制蒙版，并执行“Effect”（效果）→“Color Correction”（色彩校正）→“Tint”（着色）命令调整颜色，属性设置如图3-185所示；设置完成后的效果如图3-186所示。

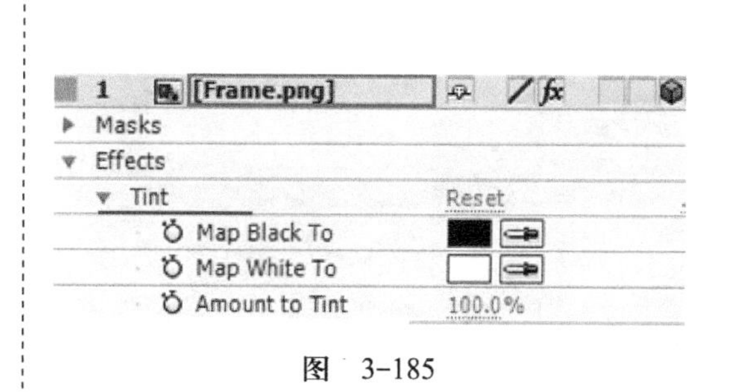

图 3-185

图 3-186

2)	导入一张动漫短片图片，将图片图层与“Frame”图层制作成嵌套图层，图层名称命名为“电视画面”，并设置成3D图层，如图3-187所示。  图 3-187
3)	复制“电视画面”图层，重命名“电视画面反射”。调整图层的大小、位移、方向，模拟反射倒影，并执行“Effect”（效果）→“Transition”（转场）→“Linear Wipe”（线性擦除）命令，弱化倒影的显示。“Timeline”（时间线）面板的设置如图3-188所示，设置完成后的效果如图3-189所示。 2 电视画面反射 Effects Linear Wipe Reset Transition Completion 77% Wipe Angle 0x+180.0° Feather 302.0 图 3-188  图 3-189
4)	同“2）”～“3）”的操作步骤，制作“电视2”和“电视3”两个合成，如图3-190所示。  图 3-190

镜头2　作品画面动态展示

3．作品展示动画制作

1）新建合成，命名为“镜头2”，格式为PAL D1/DV，画面尺寸为宽720px、高576px，持续时间长度为16秒。将“镜头1”中的背景图层复制到该合成中，并将“圆环”合成拖入到“Timeline”（时间线）面板中。设置完成后的效果，如图3-191所示。

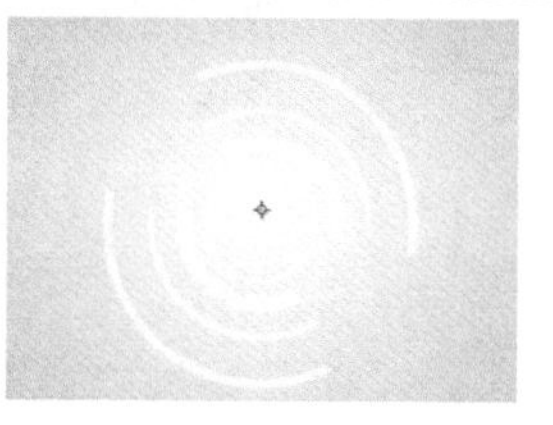

图　3-191

2）设置“圆环”图层为3D图层，并设置“Position”（位置）、“Scale”（比例）、“Rotation”（旋转）、“Opacity”（不透明度）关键帧动画，如图3-192所示，设置完成后的动画效果，如图3-193所示。

1 圆环	
Transform	Reset
Anchor Point	360.0,288.0,0.0
Position	360.0,513.3,305.3
Scale	151.6,150.7,150.7%
Orientation	0.0°,0.0°,0.0°
X Rotation	0x-87.0°
Y Rotation	0x+0.0°
Z Rotation	0x+0.0°
Opacity	100%

图　3-192

图　3-193

3）在第1秒时，将“电视1”合成拖到“Timeline”（时间线）面板中，执行“Effect”（效果）→“Color Correction”（色彩校正）→“Tint”（着色）命令和“Curve”（曲线）命令，调整图层色彩，使该合成与背景色调和谐。设置完成后的效果，如图3-194所示。

图　3-194

4) 设置“电视1”为3D图层，执行“Effect”（效果）→“Obsolete”（旧版本）→“Basic 3D”（基本3D）命令，设置“Swivel”（旋转）属性的关键帧动画，并结合3D图层的位移和方向关键帧，“Timeline”（时间线）面板的设置如图3-195所示。设置完成后的动画效果，如图3-196所示。

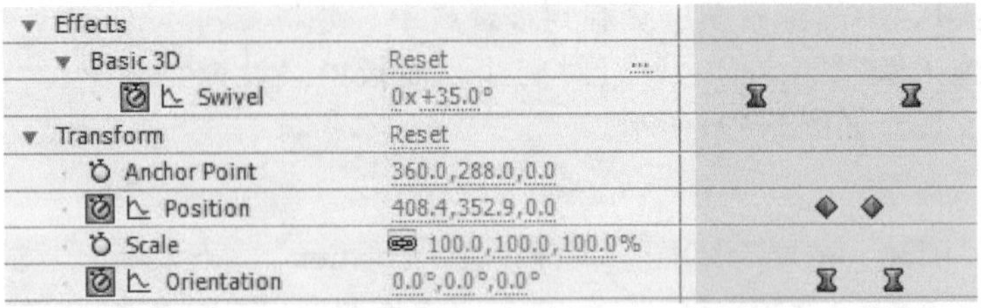

▼ Effects	
▼ Basic 3D	Reset
Swivel	0x+35.0°
▼ Transform	Reset
Anchor Point	360.0,288.0,0.0
Position	408.4,352.9,0.0
Scale	100.0,100.0,100.0%
Orientation	0.0°,0.0°,0.0°

图 3-195

图 3-196

5) 选择“电视1”图层，执行“Effect”（效果）→“Transition”（转场）→“CC light Sweep”（CC扫光效果）命令和“CC Grid Wipe”（CC网格擦除）命令，设置关键帧动画，制作出画面网格过渡和扫光动态效果，如图3-197所示。

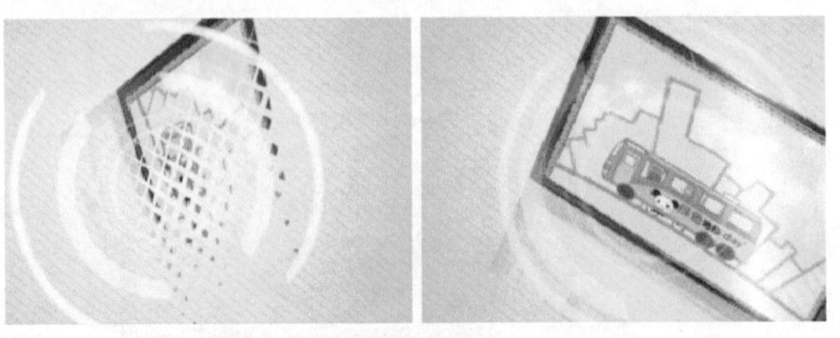

图 3-197

6) 将“电视2”和“电视3”合成拖入到“Timeline”（时间线）面板中，制作出画面过渡和3D空间动画效果，如图3-198所示。

6)

图　3-198

镜头3　栏目标题"画面"

1. 制作栏目标题

1) 新建合成，命名为"镜头3"，格式为PAL D1/DV，画面尺寸为宽720px、高576px，持续时间长度为6秒。将"镜头1"中的背景图层复制到该合成中，并导入"彩色圆环"的序列帧，拖入到"Timeline"（时间线）面板中，调整第2秒到第3秒15帧之间"彩色圆环"的位置和比例关键帧动画。设置完成后的效果，如图3-199所示。

图　3-199

2) 创建两个固态图层作为动态装饰线条，依次执行"Effect"（效果）菜单中的"Ramp"（渐变）、"Bevel Alpha"（Alpha倒角）、"Drop Shadow"（投影）、"Linear Wipe"（线性擦除）命令如图3-200所示。再针对"Transform"（变换）属性制作关键帧动画，如图3-201所示。设置完成后的最终效果如图3-202所示。

▼ Effects
▶ Ramp
▶ Bevel Alpha
▶ Drop Shadow
▶ Linear Wipe
▶ Linear Wipe 2

图　3-200

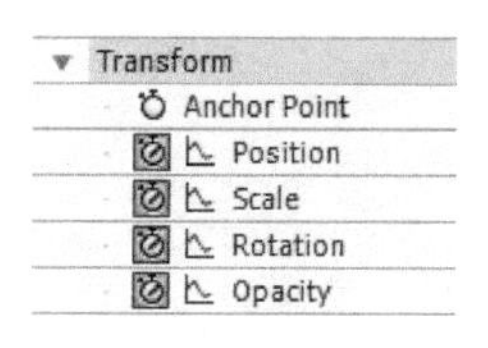

图　3-201

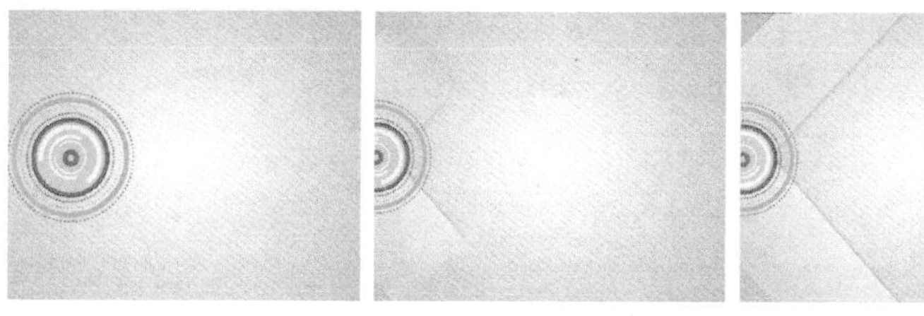

图　3-202

3)	创建文本图层，输入文字“我的动漫我做主”，调整字体、颜色、字号；选中文本图层，执行“Animator”（动画）→“Rotation”（旋转）命令，设置“Rotation”（旋转）属性数值为0×35°，执行“Add”（添加）→“Property”（属性）→“Selector”（选择器）→“Wiggly”（抖动）命令，设置“Wiggles/Second”（抖动/秒）属性数值为2.0，如图3-203所示。设置完成后的文字标题晃动效果，如图3-204所示。

Range Selector 1	
Wiggly Selector 1	
Mode	Intersect
Max Amount	100%
Min Amount	-100%
Based On	Characters
Wiggles/Second	2.0
Correlation	50%
Temporal Phase	0x+0.0°
Spatial Phase	0x+0.0°
Lock Dimensions	Off
Random Seed	0

图 3-203

图 3-204

4)	导入“球1”文件夹中的序列帧，设置比例，并根据背景的动态变化，制作出小球的位移关键帧动画。设置完成后的效果，如图3-205所示。

图 3-205

5)	在第4秒时，导入人物素材，运用键控操作完成角色抠像，调整人物位置和比例，如图3-206所示。

图 3-206

镜头3 栏目标题“画面”

2. 镜头合成输出

1)	新建合成，命名为“片头合成”，格式为PAL D1/DV，画面尺寸为宽720px、高576px，持续时间长度为28秒。将“镜头1”“镜头2”“镜头3”三个合成拖入到“Timeline”（时间线）面板中，如图3-207所示。

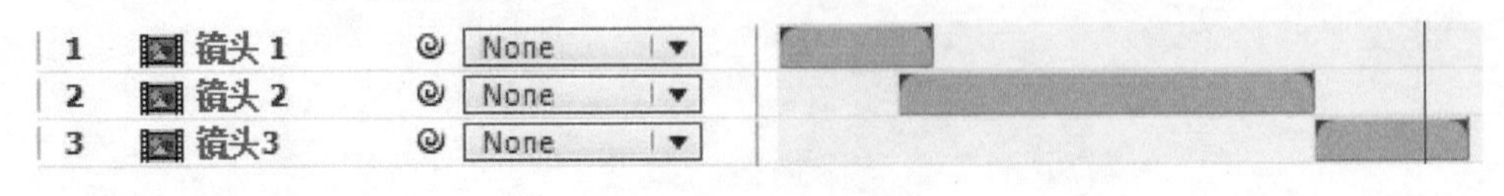

图 3-207

2）	在“镜头1”与“镜头2”之间，运用过渡特效“CC Light Wipe”（CC发光擦除）实现两个镜头之间的转场，如图3-208所示。同理，完成“镜头2”和“镜头3”之间转场制作，如图3-209所示。
3）	预览、渲染输出。

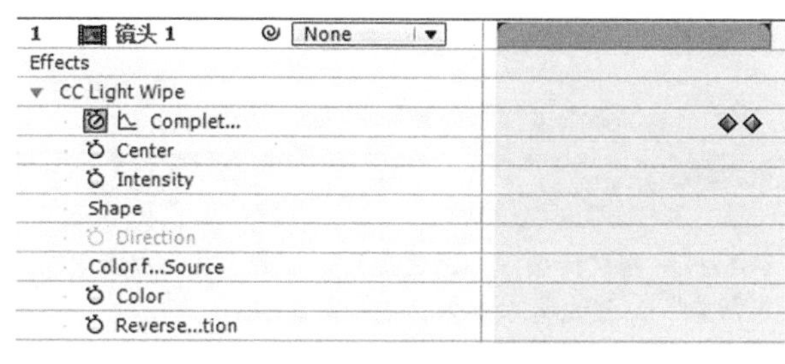

图 3-208

图 3-209

知识链接

栏目片头制作

电视栏目片头是集科技、文化、艺术于一体的一门专业传播艺术，它的制作水平、艺术水准受制作人本身的素质、修养、文化背景及制作技术的发展等多重因素影响，其美感也随着社会经济文化的进步和人们审美时尚的变化而呈现出丰富多样的表现形式。

（1）制作技术

从制作技术角度来说，栏目片头大致经历了5个发展阶段，即原始手工制作、字幕机制作、三维动画制作、三维及非线性编辑合成和三维及胶片制作。在每一个发展阶段，无论是表现形式和观众认同度，还是在信息承载量上都有很大差别。并且，这3种因素也直接影响到栏目片头的艺术水准和生命周期。现代栏目片头在表现形式、观众认同度、信息承载量上都得到了根本性的提高，制作技术的超越再一次为制作形式的超越乃至思想内容的凝练升华提供了最为有效的保障。

（2）前期策划与风格定位

根据栏目的策划方案明确栏目定位，结合所在频道包装的整体风格确定栏目片头的风格、色彩节奏及片头创意，并与栏目组进行沟通。

目标明确之后开始编写脚本。分镜头脚本设计先根据栏目包装风格制作背景音乐和配音，再确定各分镜头的时间和动画演绎方式。

分镜头脚本设计是集统筹、规划于一体的工作，是片头制作方案和制作水平的保障，由高级制作人员承担。

（3）制作人员的统筹安排

片头制作包括音乐、平面、三维、画面剪辑、后期合成等方面。不同类型的片头风格其运动形式又受到制作人员的性格和爱好的影响。因此，根据片头制作人员的特长合理安排制作项目和时间是保证优质片头的前提。

拓展任务

制作《行走印象》片头，具体要求见表3-10。

表3-10 制作《行走印象》片头任务单

<table>
<tr><td>任务名称</td><td>制作《行走印象》片头</td></tr>
<tr><td colspan="2">任务描述</td></tr>
<tr><td colspan="2">制作栏目《行走印象》片头特效，“镜头1”为宣传语“体验之旅”，“镜头2”为依次闪白出现各景点照片，“镜头3”展示栏目标题“行走印象”。分镜脚本效果，如图3-210所示。

图 3-210</td></tr>
<tr><td colspan="2">任务要求</td></tr>
<tr><td colspan="2">1. 格式要求
1）影片的格式：制式PAL D1/DV；画面的尺寸：宽720px、高576px
2）时长：25秒
3）输出格式：AVI
4）命名要求：行走印象片头
2. 效果要求
1）镜头要求有栏目广告语、栏目标题
2）运用3D空间动态变化展示旅游图片效果
3）画面色调清新，节奏明快，与背景音乐和谐统一</td></tr>
</table>

【制作小提示】

1）栏目背景可利用“Checkboard”（棋盘格）滤镜与固态图层蒙版叠加的方法制作，如图3-211所示。

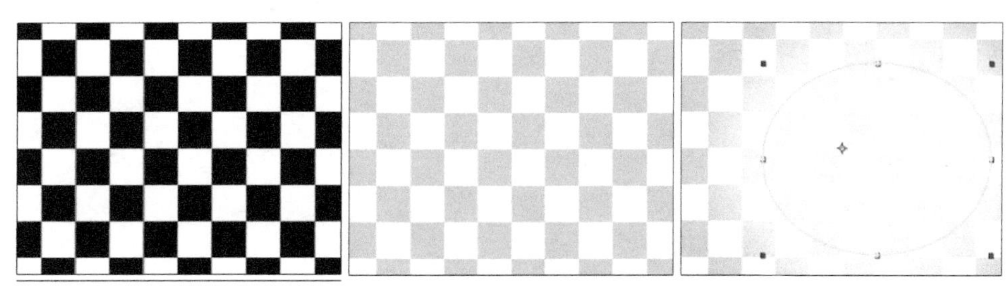

图 3-211

2）图片外框可利用图层“Layer Style”（图层样式）中的“Bevel and Emboss”（斜面和浮雕）制作。其参数设置如图3-212所示，设置完成后的效果如图3-213所示。

1
外框
Normal
Masks
Transform
Layer Styles
Blending Options
Bevel and Emboss
2
图1.jpg
Normal

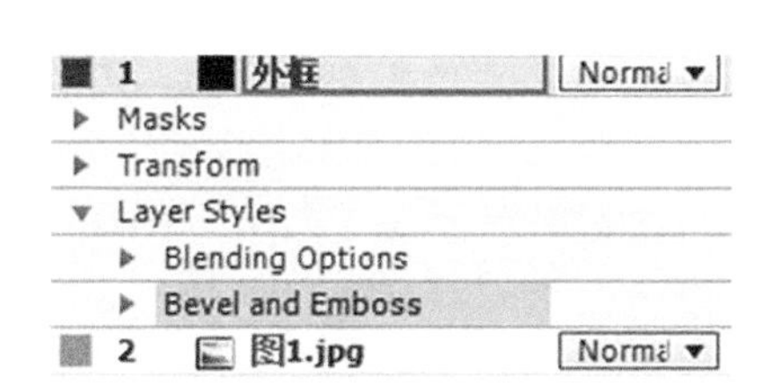

图 3-212

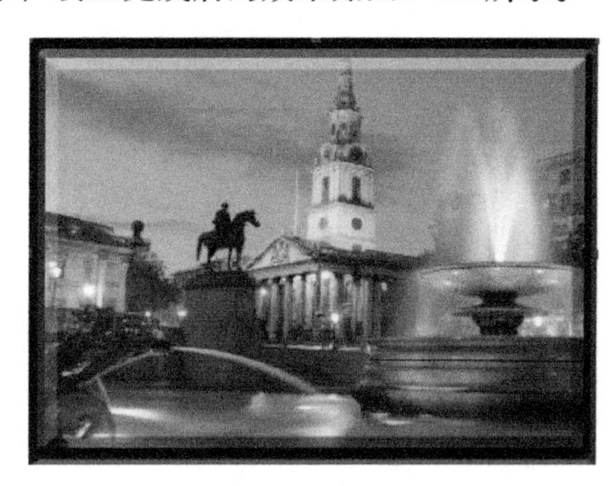

图 3-213

3）图片展示。利用3D图层搭建图片空间位置，通过设置“父子”关联实现两幅图片同时运动的特效。参数设置如图3-214所示，设置完成后的效果如图3-215所示。

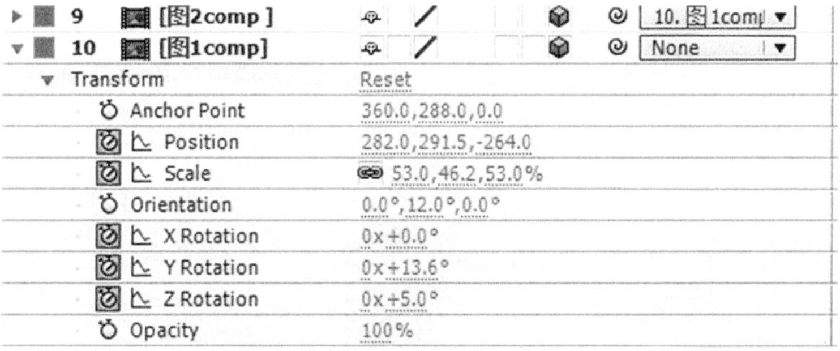

9
[图2comp]
10. 图1comp
10
[图1comp]
None
Transform
Reset
Anchor Point
360.0,288.0,0.0
Position
282.0,291.5,-264.0
Scale
53.0,46.2,53.0%
Orientation
0.0°,12.0°,0.0°
X Rotation
0x+0.0°
Y Rotation
0x+13.6°
Z Rotation
0x+5.0°
Opacity
100%

图 3-214

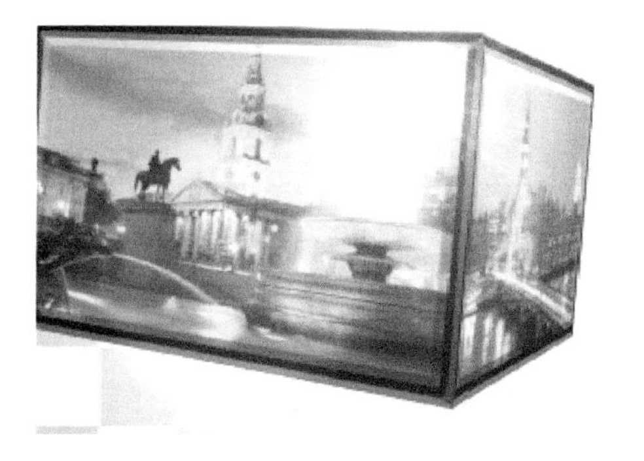

图 3-215

4）转场制作采用“Lens Flare”（镜头光晕）制作出光线随中心点位置变化产生强光的过渡效果，如图3-216所示。

fx Lens Flare	Reset	About...
Flare Center	466.4,201.5	
▶ Flare Brightness	136%	
Lens Type	35mm Prime	
▶ Blend With Original	0%	

图 3-216

5）广告语的动态文字可通过执行“Effect”（效果）→“Obsolete”（旧版本）→“Path Text ”（路径文字）命令，设置“Path Text”（路径文字）特效实现。“Path Text”（路径文字）的参数设置，如图3-217所示；设置完成后的效果，如图3-218所示。标题文本“行走印象”可采用文字图层 Layer: 布偶示意.wmv 动画实现。

fx Path Text	Reset Edit Text... About
▶ Information	
▶ Path Options	
▼ Fill and Stroke	
Options	Fill Only
Fill Color	
Stroke Color	
▶ Stroke Width	2.0
▶ Character	
▼ Paragraph	
Alignment	Left
▶ Left Margin	0.00
▶ Right Margin	0.00
▶ Line Spacing	100.00
▶ Baseline Shift	0.00
▼ Advanced	
▶ Visible Characters	1024.00
▶ Fade Time	0.0%
Mode	Difference
▼ Jitter Settings	
▶ Baseline Jitter Max	-85.13
▶ Kerning Jitter Max	1212.39
▶ Rotation Jitter Max	0.00
▶ Scale Jitter Max	0.00
	☐ Composite On Original

图 3-217

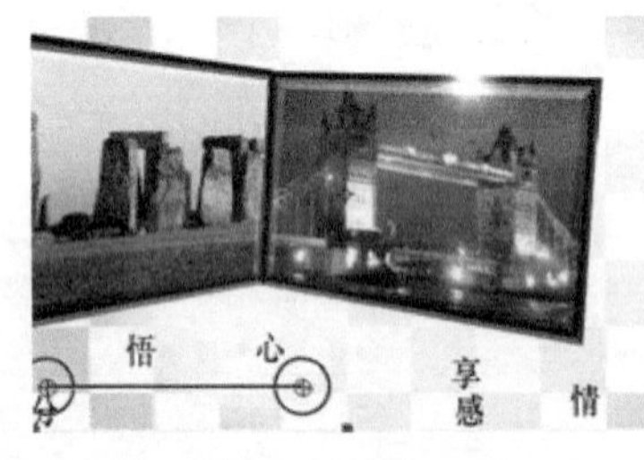

图 3-218

6）声音添加与渲染。在After Effects中，声音可直接拖入到图层，如图3-219所示。按<Ctrl+M>组合键在渲染队列中，单击“Output Module”（输出模块）后的“Lossless”（无损）按钮，选中“Audio Output”（音频输出）复选框，如图3-220所示。

#	Layer	Switches	Parent
1	[标题]	/ fx	None
2	光	/ fx	None
3	字	/ fx	None
4	[图4comp]	/	5. 图3comp
5	[图3comp]	/	None
6	[图6comp]	/ fx	None
7	[图5comp]	/ fx	None
8	[图2comp]	/ fx	None
9	[图2comp]	/	10. 图1comp
10	[图1comp]	/	None
11	[广告语]	/ fx	None
12	[背景]	/	None
13	[音乐.mp3]	/	None

图 3-219

操作技巧：编辑状态下，按<0>键可预览声音。

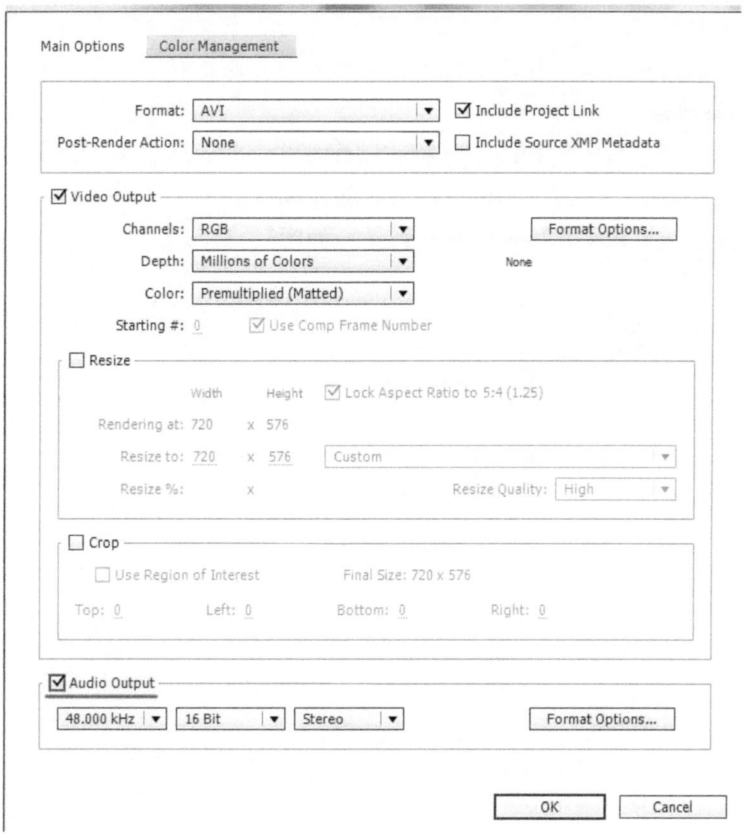

图 3-220

拓展任务评价

评价标准	能做到	未能做到
格式符合任务要求		
广告语及标题文字色彩、动态、节奏效果与影片风格统一		
3D动态图片效果与影片风格节奏整体协调一致		

本学习单元以校园电视栏目《我的动漫我做主》作为项目载体，根据栏目定位，确定栏目风格，结合分镜脚本要求，对其中栏目片头、演播室等方面的特效制作方法进行分

析。运用After Effects CS6制作丰富的镜头转场，并通过键控技术将实际拍摄素材与演播室背景有效结合，通过运动跟踪技术实现画面替换和单点跟踪特效，结合摄影机运动制作出2D、3D元素的特效合成。

学习这些在栏目包装中典型的视觉特效制作方法，将逐步提高设计者的艺术水准和制作技术，丰富创作思维，提高工作效率，节省制作成本。

本学习单元的知识和操作技术的全面总结，如图3-221所示。

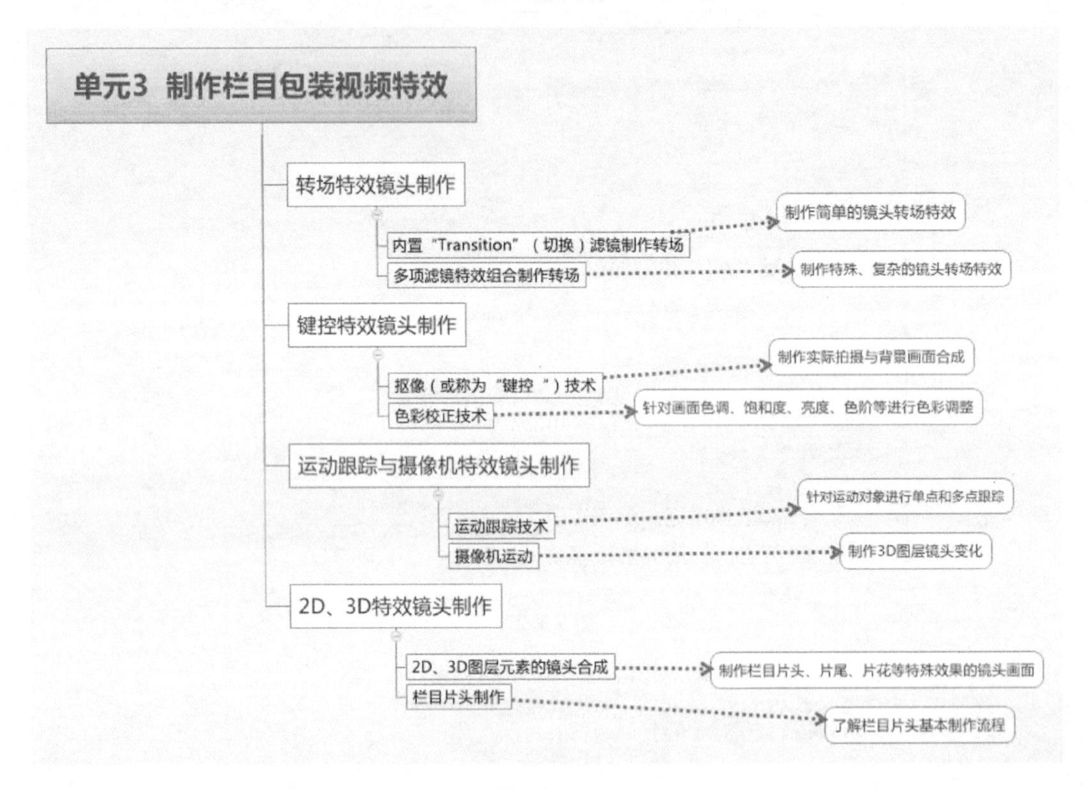

图 3-221

参考文献

[1] 北京五谛风格动画制作有限公司．影视包装典型案例完全攻略[M]．北京：清华大学出版社，2011．

[2] 何平，王同杰．After Effects梦幻特效设计150例[M]．北京：中国青年出版社，2009．

[3] 彭超，姚迪，于冬雪，等．After Effects CS4完全学习手册[M]．北京：人民邮电出版社，2011．

[4] 亿瑞设计．After Effects CS 5.5从入门到精通[M]．北京，清华大学出版社，2013．